"十二五"高等职业教育计算机类专业规划教材

Flash CS6 动画制作实例教程
（第二版）

何武超　主　编

王振明　李玉虹　副主编

王　敏　张福峰　张桂红

李文广　袁也婷　陈士顶　参　编

中国铁道出版社

CHINA RAILWAY PUBLISHING HOUSE

内 容 简 介

本书从初学者的角度出发，以 Flash CS6 为背景，以基本操作为主线，以项目制作为主体，结合任务制作过程，循序渐进地介绍了 Flash CS6 的操作环境、工具、面板、层、帧、元件、ActionScript 等方面的知识、操作方法和使用技巧。

书中选择了鼠绘、欣赏、网站、MTV、常见代码类型动画、课件、游戏等几种类型的动画为主体，对每一个项目的制作过程进行了详尽、细致的讲解。本书强调能力培养，具有较强的可读性、实用性和可操作性，是 Flash 动画制作的入门类教材。

本书适合作为高等职业院校相关专业的教材，也可作为 Flash 培训班、辅导班的培训教材和广大 Flash 爱好者的自学参考用书。

图书在版编目（CIP）数据

Flash CS6 动画制作实例教程 / 何武超主编. — 2 版. — 北京：中国铁道出版社，2014.6
"十二五"高等职业教育计算机类专业规划教材
ISBN 978-7-113-18362-2

Ⅰ. ①F… Ⅱ. ①何… Ⅲ. ①动画制作软件—高等职业教育—教材 Ⅳ. ①TP391.41

中国版本图书馆 CIP 数据核字（2014）第 073085 号

书　　名：Flash CS6 动画制作实例教程（第二版）	
作　　者：何武超　主编	

策　　划：王春霞	读者热线：400-668-0820
责任编辑：王春霞　彭立辉	
封面设计：付　巍	
封面制作：白　雪	
责任校对：汤淑梅	
责任印制：李　佳	

出版发行：中国铁道出版社（100054，北京市西城区右安门西街 8 号）
网　　址：http:// www.51eds.com
印　　刷：北京新魏印刷厂
版　　次：2009 年 10 月第 1 版　　2014 年 6 月第 2 版　　2014 年 6 月第 1 次印刷
开　　本：787mm×1092mm　1/16　印张：17　字数：417 千
印　　数：1～3 000 册
书　　号：ISBN 978-7-113-18362-2
定　　价：33.00 元

第二版前言

FOREWORD

Flash 是一款当今非常流行的矢量动画开发软件，具有易学易用、开发周期短、软件功能强大等优点；开发出的动画体积小、交互性好、易于在网上传播、动画播放时不会因为画面的缩放而失真，从而得到越来越多人的喜爱。现在的网页中几乎见不到不含 Flash 的网页，因为 Flash 可以使静止的网页动起来，同时增大了单位页面中的信息量。Flash 不仅可以制作独立播放的动画、网页素材，还可以用来开发游戏、电影，制作课件、贺卡、MTV，设计广告等。可以说，Flash 软件集诸多功能于一身，为用户提供了功能非常强大的开发平台，有着非常广阔的应用领域，学好 Flash 一定会有施展才华的机会和用武之地。用 Flash 开发作品时，可以用 Flash 自带的功能强大的绘图工具；也可以方便地从外部文件中导入图片、声音和动画；还可以轻松地将其他 Flash 作品中的内容引用到自己的作品中，将一些富有新意的外部素材有机地融入自己的作品中，从而极大地降低开发工作量，缩短制作周期。

本次修订，将软件版本升级为 Flash CS6。使用带本地扩展功能的 Adobe Flash Professional CS6 软件，可生成 Sprite 表单，访问专用设备；锁定最新的 Adobe Flash Player 和 AIR 运行时以及 Android 和 iOS 设备平台；通过 Adobe AIR 移动设备模拟屏幕方向、触控手势和加速计来加速测试流程；锁定 3D 场景，通过直接模式作用于针对硬件加速的 2D 内容的开源 Starling Framework，来增强渲染效果。

本书以 Flash CS6 为操作环境，针对高职高专类院校相关专业编写的。本书以项目为导向，以完成任务为目的，强调实际操作，在完成任务的操作过程中学习知识，积累经验，提高实际操作能力和操作技巧。

本书配有实例源文件和素材库，在使用本书前请到 http://www.51des.com 网站下载。由于动画是由多个画面组成的，对于书中的实例不容易用一两个插图画面展示出它的全部内容，建议读者在动手制作某一实例之前，最好先看一下实例的最终效果。

全书共分 10 个项目：

项目一"初识 Flash"，主要对 Flash 的功能特点、学习方法技巧、重要概念、操作环境和常用的基本操作方法进行了概括的讲解，目的是为完成后面项目中的具体任务奠定基础。

项目二"简单对象的画法"中介绍了几个简单对象的画法，目的是练习常用工具和常用面板的使用，学习一些鼠绘技巧。在项目二中开始用到图层。

项目三"风景画的绘制"完成的是一个简单的风景画。本项目除了继续练习常用工具和常用面板的使用，学习一些鼠绘技巧外，还可以学到元件的创建和使用、舞台的布置、图层的安排等技巧。在项目三中开始用到元件。

项目四"房地产网站动画"完成了华荣房地产网站片头动画和网站导航的制作。本项目学习动画的分类及对帧的相关操作，还学习了动态按钮的制作方法。

项目五"电子贺卡的制作"主要学习了路径动画的基础知识及制作方法，并且学习了滤镜的相关知识。

项目六"MTV 制作"完成了歌曲《快点，快点》的 Flash MTV 的制作。本项目学习了对声音的导入和编辑以及同步歌词的制作方法。歌词部分使用遮罩原理来完成。

项目七"欣赏类动画的制作"以荷花为主要欣赏内容,在任务一中介绍了部分对象的绘制全过程,以及从外部文件中引用对象的方法;任务二中以几幅漂亮的荷塘图片对象为例,介绍了动画播放时的画面切换技巧和实现方法。在项目七中开始接触 ActionScript 脚本方面的知识和多场景动画。

项目八"教学课件——凸透镜成像",详细讲解了制作一个功能齐全、教学效果良好的课件的全过程。

项目九"游戏制作——制作托球游戏",讲解了游戏制作的全过程。

项目十"精彩实例"是本书中内容最为丰富、任务最多的一个项目。在项目十中精选了 9 个比较典型的、有代表性的小例子,包括两大类:一类是普通动画,一类是代码类动画。普通动画主要通过遮罩原理实现;代码类动画以闪烁的星空、下雨效果、下雪效果、鼠标跟随效果动画为任务,介绍了主要用代码实现的几个动画的制作全过程。在项目十中主要学到复制元件(duplicateMovieClip)、属性设置(setProperty)、鼠标指针的隐藏和显示(Mouse.hide、Mouse.show)、对象的拖放(startDrag、stopDrag)等命令的用法和 Flash 中对象常见属性的用法。

本书由何武超任主编,王振明、李玉虹任副主编,王敏、张福峰、张桂红、李文广、袁也婷、陈士顶参编。具体编写分工:项目一由张桂红编写,项目二、项目九由王振明编写,项目三由陈士顶编写,项目四由何武超编写,项目五由王敏编写,项目六由袁也婷编写,项目七由张福峰编写,项目八由李玉虹编写,项目十由李文广编写。全书由何武超负责统稿,王敏主审。

在本书的编写过程中得到了邓泽民教授的悉心指导和大力支持,也得到了中国铁道出版社有关编辑的多方面帮助和指导,在此深表感谢!

由于时间仓促,编者水平有限,书中难免有疏漏与不妥之处,恳请广大读者不吝指正。

编 者

2014 年 4 月

第一版前言

Flash 是一款当今非常流行的矢量动画开发软件，具有易学易用、开发周期短、软件功能强大等优点；开发出的动画又有体积小、交互性好、易于在网上传播、动画播放时不会因为画面的缩放而失真等诸多优点而得到越来越多人们的喜爱。现在的网页中几乎见不到不含 Flash 的网页，因为 Flash 可以使静止的网页动起来，同时增大了单位页面中的信息量。Flash 不仅可以制作可以独立播放的动画和为网页准备素材，还可以用来开发游戏、电影，制作课件、贺卡、MTV，设计广告等。可以看出 Flash 软件集诸多功能为一身，为用户提供了功能非常强大的开发平台，有着非常广阔的应用领域，学好 Flash 一定会有施展才华的机会和用武之地。用 Flash 开发作品时，可以用 Flash 提供的功能强大的绘图工具绘制出作品中的内容，也可以方便地从外部文件中导入图片、声音和动画，还可以很容易地将其他 Flash 作品中的内容引用到自己的作品中，将一些富有新意的外部素材有机的融入到自己的作品中，从而极大地减小开发工作量，缩短制作周期。

Flash CS4 是 Adobe 公司 2008 年推出的最新版本，它在 Flash CS3 的基础上新增了 3D 操作工具、骨骼工具、Deco 工具、喷涂刷工具，新增了动画编辑器面板，对最常用的属性面板进行了较大的改动。尤其重要的是 Flash CS4 对传统的动画制作有了较大的改进，以其全新的动画创作理念可以很方便的不用引导层制作出沿曲线运动的路径动画，可以直接在场景中调整运动对象的运动轨迹和变化速度等。Flash CS4 还对操作环境进行了优化，以全新的面貌展现给用户，并且根据不同用户的需要准备了几套不同的开发环境，用户可以通过标题栏上的菜单方便地进行切换。

本教材是根据"教育部面向 21 世纪职业教育课程改革和教材建设规划项目——教材理论与实践研究课题组推荐教材'高职高专计算机应用能力系列'教材建设研讨会"的精神，以 Flash CS4 为操作环境，针对高职高专类院校相关专业编写的。其以任务为导向，以完成任务为目的，强调实际操作，在完成任务的操作过程中学习知识、积累经验、提高实际操作能力和操作技巧。

本书配有教学课件和素材库，在使用本书前请到 http://www.51eds.com/网站下载。由于动画是由多个画面组成的，对于书中的实例不容易用一两个插图画面展示出它的全部内容，建议读者在动手制作某一实例之前，最好先看一下实例的最终效果。有些基本操作，用文字和插图来描述不如观看实际操作来得更为直接。对单元一中的一些基本操作，单元二、单元三、单元四、单元七中完成各任务的全部操作过程都可以通过观看相关课件来学习。

全书共分 11 个单元，其中单元一"初识 Flash"是一个比较特殊的单元。在该单元中没有具体要完成的任务，而是对 Flash 的功能特点、学习方法技巧、重要概念、操作环境和常用的基本操作方法进行了概括的讲解，其目的是为完成后面单元中的具体任务奠定基础，减少后面单元中"相关知识技能"部分的内容。

单元二"简单对象的画法"中介绍了几个简单对象的画法，目的是练习常用工具和常用面板的使用，学习一些鼠绘技巧。在单元二中开始用到图层。

单元三"风景画的绘制"完成的是一个简单的风景画。本单元除了继续熟悉常用工具和常用面板的使用，学习一些鼠绘技巧外，还可以学到元件的创建和使用、舞台的布置、图层的安排等技巧。在单元三中开始用到元件。

单元四"精彩实例"是本教材中内容最为丰富、任务最多的一个单元。在单元四中精选了 8 个比较典型的、有代表性的小例子，在单元四中开始用到创建各种帧和制作各种动画方面的知识。

单元五"MTV 制作"以《白毛女》插曲"北风吹"为声音素材，完成了一个 MTV 制作的实例。在单元五可以学到导入和使用声音方面的知识和操作方法。

单元六"欣赏类动画的制作"以荷花为主要欣赏内容，在任务一中介绍了部分对象的绘制全过程，以及从外部文件中引用对象的方法；任务二中以几幅漂亮的荷塘图片对象为例，介绍了动画播放时的画面切换技巧和实现方法。在单元六中开始接触 ActionScript 脚本方面的知识和多场景动画。

单元七"代码类精彩小动画"和单元四很相似，在该单元中分别以飞逝的星空、闪烁的星空、下雨效果、下雪效果、鼠标跟随效果动画和文字鼠标跟随效果动画为任务，介绍了主要用代码实现的几个动画制作的全过程。在单元七主要学到复制元件 (duplicateMovieClip)、属性设置 (setProperty)、鼠标指针的隐藏和显示 (Mouse.hide、Mouse.show)、对象的拖放 (startDrag、stopDrag) 等命令的用法和 Flash 中对象的常见属性的用法。

单元八"声光效果类动画的制作"以闪电和雷声为主要欣赏对象，讲解闪电效果制作的全过程。

单元九"教学课件"以凸透镜成像为例，详细讲解了制作一个功能齐全、教学效果良好的课件的全过程。

单元十"导航菜单"以下拉菜单为例，以颜色知识为内容，讲解了下拉菜单制作的全过程。

单元十一"游戏制作"以托球游戏为例讲解了游戏制作的全过程。

书中单元一由张桂红编写，单元二、单元三、单元四、单元七由王振明编写，单元五、单元八由王敏编写，单元六由张福峰编写，单元九、单元十由李玉虹编写，单元十一由李文广编写。全书由王振明、李玉虹负责统稿，赵武主审。

在本书编写过程中得到了邓泽民教授的悉心指点和大力支持，也得到了中国铁道出版社有关老师的多方面的帮助和指导，在此深表感谢！

由于编者水平有限，时间仓促，书中难免有错误、不妥和疏漏之处，恳请广大读者不吝指正。

编 者

2009 年 8 月

目 录

项目一

初识 Flash

在学习 Flash 之前，先了解 Flash 的特点和应用领域，可以使初学者对 Flash 有一个基本的了解。这样可以提高初学者的兴趣，并增强信心，便于初学者找到更适合自己的学习方法，为以后更好地投入到 Flash 的开发制作中提供有力的帮助。

掌握 Flash 中的一些常用概念、操作环境、基本操作和动画设置等知识内容，对于后面项目的知识学习和动画制作会有很大帮助，可以节省很多制作时间，避免动画制作过程中因为某项操作生疏而出现束手无策的现象。

本项目通过制作一个简单的 Flash 动画，使大家了解 Flash 的制作过程，减少初学者对 Flash 动画制作的神秘感和畏惧心理。

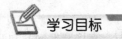 学习目标

通过本项目的学习，你将能够：

☑ 了解 Flash 的应用领域和特点；
☑ 掌握 Flash 中的常见概念；
☑ 熟悉 Flash 的操作环境；
☑ 熟悉并掌握简单动画的制作过程。

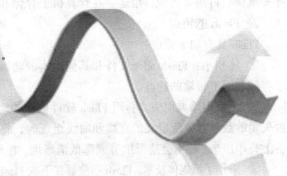

任务一 了解 Flash 基础知识

✎ 任务描述

在制作 Flash 动画之前,先要了解一下 Flash 的基础知识。这些基础知识包括应用领域、Flash 的相关术语、Flash 的操作环境、Flash 常用工具以及相关命令的使用。

✎ 任务分析

学习 Flash 软件的启动、操作环境的选择；学习主要工具栏及工具箱中各种工具的操作使用；掌握对时间轴和工作区的相关操作。在本任务中，主要掌握文档的属性设置操作。

目 相关知识

做出受人欢迎的且符合客户需求的 Flash 作品，是学习 Flash 和利用 Flash 进行开发创作的最终目的。要实现这一目的需要从以下几方面考虑：

① 激情、目标、兴趣：在学习 Flash 时要有激情、有动力，要有学习目标且抱着极大的兴趣去学习，这是学好 Flash 非常重要的一个方面。

② 奇特的构思、丰富的想象力：要创作出受人欢迎的作品，构思和想象力也是非常重要的，这是创作的基础。

③ 美学知识和美术基础：一个好的 Flash 作品应该是美观漂亮的，这就需要 Flash 创作人员具备一定的美学知识，懂得审美和构图，并具备一定的绘画基础。

④ 多接触与 Flash 有关的环境：多结交一些 Flash 领域的老师、同学和朋友，多向老师请教，多和同学、朋友交流，多看一些 Flash 方面的书籍，多观看别人的 Flash 作品，多揣摩经典的动画实例，多在网上浏览一些和 Flash 有关的网站，多和网友交流等。

1. Flash 的应用领域

Flash 有着非常广泛的应用领域，比较常见的有：为网页准备素材，直接开发网站和开发完整的动感网页；为商家制作商业广告，制作界面美观、互动性好、可操作性强的教学课件；制作贺卡，制作 MTV；还可以开发动画影片和计算机游戏。用 Flash 开发的作品开发周期短、任务完成快、占用资源少，很适合在计算机上存储和在因特网上传播。

2. Flash 的特点

Flash 具有如下特点：

① 体积小：Flash 动画文件和其他格式的动画文件相比，具有体积小、占磁盘空间小，便于存储和网上传输的特点。

② 不会因缩放而失真：用 Flash 软件做成的动画是矢量动画，矢量图与分辨率无关，它是由矢量的数学对象所定义的直线和曲线组成的，将它缩放到任意大小和以任意分辨率在输出设备上打印出来，都不会遗漏细节或降低清晰度。在观看动画时不管怎样放大或缩小都不会失真。

③ 采用了流媒体技术：Flash 播放器在下载 Flash 影片时采用了流媒体技术。这就意味着动画没有下载完毕之前就可以播放，即边下载边欣赏，而不必等到整个动画文件全部下载完后才可以播放。

④ 交互性好：用 Flash 做成的动画可以具有交互功能，即可操作性。

除了以上主要优点外，Flash 在细节方面还有许多优点。正是因为这些优点，才使 Flash 日益成为网络及多媒体的主流。

3. Flash 中常见的概念

各种各样炫目的动画，都是由最基本的动画元素组成的。如果把 Flash 制作者比做导演，那这些元素就是演员，由制作者来编排它们在舞台上进行表演。为了教给大家如何做好导演，在后面的讲解过程中不可避免地要提到 Flash 中的一些概念和术语。下面对 Flash 中常见的一些概念逐一进行介绍，图 1-1-1 是下面要介绍的一些概念的示意图。

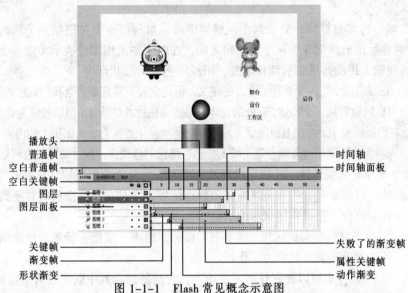

图 1-1-1　Flash 常见概念示意图

① 位图：由若干个独立的像素点排列组成，每个像素点的位置和颜色必须占用一定的存储空间。位图文件的大小是由画面的面积、分辨率和颜色深度决定的，与图像的复杂程度无关，在观看时会因放大而失真。

② 矢量图：用直线和曲线来描述图形，不依靠单个像素来组成图像。这些矢量格式的图形元素是一些包含有方向、位置和尺寸的点、线、矩形、多边形、圆、弧线和色块等。对于矢量图形而言，图像文件中只需记录某个颜色区域中的颜色和这个区域的大小、形状以及位置。在矢量图中某一个区域中的颜色变化总是有规律的，它们都是通过数学公式计算获得的。用 Flash 工具箱中的绘图工具绘制出来的是矢量图，矢量图占有空间的大小是由其复杂程度决定的，与其面积大小、分辨率几乎是没有关系的。

③ 播放头：它是显示在时间轴面板上方的红色矩形方块，可以用鼠标在水平方向上任意拖动，在舞台上看到的画面就是该位置处的内容。

④ 帧：在动画中随时间产生动画效果的项目是帧。它是动画中的一个暂停镜头，当若干个帧连续播放时就是一个动画片段。在时间轴上用一个空白小长方形表示一帧。按【F5】键可在时间轴上插入一个帧。

⑤ 关键帧：其内容可以被编辑修改，用来记录帧内容的替换或性质的改变。在时间轴上用实心的小黑点表示。

⑥ 属性关键帧：在对前面的某一帧制作了动画以后，当播放头处在它后面的某一帧时，

对该层上的对象的大小、位置、颜色等属性进行任何调整后自动产生的关键帧，用来记录帧内容的属性的改变。在时间轴上用实心的菱形小黑点表示。

⑦ 空白关键帧：指没有任何内容的关键帧，在编辑区中看不到任何画面。在时间轴上用空白小圆圈表示。当空白关键帧被加入内容时，则变成关键帧，在时间轴上出现实心的小黑点。

⑧ 普通帧：它是关键帧的延续，当播放到该处时显示和它前面的关键帧完全相同的内容。在时间轴上显示为灰色。

⑨ 空白普通帧：它是空白关键帧的延续，当播放到该处时不显示任何内容。在时间轴上显示为白色。

⑩ 渐变帧：也称过渡帧，处在两个关键帧中间，对前面一个关键帧做了动画的帧，动画播放到该处时显示出的画面界于两个关键帧之间，在时间轴上用实线表示（虚线表示失败的渐变帧），在时间轴上用浅蓝色表示动作渐变，用浅绿色表示形状渐变。

⑪ 图层：很难给图层下一个严谨、全面的定义，但是它并不难理解。当我们观察物体时，在同一个视野范围内可以同时看到多个物体，近处的物体总是遮盖住远处的物体，可以理解为这些物体处在不同的图层上。在图层面板中，处在上面图层上的内容总是遮盖住处在它下面图层上的内容。从绘画的角度理解，可以理解为将不同的对象画在透明纸上，然后将它们叠放在一起，每一层透明纸即为一层。

⑫ 舞台：也即动画编辑区，是位于时间轴上面的一个白色矩形区域，是用来绘制、编辑和播放动画对象的。包围着舞台的灰色区域叫做操作区域，它是在动画播放时看不到的区域。有的书中把舞台称为前台，把操作区域称为后台。

⑬ 工作区：用来编辑动画的区域。在本书后面的介绍中一般把主场景的动画编辑区称为舞台，把编辑元件时的动画编辑区称为工作区。

⑭ 场景：一个影片中可以拥有任意多个场景，它是复杂动画中联系较为密切的一段动画。如果将一个 Flash 动画文件理解为一部戏，一个场景就是这部戏中的一幕；如果将一个 Flash 动画文件理解为一场晚会，一个场景就是晚会上的一个节目。

⑮ 元件：也称符号、图符、演员，它是一个可以重复使用的图形、动画或按钮。编辑元件的方法与在主场景中编辑动画的方法完全相同。它包括图形元件、影片剪辑元件和按钮元件 3 种类型。

⑯ 实例：也称引用、角色，它是元件在主场景或其他元件中的具体使用。对元件和实例的最好理解就是将其比喻为演员和角色的关系。一个演员可以多次扮演多个角色。

⑰ 库：用来存放元件的地方，在 Flash 中以库面板的形式出现，用户创建的元件平时放在库中，当需要使用时打开库面板，将需要的元件用鼠标拖放到舞台上，就成了该元件的一个实例。

4. 启动 Flash 软件

如果想要学好 Flash，熟悉该软件的操作环境是首要工作。在进入 Flash 操作环境前，先要启动该软件。启动的方法有多种，也可以通过用鼠标单击"开始"菜单下的"程序" | Adobe | Adobe Flash Professional CS6 选项打

图 1-1-2　Flash CS6 的开始页画面

开 Flash CS6 应用程序。

　　一般安装完 Flash 后,打开 Flash CS6 时在应用程序窗口前会出现一个 Flash CS6 的开始页界面,如图 1-1-2 所示,需要从界面中选择 ActionScript 3.0 或"Flash 文件(ActionScript 2.0)"选项后方可打开需要的 Flash 应用程序窗口。选择 ActionScript 3.0 选项进入和选择 ActionScript 2.0 选项进入 Flash 操作环境后的功能和操作方法基本上相同,所不同是,选择 ActionScript 2.0 选项进入后,与 3D 有关的功能及其他某些个别的功能会受到限制,编写代码时仍然按照传统的 ActionScript 2.0 的语法规则进行编写。选择 ActionScript 3.0 选项进入后,支持 Flash CS6 的所有新增功能,编写代码时需要按照 ActionScript 3.0 的语法规则进行编写。由于本书是针对初学者编写的,涉及代码的部分仍然采用 ActionScript 2.0,创建 Flash 文档时需要选择 ActionScript 2.0 选项进入 Flash。

　　当然,可以通过设置使 Flash CS6 启动后直接进入应用程序窗口。在出现的开始页界面中选中"不再显示"复选框后,再选择"Flash 文件"选项,这样以后再启动 Flash CS6 时,此界面将不再出现;或者在打开 Flash CS6 应用程序后选择"编辑"→"首选参数"命令,弹出"首选参数"对话框,如图 1-1-3 所示。在"类别"列表框中选择"常规"选项,然后在"启动时"下拉列表框中选择其中的任何一项,来改变打开 Flash CS6 应用程序后的初始状态。

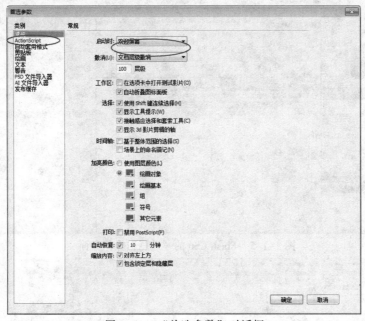

图 1-1-3 "首选参数"对话框

　　Flash CS6 从操作环境到各项新增工具,都给人耳目一新的感受。首先,一进到工作环境,就会看到不同于以往的配置;面板的摆放更集中,收合也更方便;面板上也有几个新面孔,让人迫不及待地想知道它们的作用;有些原有面板,也是以新面孔的形式出现,使操作更简单、更方便。

　　Flash CS6 的操作环境如图 1-1-4~图 1-1-6 所示,由菜单栏、主工具栏、编辑栏、工作区、时间轴、工具箱和各种面板等组成。为了方便不同层次、不同级别、不同开发目的和人们各自不同的操作习惯和爱好,Flash CS6 准备了"动画""传统""调试""设计人员""开发人员"和"基本功能"6 个操作环境。图 1-1-4~图 1-1-6 分别为"基本功能""动画"和"传统"3 个操作环境的初始操作界面。其中的"基本功能"操作界面最适合初学者。现就以"基本功能"操作界面为例对各部分的功能进行介绍,在本书后面的动画制作过程中如果没有特殊的需要,也是在这个操作环境下进行的。

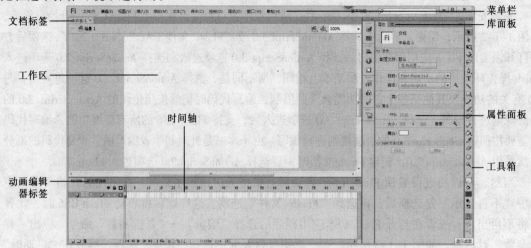

图 1-1-4　Flash CS6 的"基本功能"操作界面

图 1-1-5　Flash CS6 的"动画"操作界面

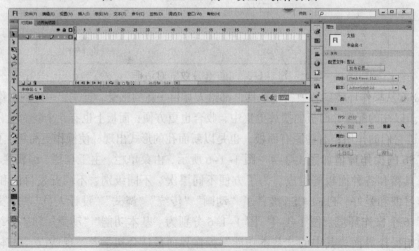

图 1-1-6　Flash CS6 的"传统"操作画面

一般在 Flash 应用程序窗口中编辑多个 Flash 文档的情况比较少见，所以文档窗口一般都处于最大化状态。图 1-1-4 的时间轴上面是一个处在还原状态的 Flash 文档窗口。

5. 菜单栏

Flash CS6 的菜单栏外观如图 1-1-7 所示。菜单栏中一共有 11 个菜单项，分别是文件、编辑、视图、插入、修改、文本、命令、控制、调试、窗口和帮助。每个菜单项中包括与该项有关的命令，选择相应的命令或级联菜单命令，可以完成相应的操作。几乎 Flash 中的所有操作都可以通过菜单来完成，但是通过菜单操作所完成的功能多数都可以使用更方便、快捷的方式来完成，比如快捷键、工具按钮等。

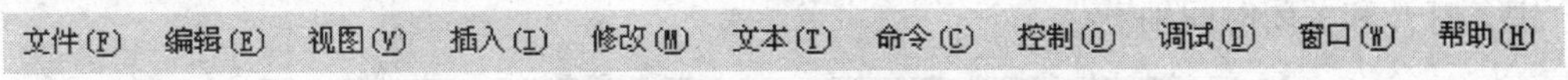

文件(F) 编辑(E) 视图(V) 插入(I) 修改(M) 文本(T) 命令(C) 控制(O) 调试(D) 窗口(W) 帮助(H)

图 1-1-7 Flash CS6 的菜单栏

6. 主工具栏

Flash CS6 的主工具栏外观如图 1-1-8 所示。主工具栏中一共有 16 个常用工具。左边的 10 个工具，除了第 3 个转到 Bridge 工具之外和其他软件的相同，分别是新建、打开、保存、打印、剪切、复制、粘贴、撤销和重做。右边的 6 个工具是 Flash 软件特有的，分别是贴紧至对象、平滑、伸直、旋转与倾斜、缩放、对齐。

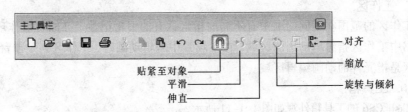

图 1-1-8 主工具栏

① 贴紧至对象 ：当移动对象或改变其形状时，对象上出现对齐环作为参考点，当按下该按钮时，操作对象的中心点会与其他对象贴紧。

② 平滑 ：按下该按钮，可以使选中的矢量图对象变得更平滑。

③ 伸直 ：按下该按钮，可以使选中的矢量图对象变得更直。

④ 旋转与倾斜 ：按下该按钮，可以使选中的矢量图对象处在被旋转和倾斜的操作状态。它相当于选择工具箱中的任意变形工具后，在选项区域选择了"旋转与倾斜"选项。

⑤ 缩放 ：按下该按钮，可以使选中的矢量图对象处在被缩放的操作状态。它相当于选择工具箱中的任意变形工具后，在选项区域选择了"缩放"选项。

⑥ 对齐 ：按下该按钮可以打开对齐面板，抬起该按钮可以关闭对齐面板，和【Ctrl+K】组合键的功能相同。

7. 编辑栏

编辑栏是在文档窗口标题栏下面时间轴上面的一栏，如图 1-1-9 所示。可以通过编辑栏修改动画编辑区中对象的显示比例，切换和选择被编辑的场景和元件。

图 1-1-9 编辑栏

8. 时间轴

当处在"基本功能"操作界面时，时间轴处在文档窗口下面。它是 Flash 最具特色的部分，分为图层面板和时间轴面板两部分，如图 1-1-10 所示。可以通过图层面板部分，完成对图层的所有操作；通过时间轴面板部分完成对帧的所有操作。这两部分是密切联系、不可分割的。

在对动画编辑区中的对象进行编辑时，总是针对某一层上的某一关键帧进行的。在动画编辑区显示出的画面是时间标尺上播放头（红色矩形块）所在帧上的所有层的内容。

因为动画是随着时间在变化的，播放到不同帧时，看到的内容是不同的。可以通过单击时间轴上面的标题条打开和关闭时间轴，也可以选择"窗口"→"时间轴"命令或者按【Ctrl+Alt+T】组合键，打开和关闭时间轴。

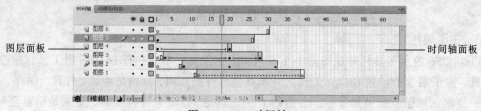

图层面板 ——　　　　　　　　　　　　　　　　　　—— 时间轴面板

图 1-1-10　时间轴

9. 工作区

工作区的范围在不同的书中有不同的指定，有的书籍把整个 Flash 操作环境称为工作区。在本书中工作区指编辑动画的区域，在主场景中编辑动画时，工作区就是舞台；在编辑元件时，工作区是指元件的动画编辑区域。

10. 工具箱

Flash CS6 的工具箱外观如图 1-1-11 所示，其作用是绘制动画对象。学习 Flash 首先要学会 Flash 工具箱中常用工具的使用。工具箱共有 4 个区域，从上到下依次为绘图工具区、查看工具区、颜色设置区和选项设置区。其中，绘图工具区共有 28 个工具，用来创建、编辑和修改 Flash 对象。查看工具区只有两个工具，是用来查看 Flash 对象的，用其改变对象的位置和大小，其结果只影响查看效果，并不实际修改对象。颜色设置区用来为绘制工具中的着色工具设置颜色。选项设置区用来为工具箱中的工具设置参数。当选择不同的工具时，选项设置区中的参数设置项也不相同。

在 Flash CS6 中，把功能相近的几个工具放置在同一个工具按钮下，按钮右下角带有小黑三角的表示有多个工具，按下该按钮不放停留片刻后会把该按钮下的所有工具显示出来，用鼠标拖动到想用的工具上松开鼠标，即选中该工具。工具箱中的工具如图 1-1-11 所示。

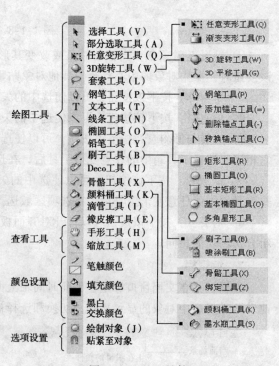

图 1-1-11　工具箱

使用工具的方法是，单击工具箱中的工具按钮，或直接在键盘上按下工具名后相应的字母，该工具就成为当前工具，再在工作区中进行操作。

下面详细讲解两个最常用的工具：选择工具和任意变形工具。对其他工具只进行简单的介绍，具体的使用方法在以后项目中再做讲解。

① 选择工具：选择工具是 Flash 工具箱中最常用的工具，除钢笔工具和部分选取工具外，在使用其他任何绘图工具时，都可以用按住【Ctrl】键的方法暂时切换成选择工具。在对动画编辑区外的对象进行正常操作时，有时也需要切换成选择工具。选择工具可以用来选择对象、移动对象、复制对象和修改对象。

- 选择对象：选择矢量图以外的对象时，可以用该工具直接选取对象。

  单击线条，可以选择一次画出的没有死角的一段线条。

  双击线条，选择相连的性质相同的所有线条。

  单击色块，选择一次画出的相连的色块。

  双击色块，选择色块及与之相连的线条。

  在对象外按下鼠标拖动，可以选择矩形范围内的内容。

  按住【Shift】键可以在不取消上次选择内容的情况下继续选择新内容。

- 移动对象：用鼠标直接拖动对象，可以移动对象。要一次移动多个对象，可以使用拖动或按住【Shift】键的方法选中多个对象后再移动。

- 复制对象：按住【Alt】键的同时进行和移动对象相同的操作，在将对象移动到新位置的同时，原来位置保留原对象。

- 修改对象：当用选择工具靠近线条或色块边缘时，选择工具的鼠标指针将变成形，这时拖动鼠标可以修改矢量对象的形状。如果按住【Ctrl】键或【Alt】键进行拖动，将在调整点出现死角的位置调整。

② 部分选取工具：用于移动路径和调整路径上的锚点和控制节点。

③ 任意变形工具：除选择工具外 Flash 的又一常用工具。该工具可以用来缩放对象、倾斜对象、旋转对象和移动对象。用任意变形工具选中对象后，对象上会出现若干个调整点，如图 1-1-12 所示。

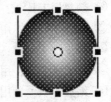

图 1-1-12　用任意变形工具选中对象后的情况

- 缩放对象：用鼠标拖动对象周围的 8 个小黑色矩形点可以调整对象的大小。按住【Shift】键拖动 4 个角上的点可以等比例沿两个方向缩放对象。按住【Alt】键拖动周围的 8 个点可以以中心点（中间的小圆点）为中心对称缩放对象。

- 倾斜对象：当把鼠标指针移动到矩形线框上拖动鼠标时，可以倾斜对象。

- 旋转对象：当把鼠标指针移动到 4 个角上的点之外拖动鼠标时，可以旋转对象。

- 移动对象：当把鼠标指针移动到矩形框内拖动鼠标时，可以移动对象。

- 移动中心点：中心点是旋转和对称变形时的轴心和中心，用鼠标拖动中心点可以改变中心点的位置。

- 扭曲：如果选中的是矢量对象，按下选项区域中的"扭曲"选项按钮，可以以扭曲的方式修改矢量图对象。

- 封套：如果选中的是矢量对象，按下选项区域中的"封套"选项按钮，可以以封套的方式修改矢量图对象。

④ 渐变变形工具■：用于调整填充在某一区域内的渐变色或者位图的尺寸、方向和中心点。详细的使用方法见项目二中的任务二。

⑤ 3D 旋转工具■：用于绕 X、Y、Z 三个轴向上旋转选中对象。

⑥ 3D 平移工具■：用于在 X、Y、Z 三维空间中移动选中对象。

⑦ 套索工具■：用于绘制任意形状的选区。

⑧ 钢笔工具■：用于创建路径线条。详细的使用方法见项目二中的任务五。

⑨ 添加锚点工具■：用于在曲线路径上增加点。

⑩ 删除锚点工具■：用于删除路径上的锚点。

⑪ 转换锚点工具■：用于将平滑锚点和拐点转换成角点。

⑫ 文本工具■：用于创建文字对象，编辑文字内容。

⑬ 线条工具■：用于绘制直线。

⑭ 矩形工具■：用于绘制矩形和正方形。直接拖动绘制矩形，按住【Shift】键拖动绘制正方形。

⑮ 椭圆工具■：用于绘制椭圆或圆。直接拖动绘制椭圆，按住【Shift】键拖动绘制正圆形。

⑯ 基本矩形工具■：同矩形工具，非矢量图形，不可以用橡皮、选择等编辑工具直接编辑。

⑰ 基本椭圆工具■：同椭圆工具，非矢量图形，不可以用橡皮、选择等编辑工具直接编辑。

⑱ 多角星形工具■：用于绘制多边形和多角星。

⑲ 铅笔工具■：用于绘制任意形状的笔触线条。

⑳ 刷子工具■：用于填涂和绘制任意形状填充色块。

㉑ 喷涂刷工具■：用于以喷雾的方式绘制图形。

㉒ Deco 工具■：用于在区域范围内绘制图案。

㉓ 骨骼工具■：用于链接多个对象，使对象间产生类似骨骼的连动效果。

㉔ 绑定工具■：用于编辑单个骨骼和形状控制点之间的连接。

㉕ 墨水瓶工具■：用于修改笔触颜色。

㉖ 颜料桶工具■：用于用填充色填充由笔触线条围成的封闭区的颜色或修改填充色块的颜色。

㉗ 滴管工具■：用于获取动画编辑区中对象的笔触颜色或填充颜色。

㉘ 橡皮擦工具■：擦除矢量图对象上的内容。

㉙ 手形工具■：用于移动舞台位置，以利于观察和编辑对象。

㉚ 缩放工具■：用来改变舞台上所有对象的显示比例。

㉛ 笔触颜色■■：用于修改工具箱中可以绘制笔触颜色的着色工具（直线、铅笔、钢笔、矩形、椭圆、墨水瓶）的笔触颜色，也可以修改选中对象的笔触颜色。

㉜ 填充颜色■□：用于修改工具箱中可以绘制色块的着色工具（矩形、椭圆、颜料桶）的填充颜色，也可以修改选中对象的色块颜色。

㉝ 黑白■：按下该按钮可以将笔触颜色设置为黑色，填充色设置为白色。

㉞ 交换颜色■：按下该按钮可以交换笔触颜色按钮和填充色按钮中的颜色。

㉟ 选项区域的按钮随绘图工具的不同而变化。

11. 各种面板

Flash CS6 提供了丰富的面板，使用面板可以处理对象、颜色、文本、实例、帧、场景和整个文档。常见的面板有库面板、属性面板、动作面板、参数面板、颜色面板和对齐面板等。

（1）面板的表现形式

面板的表现形式是多样的，参见图 1-1-4～图 1-1-6。有的结合在窗口右边，如属性面板、库面板；有的结合在窗口下边，如时间轴面板、动画编辑器面板；有的浮动在窗口前面。在图 1-2-4 所示的"动画"操作界面中的对齐面板、颜色面板等都结合在主窗口左侧。为了减少面板在主窗口中的占用面积，可以将一些相关的面板组合在一起形成面板组，如图 1-2-4 中的颜色面板和样本面板，对齐面板、变形面板和信息面板等。用户可以根据自己的需要随意改变面板的形式。

（2）面板的基本操作

打开面板：可以通过选择"窗口"菜单中的相应命令打开指定面板，一些常用的面板还可以通过对应的快捷键完成打开和折叠操作。

关闭面板组：在已经打开的面板标题栏上右击，在弹出的快捷菜单中选择"关闭面板组"命令。

折叠或展开面板：单击标题栏或者标题栏上的折叠按钮可以将面板折叠为其标题栏，再次单击即可展开。

移动面板：可以通过拖动标题栏移动面板位置，或者将固定面板移动为浮动面板；或者将浮动面板移动为固定面板。

关闭所有面板：选中"窗口"→"隐藏面板"命令或者使用【F4】快捷键可以关闭和打开所有面板。

恢复默认布局：可以通过主窗口标题栏上的操作环境菜单，将被改变了的操作环境恢复到默认样式，如图 1-1-13 所示。

图 1-1-13 切换操作环境和将环境恢复为默认样式

12. 动画设置

在制作动画时，做出的动画显示画面的大小、背景的颜色、每秒钟播放的帧数等，这些对于一个动画来说非常重要。要完成这些设置有两个渠道：一是通过"文档设置"对话框来完成；二是在属性面板中完成。

方法与步骤

1. 文档属性对话框

打开如图 1-1-14 所示"文档设置"对话框的方法有以下两种：

① 选择"修改"→"文档"命令或者按【Crtl+J】组合键。

② 单击属性面板中"大小"选项后的"编辑"按钮。

通过"尺寸"选项后面的两个文本框可以直接输入文档画面的宽度和高度。

选择"匹配"栏中的"打印机"单选按钮，可以直接将画面设置成打印页面的大小；选中"内容"单选按钮，根据主场景上内容的大小设置画面的大小；选择"默认"单选按钮，将对话框中的所有选项恢复到默认值，默认值分别是"标题"为空、"描述"为空、画面尺寸为 550×400 像素、"背景颜色"为白色、"帧频"为 24 帧。

通过"背景颜色"选项后面的颜色按钮可以打开颜色面板来改变动画的背景颜色。

通过"帧频"选项后面的文本框修改动画每秒的播放帧数。

单击"设为默认值"按钮可以将当前设置保存为默认值。

单击"确定"按钮可以使设置生效。

单击"取消"按钮则本次设置无效。

2. 属性面板

选择"窗口"→"属性"命令或者按【Ctrl+F3】组合键，打开如图 1-1-15 所示的属性面板。

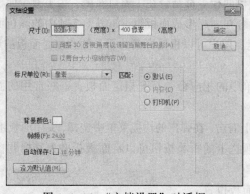

图 1-1-14 "文档设置"对话框

图 1-1-15 文档属性面板

单击"舞台"选项后面的颜色按钮，可以打开颜色面板来改变动画的背景颜色。

用 FPS 选项后面的数字修改动画每秒的播放帧数。

单击"大小"选项后的"编辑"按钮，可以弹出"文档设置"对话框。

任务完成

对 Flash 应用环境和相关术语的学习是进行 Flash 学习的第一步，它能够帮助我们建立正确的学习意识，为我们以后的学习提供有力支持。文档属性对话框和文档属性面板是制作 Flash 动画过程中常用到的两部分，这对于修改文档及相关对象属性非常重要，希望大家一定要认真练习这两部分的操作，多加体会。

学习评价

学习评价表

内容与评价 能力	内　　　　容		评　　价		
	学 习 目 标	评 价 项 目	3	2	1
职业能力	能正确了解 Flash 的特点	能了解 Flash 的主要应用领域			
		能理解 Flash 动画的特点			
	能正确理解并判断相关术语	能正确地理解相关术语			
	能正确的认识 Flash 界面的不同区域	能正确地启动 Flash 软件			
		能正确地认识和理解主要工具栏、时间轴面板、舞台和工作区的作用及操作			
		能正确理解工具箱中各种工具的功能和操作			
	能正确的设置 Flash 属性	能正确地设置文档属性对话框			
		能正确地操作属性面板			

续表

内容与评价	内　　　容		评　　价		
能力	学习目标	评价项目	3	2	1
通用能力	想象力				
	审美能力				
	创新能力				
综 合 评 价					

课 后 练 习

1. 除了本节介绍的应用外，你还能想到 Flash 可以应用在哪些方面？

2. 矢量图和位图有哪些区别？举例说明在哪些场合更适合使用位图，哪些场合更适合使用矢量图。

3. 普通帧、关键帧、空白关键帧、渐变帧在外观上有什么不同，从本质上又有何区别？

4. 将动作面板组合到颜色面板中；将库面板结合到窗口的底部；将颜色面板（颜色、样本、动作面板组）剥离成离开窗口右端的浮动面板；将属性面板组打开再折叠；将所有面板恢复到默认状态。

5. 用工具箱中的工具绘制如图 1-1-16 所示的笑脸。

（1）脸：用椭圆工具画一个椭圆，再用选择工具进行调整。

（2）头发和鼻子：可以直接在原位置用线条工具画出，再用选择工具进行调整。

（3）眼睛：先用椭圆工具画一只眼睛，再按下【Alt】键用选择工具拖动的方法复制出另一只眼睛。

（4）嘴：先用椭圆工具画一个椭圆，再用选择工具调整。

图 1-1-16　笑脸

> **注意**：眼睛和嘴最好是在空闲位置画好后，再用选择工具拖放到合适位置。

6. 新建一个 Flash 文档，将其背景设置为黑色，画面大小设置为 400×300 像素，每秒播放帧数设置为 12。

任务二　制作一个简单动画的过程

任务描述

使用工具箱中的工具及相关命令制作通过点击按钮让气球飞起的动画效果。本任务只要模仿制作出来即可，相关知识及操作将在以后的课程中逐步进行讲解。

任务分析

本任务主要让学生体会动画的制作流程，能够按照步骤模仿制作简单的动画效果。

相关知识

制作一个动画一般包括新建文件，编辑文件，保存、导出和发布文件三大步，如图 1-2-1

所示。

其中编辑文件是最主要的，它包括各种操作：绘制对象、导入对象、创建层、创建帧、为帧制作动画、添加代码、测试动画等。

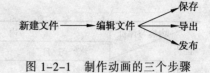

图 1-2-1　制作动画的三个步骤

方法与步骤

1. 新建文件

新建一个空白文件，有以下方法：

① 打开 Flash 时可以直接新建一个文件，有时需要从开始页界面中选择 ActionScript 3.0 或 ActionScript 2.0 选项，新建一个文件。

② 单击主工具栏中的"新建文件"按钮 可以直接新建一个文件。

③ 选择"文件"→"新建"命令或者按【Ctrl+N】组合键，弹出"新建文档"对话框，如图 1-2-2 所示。在对话框中选择"Flash 文件（ActionScript 3.0）"或"Flash 文件（ActionScript 2.0）"选项，单击"确定"按钮，新建一个文件。

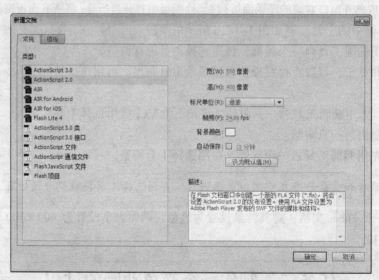

图 1-2-2　"新建文档"对话框

2. 编辑文件

（1）运动的小球

① 为图层命名：双击图层面板上的图层名"图层 1"后，将图层名改为"运动的小球"。

② 绘制小球：选择工具箱中的椭圆工具 ，单击工具箱中的笔触颜色按钮 ，打开颜色选择面板，选择颜色面板左上角的无颜色按钮 ，将椭圆工具的笔触颜色设为无色。单击工具箱中的填充颜色按钮 ，打开颜色选择面板，选择面板下方的颜色 。按【Shift】键在舞台的左端画一个圆，如图 1-2-3 所示。

③ 插入关键帧：右击时间轴的第 50 帧，在弹出的快捷菜单中选择"插入关键帧"命令，即在第 50 帧处插入一个关键帧，如图 1-2-4 所示。

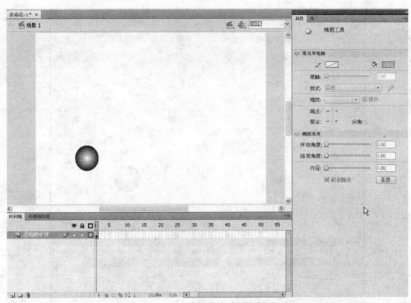

图 1-2-3 在舞台左端绘制小球

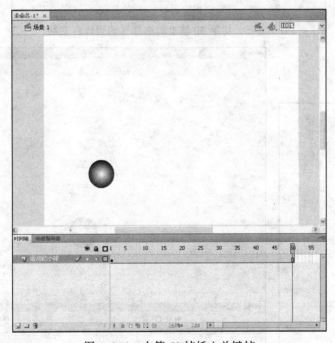

图 1-2-4 在第 50 帧插入关键帧

④ 移动小球：选择工具箱中的选择工具，将小球对象拖动到舞台的右边位置，如图 1-2-5 所示。

⑤ 制作动画：右击"运动的小球"层上第 1 帧，在弹出的快捷菜单中选择"创建补间形状"命令，如图 1-2-6 所示，为第 1 关键帧做形状动画。图 1-2-7 所示为当动画播放到第 25 帧时小球所处的位置和动画制作完成后的时间轴效果。

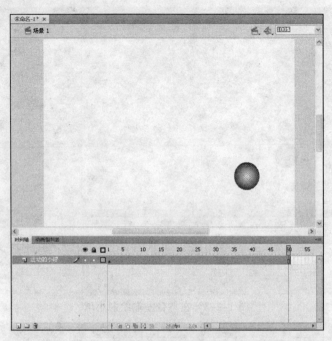

图 1-2-5　将第 50 帧上的小球移动到舞台右端

图 1-2-6　为第 1 帧做形状动画　　　　　　图 1-2-7　为第 1 关键帧做形状动画

（2）圣诞娃娃

① 新建图层：单击图层面板下方的"新建图层"按钮，在"运动的小球"图层的上面新建一个图层，并将图层名改为"圣诞娃娃"。

② 添加元件：选择"插入"→"新建元件"命令或者按【Ctrl+F8】组合键，弹出"创建新元件"对话框。将"名称"文本框中的"元件 1"改为"娃娃"，在"类型"下拉列表框中选择"影片剪辑"，如图 1-2-8 所示，然后单击"确定"按钮，创建一个名为"娃娃"的影片剪辑元件。这时的动画编辑区处在"娃娃"元件的编辑状态。

图 1-2-8 "创建新元件"对话框

选择"文件"→"导入"→"导入到舞台"命令或者按【Ctrl+R】组合键，弹出"导入"对话框，在"素材\项目一"文件夹中找到名为"圣诞娃娃"的图片对象，选中后单击"打开"按钮，将该图片导入到名为"娃娃"的元件中。

③ 引用娃娃元件：单击编辑栏上的返回场景按钮 ⇦ ，返回到主场景的编辑状态。选择"窗口"→"库"命令或者按【Ctrl+L】组合键，打开库面板，用鼠标将库面板中的"娃娃"元件拖放到如图 1-2-9 所示的位置，在舞台上为"娃娃"元件创建一个实例。

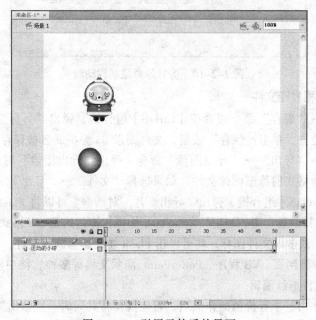

图 1-2-9 引用元件后的界面

④ 为娃娃对象制作动画：右击"圣诞娃娃"图层的第 1 帧，在弹出的快捷菜单中选择"创建补间动画"命令，单击时间轴上的第 25 帧位置，将播放头移动到第 25 帧处。用鼠标将"娃娃"拖动到舞台的右侧，在第 1~25 帧让"娃娃"做自左至右的运动。单击时间轴上的第 50 帧位置，将播放头移动到第 50 帧处。用鼠标将"娃娃"拖回到舞台的左侧，在第 25~50 帧让"娃娃"做自右至左的运动，如图 1-2-10 所示。

为矢量图制作动画时，在菜单中选择"创建补间形状"，且需要后面有一个关键帧；为矢量图以外的其他对象制作动画，可在快捷菜单中选择"创建补间动画"命令，不需要后面有关键帧。

（3）测试影片

选择"控制"→"测试影片"命令或者按【Ctrl+Enter】组合键，测试动画的播放效果。

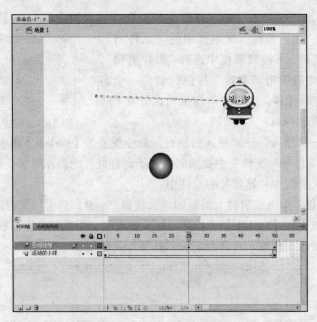

图 1-2-10　为娃娃对象制作动画

3. 保存、导出和发布文件

选择"文件"→"保存"命令或者按【Ctrl+S】组合键，弹出"另存为"对话框，输入文件名并选定保存的位置，单击"保存"按钮，文件则以.fla 为扩展名被保存下来。

选择"文件"→"导出"→"导出图像"命令，弹出"导出图像"对话框，可以将 Flash 动画文件导出为多种格式的静态图像文件。如果选择"文件"→"导出"→"导出影片"命令或者按【Ctrl+Alt+Shift+S】组合键，弹出"导出影片"对话框，可以将 Flash 动画文件导出为多种格式的动画文件，其中最常用、最能体现出 Flash 优势和特色的是 swf 格式的文件。在 Windows 环境下找到该文件，双击该文件图标，就可以用 Flash 播放器播放该文件。文件除用 Flash 播放器播放外，也可以放到网页、VB 程序、PowerPoint 演示文稿等多种软件中使用。导出后的文件不可以再用 Flash 软件继续编辑。

在用 Flash 创作出一个有价值的作品后，可能需要将其同时一次输出为多种其他格式的文件，以便供其他软件播放或调用。通过选择"文件"→"发布设置"命令或者按【Ctrl+ Shift+F12】组合键，弹出"发布设置"对话框，在对话框中选择需要的文件格式后单击"发布"按钮，可以将作品同时发布为多种格式的文件。

关于打开 Flash 应用程序，创建新的 Flash 文档，测试影片，保存、导出和发布文件这样的操作在以后项目中如果没有特殊情况，不再提及。只描述动画的制作步骤。

任务完成

从本任务开始，才算得上是真正制作了 Flash 动画。但是，这才是刚刚开始。在制作出精美的动画之前，要不断学习如何绘制造型，如何编辑和调试动画。将在以后的课程当中学习更加精美、实用的动画制作方法。

学习评价

学习评价表

内容与评价 能力	内 容		评 价		
	学 习 目 标	评 价 项 目	3	2	1
职业能力	能灵活使用常用工具	能正确地启动 Flash 软件			
		能熟练地使用椭圆工具			
		能正确地为图形填充颜色			
	能正确地制作简单动画	能正确地导入外部素材			
		能正确地制作动画			
	能正确测试影片	能正确地测试影片			
	能正确保存文件	能正确地将文件保存、导出和发布影片			
通用能力	想象力				
	审美能力				
	创新能力				
综 合 评 价					

课 后 练 习

1. 完成一个 Flash 动画有哪几个步骤？
2. 在动画制作过程中有哪些重要操作？

项 目 小 结

本项目中介绍了 Flash 的功能、特点、常用概念和学好 Flash 的方法，并对 Flash 的操作环境、基本操作和文档设置等最基本的内容进行了概括的介绍。本项目任务二以一个简单的动画为例讲解了 Flash 动画制作的全过程。希望读者通过对本项目的学习，对 Flash CS6 有一个宏观的了解，为学好后面项目中动画实例的制作打下基础。

项目实训　制作第一个动画

实训背景

Flash 的出现是数字时代的视觉革命。许多精美的 Flash 动画吸引了无数 Flash 的爱好者。你有没有想过也要制作一个让人叹为观止的动画作品呢？当你在刚刚接触 Flash 不久，就能做出一个虽然简单，但属于自己完成的动画时是不是感觉很有成就感？现在就按照本项目 1.4 节的方法来完成这一简单的动画制作。

实训要求

① 动画中的两个运动对象可以根据自己的想象进行更改。

② 要至少有一个矢量图的形状动画和一个非矢量图的运动动画。

③ 有一个往复运动的动画。

实训提示

① 编辑画面时一定要明白正在编辑的图层和帧。

② 做渐变动画必须有两个关键帧，对前面一个关键帧做动画。做动画前应该选中前面的关键帧，但也可以是该关键帧后面的延续帧。

③ 做动画时如果两个关键帧上的内容为矢量图对象，可在快捷菜单中选择"创建补间形状"命令。如果两个关键帧上的内容为非矢量图对象，可在快捷菜单中选择"创建补间动画"或"创建传统补间"命令。

实训评价

实训评价表

内容与评价 能力	内 容		评 价		
	学习目标	评价项目	3	2	1
职业能力	能完成对文件的各种操作	能使用选择工具选择、修改、移动和复制对象			
	能使用工具箱中的工具	能用任意变形工具缩放、倾斜、扭曲和旋转对象			
		会对笔触颜色和填充色进行设置			
		会设置各工具的参数			
		能正确地新建、保存、导入、导出文件			
	能完成动画的常用基本操作	能对图层进行操作			
		能对帧进行操作			
		会创建和引用元件			
		会做渐变动画			
通用能力	绘图能力				
	审美能力				
	组织能力				
	解决问题能力				
	自主学习能力				
	创新能力				
综合评价					

简单对象的画法

　　Flash 是一款制作动画的软件，要制作动画，首先需要有画。用 Flash 制作动画虽然可以利用一些现有的外部图像素材，但是要真正体现 Flash 矢量动画的优势，还是需要 Flash 创作者自己亲手绘制。鼠绘是 Flash 创作中一个很重要的方面。学好工具箱中主要工具的使用是学好 Flash 的基础所在。本项目就从几个常见的简单对象的绘制方法开始，进入 Flash 的制作旅程。

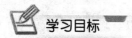 学习目标

通过本项目的学习，你将能够：

☑ 用椭圆工具绘制云；
☑ 正确使用颜色面板改变笔触颜色和填充颜色；
☑ 用渐变变形工具修改对象的颜色；
☑ 用矩形工具结合颜色面板绘制蜡杆；
☑ 用椭圆工具结合颜色面板绘制蜡烛的火焰；
☑ 正确地使用刷子工具绘图；
☑ 灵活地编辑绘制出的线条和色块；
☑ 正确地绘制和编辑路径；
☑ 熟悉并掌握简单动画的制作过程。

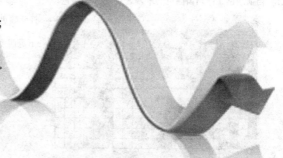

任务一　绘制云朵——椭圆工具的使用

任务描述

在用 Flash 描绘自然界的景物时，云是经常用到的一种自然景物，特别是在画山水画、风景画的时候，云的表现起着很重要的作用。在 Flash 中，云的画法有很多种。本任务中只介绍一种最简单的画法——椭圆堆积法。任务完成后的效果如图 2-1-1 所示。

图 2-1-1　云的效果图

任务分析

使用椭圆工具，不使用笔触颜色，将填充色选用白色，在舞台上拖动画出相互叠加的几个椭圆就得到一朵云。将几朵形状稍有差异的云合理地摆放在一起，并且按照近大远小的视觉规律布置在场景中，就形成了一个白云飘飘的简单画面。

相关知识

椭圆工具的使用和颜色设置

椭圆工具是 Flash 中一个很重要的工具，很多对象都可以通过对椭圆的进一步调整和修改得到，因此椭圆工具的使用比较频繁。

使用椭圆工具可以绘制只有笔触颜色的（椭）圆线框，也可以绘制只有填充颜色的（椭）圆饼，还可以绘制既有笔触颜色又有填充颜色的带线框的（椭）圆饼。

椭圆工具的设置比较简单，可以单击工具箱中颜色设置区的“笔触颜色”按钮 ✐■，打开颜色选择面板（见图 2-1-2）来设置线框颜色；单击工具箱中颜色设置区的“填充颜色”按钮 ◇□，打开颜色选择面板，按图 2-1-2 所示设置填充颜色。用鼠标从中选择一种颜色后，颜色选择面板自动关闭。也可以通过颜色面板对颜色进行更细致的设置。

当单击“笔触颜色”按钮 ✐■，在打开的颜色选择面板中选择“无颜色”按钮 ☑ 后，绘制出的椭圆是没有笔触颜色的椭圆饼，如图 2-1-3（a）所示。

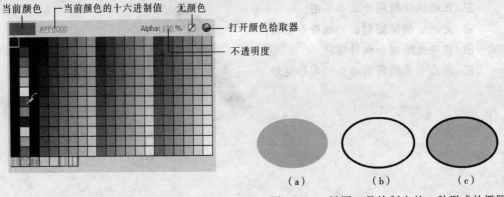

图 2-1-2　颜色选择面板　　　　图 2-1-3　椭圆工具绘制出的 3 种形式的椭圆

当单击"填充颜色"按钮，在打开的颜色选择面板中选择"无颜色"按钮后，绘制出的椭圆是没有填充颜色的椭圆线框，如图2-1-3（b）所示。

当选择其他颜色时，绘制出的是既有填充又有线框的椭圆，如图2-1-3（c）所示。

当"笔触颜色"和"填充颜色"都选择"无颜色"按钮时，不能绘制出任何内容，没有任何意义。

使用椭圆工具绘制时，直接按下鼠标拖动画出的是一个由鼠标起点和终点为对角线围成的矩形框的内切椭圆，按住【Shift】键后拖动鼠标画出的是一个圆，按住【Alt】键后拖动鼠标画出的是一个以起点为对称中心的椭圆，同时按住【Shift】键和【Alt】键后拖动鼠标画出的是一个以起点为圆心的圆。

方法与步骤

1. 单朵云的绘制

打开 Flash CS6 并创建一个新的 Flash 文档。单击工具箱中的椭圆工具按钮，选择椭圆工具。按下工具箱中的"笔触颜色"按钮，在打开的颜色选择面板中选择"无颜色"按钮，将笔触颜色设置为"无"。按下"填充颜色"按钮，打开颜色选择面板，单击颜色选择面板中的白色，将填充颜色设置为白色。按照图2-1-4所示的步骤画出5个圆。

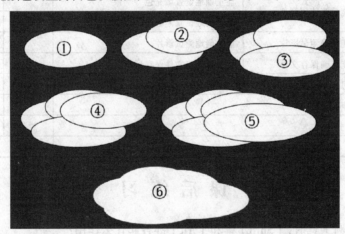

图 2-1-4　单朵云的绘制步骤

为了让大家看清楚绘制步骤，图2-1-4中在云的绘制过程中没有将笔触颜色设置为"无"。如果在绘制云的时候带有笔触颜色，可以在云画完后再将笔触颜色去掉。有两种操作方法：

① 用选择工具双击线条部分，选中所有线条后，按【Del】键将线条删除。

② 用选择工具选中带有笔触颜色的整朵云，按下"笔触颜色"按钮，在打开的颜色选择面板中选择"无颜色"按钮，将笔触颜色设置为"无"。

2. 多朵云的绘制

在描绘天空时，很多情况下是有多朵云存在的。绘制多朵云可以通过"复制+调整"的方法做出。具体操作方法：用选择工具双击绘制好的单朵云，选中该云朵。按住【Alt】键用选择工具将其拖动到合适的位置，复制该云朵，再用任意变形工具调整云朵的大小和外形。

需要说明的是，云朵之间位置的排列要有视觉感，即近大远小（上大下小），排列不要太整齐，也不要太杂乱，要乱中有序。远处的云也可以只用一个椭圆表示。

任务完成

云的形态千变万化，云的颜色虽然最常见的是白色，但也可以五颜六色。参照本任务介绍的方法，发挥自己的想象力和创造力，选择最合适的工具，在舞台上用尽量简单的方法画出逼真的云。

学习评价

学习评价表

内容与评价 能力	内　　　　　容		评　　价		
	学习目标	评价项目	3	2	1
职业能力	能灵活使用常用工具	能根据需要正确地选择绘图工具			
		能熟练地使用椭圆工具			
		能熟练地使用选择工具和任意变形工具			
	能熟练使用颜色	能正确地设置填充色			
		能正确地设置笔触颜色			
	能正确测试影片	能正确地测试影片			
	能正确保存文件	能正确地将文件保存到指定位置			
通用能力	想象力				
	审美能力				
	创新能力				
综　合　评　价					

课 后 练 习

1. 在使用椭圆工具时，【Shift】键和【Alt】键各起什么作用？
2. 分别在舞台上画一个只有填充没有边框、只有边框没有填充、既有边框又有填充的椭圆。
3. 先用铅笔工具在舞台上画一个点，以该点为圆心画一个正圆。

任务二　绘制蜡烛——颜色面板和渐变变形工具的使用

任务描述

在一些喜庆的场面中，或为朋友送去的 Flash 生日贺卡中，经常要有蜡烛出现。在本任务中就做一个由蜡杆、火焰和光辉组成的蜡烛。任务完成后的效果如图 2-2-1 所示。

图 2-2-1 蜡烛的效果图

任务分析

本任务要制作的蜡烛由三部分组成：蜡杆、火焰和光辉。3 个对象都不使用笔触颜色。蜡杆对象使用矩形工具绘制，填充色使用线性渐变。火焰用椭圆工具绘制，使用径向渐变，并使用任意变形工具对形状进行调整，使用渐变变形工具对颜色进行调整实现。光辉用椭圆工具绘制，使用径向渐变，并合理地设置各个颜色的不透明度。为了便于修改和调整，将 3 个对象分别放到 3 个不同的图层中。

相关知识

1. 用颜色面板设置所需要的颜色

在任务一中，学习了如何通过颜色面板为着色工具设置颜色的方法。但是颜色面板中的颜色是非常有限的，有时候需要用到颜色面板中没有的其他颜色，这时就需要用颜色面板。

（1）打开颜色面板

选择"窗口"→"颜色"命令或者按【Shift+F9】组合键两种方法打开颜色面板。颜色面板打开后，默认显示在窗口的右侧，如图 2-2-2 所示。

（2）用颜色面板调整所需要的颜色

颜色面板左上角的三行图标和工具箱中颜色设置区的操作方法和功能完全相同。

单击颜色面板右上角的三角按钮，打开面板菜单，在面板菜单中可以改变面板的颜色模式，以进行更复杂的操作。

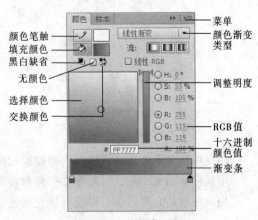

图 2-2-2 颜色面板

在 RGB 颜色值部分可以查看和修改当前颜色的颜色值。

在颜色类型下拉列表框中可以修改颜色的类型。颜色类型包括：无、纯色、线性渐变、径向渐变和位图填充 5 种。

通过明度调整条可以调整当前颜色的明度。

在十六进制颜色值部分可以查看和修改当前颜色的十六进制颜色值。

只有在选择"线性渐变"和"径向渐变"颜色类型时才出现渐变条。在渐变条的空白位置单击，可以在该位置增加一个颜色桶。用鼠标将某一颜色桶拖离渐变条，可以删除某一颜色桶。用鼠标沿渐变条拖动某一颜色桶，可以改变该颜色桶在渐变条上的位置。要改变某一颜色桶的颜色值和不透明度，需要先单击该颜色桶后，再用前面介绍的方法调整颜色值和不透明度。也可以双击颜色桶，打开颜色选择面板为该颜色桶选择颜色。

在颜色面板下面的示例窗口中可以随时显示出当前的颜色效果。

2. 用渐变变形工具修改填充对象的填充颜色

渐变变形工具对使用线性渐变、径向渐变和位图填充的矢量图对象才有效。在本任务中只用到对径向渐变的修改。

（1）对线性渐变的修改

图 2-2-3 所示为使用了线性渐变的矢量图对象。当选择渐变变形工具后再单击对象，在对象的填充颜色上会出现 3 个点。通过操作这 3 个点，可以改变对象的颜色填充样式。

用鼠标拖动旋转点，可以旋转填充颜色。

用鼠标拖动中心点，可以改变中心点的位置。中心点的作用就是在旋转和缩放颜色时，以该点为中心。

用鼠标拖动缩放点，可以拉伸和挤压填充颜色。

（2）对径向渐变的修改

图 2-2-4 所示为使用了径向渐变的矢量图对象。当选择渐变变形工具后再单击对象，在对象的填充颜色上会出现 5 个点。通过操作这 5 个点，可以改变对象的颜色填充样式。

用鼠标拖动中心点，可以改变旋转和缩放中心点的位置。

用鼠标拖动焦点，可以改变颜色中心的位置。

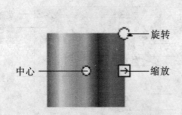

图 2-2-3　修改线性渐变

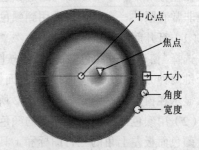

图 2-2-4　修改径向渐变

用鼠标拖动宽度点，可以单方向拉伸和挤压填充颜色。

用鼠标拖动大小点，可以全面拉伸和挤压填充颜色。

用鼠标拖动角度点，可以旋转填充颜色。

（3）对位图填充的修改

图 2-2-5 所示为使用了位图填充的矢量图对象。当选择渐变变形工具后再单击对象，在对象的填充颜色上会出现 7 个点。通过操作这 7 个点，可以改变填充样式。

用鼠标横向拖动水平倾斜点，可以水平倾斜填充内容，使填充内容变为平行四边形。

用鼠标纵向拖动垂直倾斜点，可以垂直倾斜填充内容，使填充内容变为平行四边形。

用鼠标拖动旋转点，可以旋转填充内容。

用鼠标拖动中心点，可以改变对象的旋转、倾斜和缩放中心。

用鼠标拖动横向缩放点，可以横向拉伸和挤压填充内容。

用鼠标拖动纵向缩放点，可以纵向拉伸和挤压填充内容。

用鼠标拖动缩放点，可以整体拉伸和挤压全部填充内容。

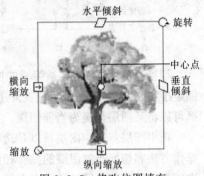

图 2-2-5 修改位图填充

3. 图层及常用操作

图层的概念在很多计算机图形、图像处理软件中都有，它给图形、图像的处理带来极大的方便和灵活性。其原理是：每个图层上的对象按顺序叠放在一起，处在上一图层的对象可以遮挡住下面图层上的对象。不会因为一个图层上对象的修改或位置的改变而影响到其他图层。

通过比较图 2-2-6 和图 2-2-7 来理解图层的原理。名为"方"的图层上是一个用七色彩虹填充画出的方块；名为"圆"的图层上是一个用黑色填充画出的圆。图 2-2-6 所示为"方"图层在上面的显示效果；图 2-2-7 所示为"圆"图层在上面的显示效果。

图层的常用操作包括：新建图层、删除图层、切换当前图层、选中图层、移动图层、显示/隐藏图层、锁定/解锁图层、轮廓/非轮廓显示图层。图层面板如图 2-2-8 所示。

新建图层：单击图层面板左下角的"新建图层"按钮或选择"插入"→"图层"命令，可以在当前层的上方创建一个新图层。

删除图层：将某图层拖到图层面板右下角的"删除图层"按钮上，将删除该图层；单击图层面板右下角的"删除图层"按钮，将删除选中的图层。

图 2-2-6 "方"图层在上的效果

图 2-2-7 "圆"图层在上的效果

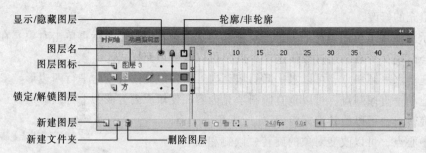

图 2-2-8　图层面板

切换当前图层：正在被编辑的图层称为当前图层。单击某图层上的任何位置（除显示/隐藏、锁定/解锁、轮廓显示 3 个位置外），包括右面的时间轴，或者用选择工具选中某图层上的对象都可以将某图层切换为当前图层。

选中图层：选中图层可以是选中一个图层，也可以是同时选中多个图层。选中一个图层的操作方法和切换当前图层的操作相同。有些操作，比如删除图层操作，是可以同时对多个图层进行的，因此可以同时选中多个图层。同时选中多个图层的操作方法如下：

① 按住【Ctrl】键选择不连续的图层：在按住【Ctrl】键时单击没有被选中的图层时，该图层将被选中；单击已经被选中的图层时，该图层将取消选中状态。

② 按住【Shift】键选择连续的图层：先选中一个图层，在按住【Shift】键时单击另一个图层，则包括这两个图层在内以及它们之间的所有图层将全部被选中。

移动图层：图层的上下顺序决定图层之间内容的遮挡状态。在图层面板上，上下拖动某图层，即可改变该图层和其他图层的上下位置关系。

显示/隐藏图层：只要有一个图层可见，单击眼睛图标时将隐藏所有图层。当所有图层都处于隐藏状态时，单击眼睛图标时将显示所有图层。单击和眼睛图标对应位置的相应图层将翻转该图层的显示状态，即原来是显示状态单击后变为隐藏状态；原来是隐藏状态单击后将变为显示状态。

锁定/解锁图层：当图层被锁定时，图层中的对象不可以被编辑。通过锁定图层可以防止图层上的内容被误编辑。只要有一个图层没有被锁定，单击锁图标时将锁定所有图层。当所有图层都处于被锁定状态时，单击锁图标时将解锁所有图层。单击锁图标对应位置的相应图层将翻转该图层的锁定状态，即原来是锁定状态单击后变为非锁定状态；原来是非锁定状态单击后将变为锁定状态。

轮廓/非轮廓显示图层：为了既能看到某图层上内容的存在位置，又不会因为该图层上的内容显示而影响到目标图层上内容的编辑，可以只显示某图层中对象的轮廓，而不显示其填充的内容或颜色。只要有一个图层没有轮廓显示，单击轮廓显示图标时将使所有图层均成为轮廓显示状态。当所有图层都处于轮廓显示状态时，单击轮廓显示图标时所有图层均正常显示。单击和轮廓显示图标对应位置的相应图层将翻转该图层的轮廓显示状态，即原来是轮廓显示状态单击后变为正常显示；原来是正常显示时单击后将变为轮廓显示状态。

方法与步骤

蜡烛制作完成后的窗口界面如图 2-2-9 所示。共使用了 3 个图层：蜡杆、火焰和光辉。

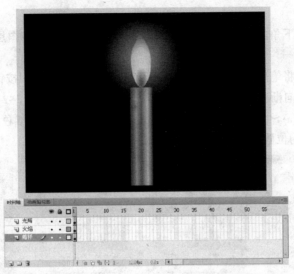

图 2-2-9 蜡烛完成后的完整窗口界面

1. 制作蜡杆

打开 Flash CS6 并创建一个新的 Flash 文档。按【Ctrl+F3】组合键打开属性面板，单击属性面板"舞台"后面的颜色块，在打开的颜色选择面板中选择黑色，将背景设置为黑色。

双击图层名"图层 1"，将其改名为"蜡杆"。

选择矩形工具，将笔触颜色设置为无。按【Shift+F9】组合键打开颜色面板，单击 🎨□ 按钮，在颜色渐变类型下拉列表框中选择"线性渐变"。双击最左边的颜色桶，在颜色选择面板中选择红色。将该颜色桶向右拖动，在左边的渐变条空白位置上单击 4 下，插入 4 个红色的颜色桶。将 5 个红色以外的其他颜色桶用鼠标拖离渐变条，删除这些颜色桶。将剩余的 5 个颜色桶用鼠标拖放到如图 2-2-10 所示的位置。

选择最左边的颜色桶，用鼠标将明度调整条右边的小黑三角向下拖动一些距离，使红颜色变暗一些。选择左数第二个颜色桶，用鼠标将明度调整条右边的小黑三角向上拖动一些距离，使红颜色变亮一些。选择右数第二个颜色桶，用鼠标将明度调整条右边的小黑三角向上拖动一些距离，使红颜色变亮一些。选择最右边的颜色桶，用鼠标将明度调整条右边的小黑三角向下拖动一些距离，使红颜色变暗一些，如图 2-2-10 所示。然后参照图 2-2-11 的大小和位置拖动画出一个矩形。

图 2-2-10 设置蜡杆的颜色

图 2-2-11 蜡杆完成后的画面

2. 制作火焰

单击图层面板左下角的"新建图层"按钮，新建一个图层，双击图层名"图层2"，将其改名为"火焰"。

选择椭圆工具，将笔触颜色设置为无。打开颜色面板，按下 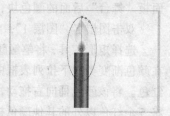 按钮，在颜色渐变类型下拉列表框中选择"径向渐变"。将渐变设置为4个颜色桶，并参照图2-2-12所示的颜色值设置好渐变色（图2-2-12(a)～图2-2-12(d)分别为从左向右4个颜料桶的颜色设置）。在蜡杆的上部，参照图2-2-13所示的位置画一个椭圆。

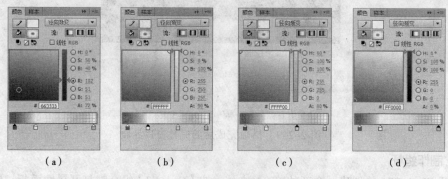

（a）　　　　　　（b）　　　　　　（c）　　　　　　（d）

图2-2-12　设置火焰的颜色

按住【Ctrl】键，用选择工具将椭圆的顶端向上拖一下，使火焰出现一个尖的外形。

选择渐变变形工具，用渐变变形工具将填充色调整成如图2-2-13所示（为了看清各点的调整位置，暂时把背景颜色改成了白色）。

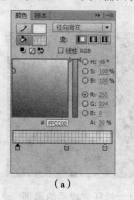

图2-2-13　火焰完成后的画面

3. 制作光辉

单击图层面板左下角的"新建图层"按钮，新建一个图层，双击图层名"图层3"，将其改名为"光辉"。

选择椭圆工具，将笔触颜色设置为无。打开颜色面板，单击  按钮，在颜色渐变类型下拉列表框中选择"径向渐变"。将渐变设置为3个颜色桶，参照图2-2-14所示的颜色值设置好渐变色（图2-2-14(a)～图2-2-14(c)分别为从左向右3个颜料桶的颜色设置）。按住【Alt】键，从火焰的中心位置画一个大椭圆，完成后的效果如图2-2-15所示。

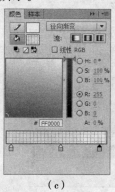

（a）　　　　　　　　（b）　　　　　　　　（c）

图2-2-14　设置光辉的颜色

图 2-2-15　光辉完成后的画面

任务完成

　　本任务制作了一支红色的蜡烛，常见的蜡烛颜色还有白色。任务中所选择的火焰和光辉的颜色也不是唯一的，更不是最好的。参照本任务介绍的方法，发挥自己的想象力和创造力，制作一支白颜色的蜡烛，并选择合适的颜色制作出令人满意的火焰和光辉。

学习评价

学习评价表

内容与评价 能力	内　　容		评　　价		
	学习目标	评价项目	3	2	1
职业能力	能灵活使用常用工具	能正确使用选择工具调整对象的外形			
		能用任意变形工具修改对象的大小			
		能用渐变变形工具调整对象的渐变颜色			
	能正确使用图层	会根据需要添加图层			
		能正确地调整图层的顺序			
		能正确地为图层命名			
	能熟练使用颜色面板	能用颜色面板正确地设置线性渐变颜色			
		能用颜色面板正确地设置很径向渐变颜色			
通用能力	想象力				
	审美能力				
	解决问题能力				
	创新能力				
综 合 评 价					

课 后 练 习

　　1. 任意变形工具和渐变变形工具都是用来调整绘制对象的，它们的用法有何不同？

　　2. 在使用渐变变形工具调整填充颜色时，对线性渐变、径向渐变和位图填充进行调整，各有几个调整点？分别创建这 3 种类型的对象，用渐变变形工具对填充内容进行调整。

　　3. 完成图 2-2-16 中各图形的绘制，以练习椭圆工具、选择工具、任意变形工具、渐变变形工具、颜料桶工具的使用方法。

图 2-2-16　要绘制的图形

任务三　绘制花朵——刷子的选项设置及变形面板

任务描述

"花"经常会出现在许多场景中，比如家中的阳台、客厅和卧室，公园的花池中，美丽的田野里等。花可以给人们的生活增添色彩，也可以带来生机和活力。本任务通过两朵由花瓣、花蕊、茎和叶子组成的小花的制作，巩固使用选择工具编辑对象的知识内容，学习刷子工具的使用方法、参数设置方法和用变形面板复制对象的操作方法。任务完成后的效果如图 2-3-1 所示。

图 2-3-1　花朵的效果图

任务分析

花的外形千姿百态，花的颜色万紫千红，花的画法多种多样。本任务中使用了两种不同的方法来绘制花朵：一是先使用椭圆工具画一个椭圆作为一个花瓣，然后通过变形面板复制和旋转对象的方法做出花朵；二是先使用椭圆工具画一个花朵的雏形，然后通过选择工具配合【Alt】键进行调整得到需要的花朵。

相关知识

1. 刷子工具的用法及参数设置

刷子是一个比较常用且参数较多的绘图工具，在本任务中要绘制的小花的茎和叶子就是用刷子工具绘出的。下面就对刷子工具的用法和参数的设置进行介绍。工具箱中刷子工具的参数选项如图 2-3-2 所示。

（1）对象绘制

对象绘制参数按钮是从 Flash 8 版本后新增的选项。在使用其他绘图工具时，该选项的功能和刷子工具相同。其作用是：按下该按钮后，当在一个矢量图上绘制新的矢量图时，不会破坏原有矢量图的完整性。如图 2-3-3（a）所示为用刷子画的第一笔；图 2-3-3（b）所示为在第一笔上面又画上了第二笔；图 2-3-3（c）所示为当对象绘制按钮按下后再绘制出第二笔，然后用选择工具将第二笔移走的情况；图 2-3-3（d）所示为当对象绘制按钮没有按下时再绘制出第二笔，然后用选择工具将第二笔移走的情况。

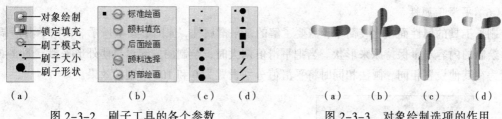

（a） （b） （c） （d） 　　　　（a） （b） （c） （d）

图 2-3-2　刷子工具的各个参数　　　　图 2-3-3　对象绘制选项的作用

（2）锁定填充

图 2-3-4 中共用刷子画了 6 笔，前 3 笔是没有按下锁定填充按钮时绘出的。后 3 笔是按下锁定填充按钮时绘出的。可以看出，前 3 笔间的颜色总是按照固定的比例占满所画位置，不受上一笔的影响。而后 3 笔的颜色总是和按下锁定填充工具前的最后一笔相应位置的颜色相同。

（3）刷子模式

如图 2-3-2（b）所示，刷子模式共有标准绘画、颜料填充、后面绘画、颜料选择和内部绘画 5 个选项。从 5 种绘画模式的图标基本上可以看出这几种绘画模式的绘制情况。绘出的效果如图 2-3-5 所示。

① 标准绘画：最常用的一种模式，一般都采用这种模式。后画的内容挡在原有内容的前面。

② 颜料填充：后画的内容挡在原有填充色内容的前面，而保留原来的笔触。

③ 后面绘画：只在没有内容的地方可以画上新内容，就好像新画上的内容画在了原内容的后面。

④ 颜料选择：只可以在已经被选中的矢量图对象上画上新内容，其他地方画不上。

⑤ 内部绘画：从什么位置起笔，只有和起笔位置是同一个填充颜色时才能画上，其他位置画不上。如图 2-3-5 所示的"内部绘画"图中的上面一笔是在原内容内起笔画出的效果；下面一笔是在原内容外起笔画出的效果。

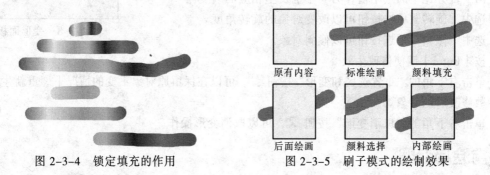

原有内容　　标准绘画　　颜料填充

后面绘画　　颜料选择　　内部绘画

图 2-3-4　锁定填充的作用　　　　图 2-3-5　刷子模式的绘制效果

（4）刷子大小

单击"刷子大小"按钮可以打开"刷子大小"下拉列表，可以从下拉列表中选择刷子的粗细，如图 2-3-2（c）所示。

（5）刷子形状

单击"刷子形状"按钮可以打开刷子形状列表，可以从下拉列表中选择刷子的外部形状，如图 2-3-2（d）所示。

（6）平滑值属性

刷子工具的属性面板比较简单，需要了解的是平滑属性，如图 2-3-6 所示。当把平滑值调小时，绘制的内容尽量保持原来形状。当把平滑值调大时，绘制的内容尽量使外形平滑。图 2-3-7 所示为在其他设置相同、画法相同时将平滑值分别设置为 0 和 100 绘制的效果。

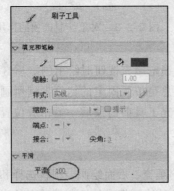

图 2-3-6　刷子的属性面板

平滑值 0　　　平滑值 100

图 2-3-7　平滑值不同时得到不同的绘制效果

2. 用变形面板修改对象

对象的大小不仅可以通过任意变形工具和属性面板修改，还可以通过变形面板修改，而且还可以通过变形面板有规律地复制出多个对象。

选择"窗口"→"变形"命令或者按【Ctrl+T】组合键，可以打开和关闭变形面板。当选择一个对象后，变形面板的外观如图 2-3-8 所示。

修改第一个百分值可以改变选中对象的宽度。

修改第二个百分值可以改变选中对象的高度。

将"约束"按钮变成 🔗 状，将保持对象的宽高比，即只要修改两个百分比中的一个值，另一个也发生相应的改变。

选中"旋转"单选按钮可以改变对象的旋转角度。

选中"倾斜"单选按钮可以倾斜对象。

图 2-3-8　变形面板

按【Enter】键使修改生效。

单击右下角的"重置选区和变形"按钮 🖼，可以在保留原对象不变的情况下，重新生成一个参数修改后的对象。

单击右下角的"取消变形"按钮 🖼，可以取消变形操作。

方法与步骤

花的美虽然需要叶的陪衬，但主要看点还是在花。本任务中花和叶的画法基本上都采取最简单的画法，主要功夫还是用在绘制花上。本任务用两种方法介绍花的画法：其中一种花放在名为"花儿 1"的图层上；另外一种花放在名为"花儿 2"的图层上。花制作完成后的完整窗口界面如图 2-3-9 所示。

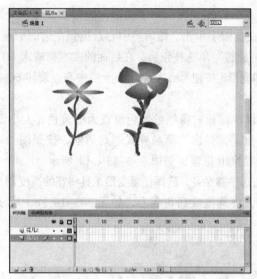

图 2-3-9　花制作完成后的完整窗口界面

1. 花儿 1 的画法

双击图层名"图层 1"，将其改名为"花儿 1"。

（1）画茎

选择刷子工具，将颜色的 RGB 值设置为 51、102、51（仅供参考）的深绿颜色。打开属性面板，将刷子的平滑值设置为 50。选择一个合适大小的刷子，在舞台合适的位置先绘制一个花茎，如图 2-3-10（a）所示。

（2）画叶

按【Shift+F9】组合键打开颜色面板，参照图 2-3-11 所示设置刷子颜色值（（a）、（b）分别为从左向右两个颜料桶的颜色设置）。在属性面板中将刷子的平滑值设置为 100，选择一个合适大小的刷子，在茎的合适位置上画叶，如图 2-3-10（b）所示。

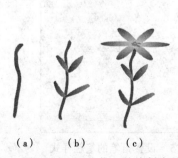

（a）　　　（b）　　　（c）

图 2-3-10　花儿 1 的绘制步骤

（a）　　　　　　　　（b）

图 2-3-11　叶的颜色设置

（3）画花

选择椭圆工具，将笔触颜色设置为无，在颜色面板中参照如图 2-3-12 所示设置花瓣的填充颜色。

在舞台的空闲位置画一个椭圆，做出一个花瓣，如图 2-3-13（a）所示。

选择任意变形工具后在花瓣上单击，然后将中心点拖到左边的中点，如图 2-3-13（b）所示。

打开变形面板，选择"旋转"单选按钮后，在后面的文本框输入 60，将角度值设置为 60°后连续单击 5 次"重制选区和变形"按钮 ⊡，复制出 5 个沿中心点旋转 60°的花瓣，如图 2-3-13（c）所示。

选择铅笔工具，打开属性面板，将笔触颜色设置为橙黄色，大小设置为 6，如图 2-3-14 所示。单击编辑笔触样式按钮 ✎，弹出"笔触样式"对话框，按照图 2-3-15 所示设置铅笔的笔触样式后，在花的中心位置涂出花蕊，如图 2-3-13（d）所示。

用选择工具拖动的方法选中整朵花。选择任意变形工具将花的高度调小，如图 2-3-13（e）所示。

选中画好的整个花朵，将其拖放到花茎上，如图 2-3-10（c）所示。

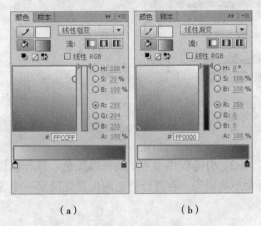

（a）　　　　　　（b）

图 2-3-12　花瓣的颜色设置

（a）　（b）　　（c）　　（d）　　（e）

图 2-3-13　花朵的制作步骤

2. 花儿 2 的画法

单击"新建图层"按钮，在"花儿 1"图层的上面新建一个图层"图层 2"，将其改名为"花儿 2"。

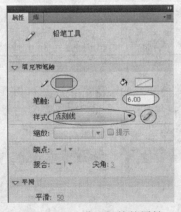

图 2-3-14　设置铅笔的属性

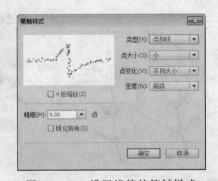

图 2-3-15　设置铅笔的笔触样式

参照"花儿 1"的画法绘制花的茎和叶，使用的颜色和绘制手法可以做些改变（叶子的填充色已将"花儿 1"的线性渐变改为了径向渐变），可以使画面显得更丰富一些。

"花儿 2"中的花朵采用和"花儿 1"不同的另外一种绘制方法。

选择椭圆工具将笔触颜色设置为无，在颜色面板中参照图 2-3-16 所示设置填充颜色。按下【Shift】键在舞台的空闲位置画一个圆，如图 2-3-17（a）所示。

用选择工具将鼠标指针移动到圆的上边缘位置，当鼠标指针变为 时，按下【Alt】键向圆的中心拖动鼠标，得到如图 2-3-17（b）所示的效果。用此方法分别调整圆的下边、左边和右边边缘，分别得到图 2-3-17（c）、图 2-3-17（d）和图 2-3-17（e）所示的效果。

如果对 2-3-17（e）所示的效果满意，可以选择任意变形工具，将高度调小，以得到从侧面看的效果。

如果对 2-3-17（e）所示的效果不够满意，可选择部分选取工具 ，将鼠标指针移动到绘制对象的边缘处时单击，这时对象上出现了许多小点，如图 2-3-17（f）所示，用鼠标调整这些点可以修改对象的外形。将其调整成如图 2-3-17（g）所示的效果（部分选取工具的功能和使用方法，将在本项目的任务五中介绍）。

最后再用任意变形工具将高度调小，得到如图 2-3-17（h）所示的效果。

用选择工具将绘制好的花朵全部选中后移动到已经绘制好的花茎上，最终效果如图 2-3-18 所示。

图 2-3-16 "花儿 2"的
颜色设置

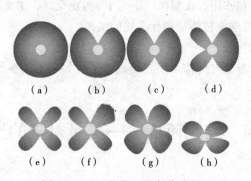

（a）　　　（b）　　　（c）　　　（d）

（e）　　（f）　　　（g）　　　（h）

图 2-3-17 花儿 2 的制作步骤

图 2-3-18 "花儿 2"
的最终效果

任务完成

花是美丽的象征，其画法也多种多样，在本任务中介绍了两种绘制花的方法。参照本任务介绍的方法，用自己设计的颜色，绘制一枝完整的花。

学习评价

学习评价表

内容与评价 能力	内 容		评 价		
	学 习 目 标	评 价 项 目	3	2	1
职业能力	能灵活使用常用工具	会正确设置刷子工具的各项参数			
		能用任意变形工具修改对象的大小			
		能根据需要正确设置刷子的平滑度			
		能正确使用选择工具配合控制键修改对象的外形			
	能熟练使用变形面板	能用变形面板按照需要复制对象			

续表

内容与评价	内　　容		评　价		
能力	学习目标	评价项目	3	2	1
通用能力	想象力				
	审美能力				
	组织能力				
	解决问题能力				
	创新能力				
综 合 评 价					

课 后 练 习

1. 对象的中心点有何作用，在制作"花儿1"的花朵时，如果不调整花瓣的中心点，直接用变形面板对花瓣进行复制旋转将得到什么样的结果？

2. 说出选择工具的用途。

3. 刷子工具的平滑参数有何作用？在绘制叶子时如果不调整刷子的平滑参数会出现什么情况？

任务四　绘制西瓜——矢量对象的选择技巧

任务描述

西瓜是夏季经常见到的食用最多的一种水果。它含有大量水分，能清嗓润肺，解暑止渴。在本任务中，将用椭圆工具结合颜色面板的颜色设置，来制作带有花纹的，外形和颜色都很逼真的完整的西瓜和切开的西瓜。任务完成后的效果如图2-4-1所示。

图 2-4-1　西瓜的效果图

任务分析

完整西瓜的瓜体底色用中间浅绿、周围深绿的径向渐变色，外形用椭圆工具画出。花纹用更深一些的绿色，由刷子工具按照西瓜由头到尾的走向画出，再用选择工具将其调整出不规则的纹理外形。切开的西瓜瓤部分的外形仍然用椭圆工具画出，像与不像主要是由填充颜色决定的，关键是要将填充颜色设置成由内向外红、白、绿3种颜色组成的径向渐变，里面的红色要占有很大的位置。最后再围绕圆心按照由中间向周围的径向用刷子工具绘制出瓜籽。用线条工具结合选择工具，由切开的西瓜做出西瓜块。

相关知识

填充色块和笔触段的选择和删除

在 Flash 中，用绘图工具一次画出的填充色，直线和圆的笔触颜色是一个整体，可以用选择工具直接一次选中，但如果中间用任何其他线条和填充色断开时就成了两个或多个填充色或笔触线条。本任务正是利用这一规律从整个西瓜画出半个西瓜，和用一个圆形来画出一块西瓜。

比如可以运用上面的知识，用 Flash 现有工具比较方便地画出 Flash 工具箱中没有的直角三角形。方法是先用矩形工具画一个矩形，再用线条工具画一条直线，最后用选择工具选择不需要的部分，按【Del】键将其删除，如图 2-4-2 所示。

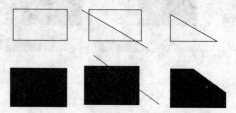

图 2-4-2　删除部分绘制内容的方法

方法与步骤

西瓜制作完成后的完整窗口界面如图 2-4-3 所示。包括一个完整的西瓜、半个切开的西瓜和三块西瓜块，共用了 3 个图层。完整的西瓜用了"瓜体"和"花纹"两个图层；半个切开的西瓜和三块西瓜块共用了一个图层（大家可以根据自己的实际需要重新划分图层）。

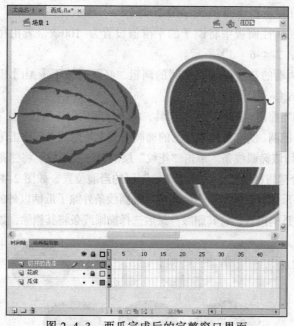

图 2-4-3　西瓜完成后的完整窗口界面

1. 完整西瓜的画法

（1）"瓜体"层

双击图层名"图层1"，将其改名为"瓜体"。

选择椭圆工具，笔触颜色设置为无，将填充颜色按照如图 2-4-4 所示进行设置。然后在舞台的合适位置画一个椭圆，如图 2-4-5（a）所示。

选择颜料桶工具，在椭圆的向光点位置单击，重新进行渐变填充，如图 2-4-5（b）所示。

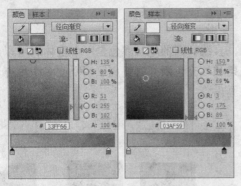

图 2-4-4　瓜体的颜色设置

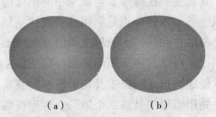

图 2-4-5　瓜体绘制步骤

（2）"花纹"层

单击"新建图层"按钮，新建一个图层"图层 2"，将其改名为"花纹"。按住【Alt】键，用鼠标将"瓜体"层的第一关键帧拖往"花纹"的第一空白关键帧，复制该关键帧。选择"花纹"层为当前层。

选择刷子工具，选择一个合适大小的刷子，将填充色的 RGB 值设置为 25、111、49。在瓜的头部涂上一个小椭圆，如图 2-4-6（b）所示。

更改刷子大小，在尾部画上瓜柄，如图 2-4-6（c）所示。

更改刷子大小，在属性面板中将刷子的平滑值设置为 100。沿着由尾到头的走向（这一点很重要）画花纹，如图 2-4-6（d）所示。

用选择工具，将两端的花纹调细，中间的调粗，必要时按下【Alt】键，将花纹调出粗细不均的效果，如图 2-4-6（e）所示。

选择"瓜体"层为当前层，选择墨水瓶工具，将笔触颜色设置为黑色，在椭圆没有选中的情况下，用墨水瓶工具单击椭圆，为"瓜体"层上的椭圆填充上笔触线条。单击笔触线条，选中该线条，按【Ctrl+X】组合键剪切该椭圆线条。单击"花纹"层的第一关键帧，将"花纹"层切换为当前层。按【Ctrl+Shift+V】组合键将椭圆线条贴到"花纹"层的当前位置，如图 2-4-6（f）所示。

用选择工具，选择瓜体以外的所有多余内容（椭圆线条外除了瓜柄以外的所有内容），将其一一删除。选择椭圆线条内瓜柄内容，将其删除。最后选择椭圆线条将其删除，如图 2-4-6（g）所示。

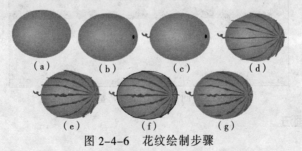

图 2-4-6　花纹绘制步骤

2. 切开西瓜的画法

（1）做出正面切开西瓜的效果

单击"新建图层"按钮，新建一个图层"图层 3"，将其改名为"切开的西瓜"。选择"切开的西瓜"层为当前层。

　　选择椭圆工具，将笔触颜色设置为无，在颜色面板中参照图 2-4-7 所示设置西瓜瓤的填充颜色。图中的颜色值为最右面一个颜色桶的值，左边 3 个颜色桶的值分别为纯红（RGB 为 255、0、0）、纯白（RGB 为 255、255、255）、纯绿（RGB 为 0、255、0）。按住【Shift】键，在舞台的空闲位置画一个圆，如图 2-4-9（a）所示。

　　选择刷子工具，选择合适的刷子大小，填充色按图 2-4-8 所示进行设置，然后在西瓜瓤中绘制出西瓜籽。在画西瓜籽的时候，要围绕圆心，西瓜籽的排列即不要太规则也不要太乱，如图 2-4-9（b）所示。

图 2-4-7　西瓜瓤的　　图 2-4-8　西瓜籽的　　图 2-4-9　正面西瓜瓤的绘制步骤
　　　　　　颜色设置　　　　　　　　颜色设置

（2）做出半个切开的西瓜

　　单击"切开的西瓜"层上和显示/隐藏图标 👁 对应位置的小黑点，使之变为红叉，隐藏该图层。

　　在"瓜体"和"花纹"两个图层都处在显示和解锁的情况下，按【Ctrl+A】组合键选中两个层上的全部内容。按【Ctrl+C】组合键复制选中内容。

　　再次单击"切开的西瓜"层上和显示/隐藏图标 👁 对应位置的红叉，使之变为小黑点，显示该图层。

　　单击"切开的西瓜"层的第一关键帧，将该层切换为当前层。按【Ctrl+V】组合键，将剪贴板中的内容粘贴到该层。选中该层的全部内容，用选择工具将其移动到合适的位置（参照图 2-4-3 半个西瓜所在的位置）。选择"修改"→"变形"→"水平翻转"命令，水平翻转该对象，如图 2-4-10（a）所示。

　　用选择工具将刚才绘制好的正面切开的西瓜全部选中，按下【Alt】键拖动选中内容，并将选中的内容拖动到和西瓜重叠的位置后，用任意变形工具，将大小和形状调整到如图 2-4-10（b）所示的位置和样子。

　　用选择工具结合【Del】键删除左边的多余内容，得到如图 2-4-10（c）所示的半个切开的西瓜。也可以先删除左边的半个西瓜后，再将切开的瓜面移过来。

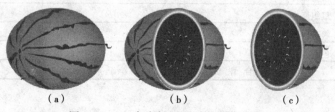

（a）　　　　　　　　（b）　　　　　　　　（c）

图 2-4-10　半个切开西瓜的制作步骤

（3）西瓜块的制作方法

选择线条工具，在刚绘制好的正面切开的西瓜的中部偏下位置画一条直线，如图 2-4-11（b）所示。

先用选择工具结合【Del】键删除直线上的内容，最后再删除直线，如图 2-4-11（c）所示。

选中剩余内容，用选择工具将其拖动到舞台合适的位置。按下【Alt】键，拖动鼠标几次，再复制出两三块西瓜，并摆放到合适的位置。如果觉得西瓜的外观显得单调，可以用缩放工具改变一下其外形，如图 2-4-11（d）所示。

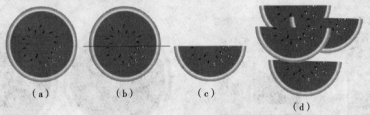

（a）　　　　　（b）　　　　　（c）　　　　　　　（d）

图 2-4-11　西瓜块的制作步骤

任务完成

本任务中介绍了完整西瓜的绘制、半个切开的西瓜和从正面看西瓜块的绘制。参照本项目介绍的方法，绘制可以看见瓜皮的、有立体感的西瓜块，如图 2-4-12 所示。

图 2-4-12　有立体感的西瓜块

学习评价

学习评价表

内容与评价 能力	内 容		评　价		
	学 习 目 标	评 价 项 目	3	2	1
职业能力	能灵活使用常用工具	能综合运用工具箱中的工具删除和保留矢量图对象的一部分			
		能正确设置瓜皮、瓜瓤和瓜籽的颜色			
		能选择合适的工具调整西瓜块的外形			
	能熟练使用颜色面板	会正确地设置瓜皮的颜色			
		会正确地设置瓜瓤的颜色			
		会正确地设置瓜籽的颜色			
通用能力	想象力				
	审美能力				
	组织能力				
	解决问题能力				
	创新能力				
综 合 评 价					

课后练习

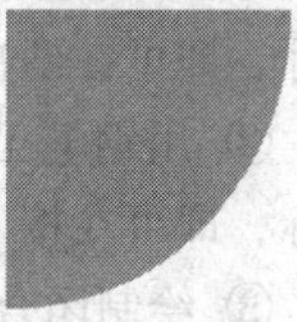

1. 为什么要将"花纹"和"瓜体"放在两个图层上，在一个图层上完成有何弊病？

2. 在画完整的西瓜花纹时，花纹的走向应该如何画？为什么？

3. 用椭圆工具、线条工具和选择工具完成如图 2-4-13 所示的图形的绘制。

图 2-4-13　绘图练习

任务五　绘制蝴蝶——路径工具的使用

任务描述

因为蝴蝶色彩绚丽，飞舞轻盈，又经常在有花草的地方出现，所以人们经常把蝴蝶和美联系在一起。在本任务中，利用钢笔工具、部分选取工具、颜料桶工具等，制作完成一个花枝招展、色彩逼真的正背面观看的花蝴蝶。任务完成后的效果如图 2-5-1 所示。

图 2-5-1　蝴蝶的效果图

任务分析

在本任务中要完成的是从正背面观看的蝴蝶对象。它除了身体部分外，翅膀、触角、眼睛都是左右对称的。在制作过程中可以只绘制其中一侧的内容，另外一侧的内容利用复制和水平翻转的方法得到。本任务中最复杂的部分是蝴蝶的翅膀。绘制翅膀的主要技术方法是先用钢笔工具和部分选取工具画出翅膀的外部轮廓，后用线条工具结合选择工具的调整将翅膀划分成几个不同的区域，最后再选用不同的颜色对各个区域进行填充。翅膀上小的斑纹部分可以用刷子等着色工具直接在上面画出，稍复杂的部分为了防止因画错而破坏下面的填充底色，可以先用绘图工具在对象外画好后，再用选择工具拖动到合适的位置。

相关知识

绘制路径——钢笔工具 ♦ 和部分选取工具 � 的用法

钢笔工具和部分选取工具配合使用可以绘制规则的、要求严谨的图形轮廓——路径。要使用好这两个工具需要多加练习。它们的许多使用技巧很难用语言表达——"只可意会不能言传"。

在 Flash CS6 中还包括和这两个工具配合使用的添加锚点工具、删除锚点工具和转换锚点工具。因为这 3 个工具的功能完全可以由钢笔工具完成，在此不介绍它们的用法。

（1）钢笔工具的基本用法

① 用钢笔工具绘制直线：选择钢笔工具后在动画编辑区中单击，当鼠标按下时不要拖动鼠标，即可在两次单击的位置间得到一条直线。

② 用钢笔工具绘制曲线：选择钢笔工具后在动画编辑区中单击，当鼠标按下时拖动一下鼠标，即可在按下的两点间得到一条曲线。

③ 绘制闭合区域：在绘制过程中当鼠标指针和路径线重叠，鼠标指针变为 ♠ 时再次单击，即可得到一个闭合的绘制区域。

在用钢笔工具绘制路径时，绘制过程中的颜色是由该图层的"轮廓颜色"决定的。绘制完成后的颜色是由"线条颜色"决定的，它是一条线条。闭合区域内的颜色由填充颜色填满。

④ 绘制开放区域：在用钢笔工具绘图时，如果不想绘制闭合区域，结束钢笔工具的绘制有 4 种方法可以做到：一是双击；二是按【Esc】键；三是按住【Ctrl】键后在动画编辑区中单击；四是直接选用其他工具。

（2）路径知识

用钢笔工具绘制出的轮廓线称为路径，也称为贝赛尔曲线。根据组成路径的线段类型可以将路径分为直线路径和曲线路径。根据路径是否闭合又将路径分为开放路径和闭合路径。

路径是由若干条线段和锚点组成的。线段又可以分为直线段和曲线段，线段的形状是由锚点的性质决定的。锚点又分为角点、平滑点和拐点 3 种。锚点两边的线平滑地经过锚点，这样的锚点称为平滑点。锚点两端的线段为直线段的锚点称为角点。锚点两端的线段为曲线，但在锚点处有明显的拐角，这样的锚点称拐点。两个角点间的线段为直线段。线段两端有一个锚点不是角点的线段即为曲线段。有关路径说明如图 2-5-2 和图 2-5-3 所示。

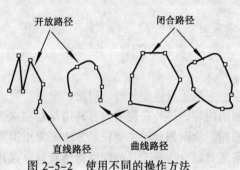

图 2-5-2 使用不同的操作方法
绘制出不同类型的路径

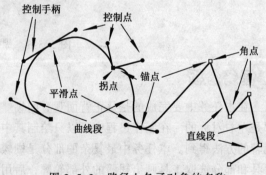

图 2-5-3 路径上各子对象的名称

（3）钢笔工具 ♠ 和部分选取工具 ▷ 的鼠标指针

在使用钢笔工具和部分选取工具绘图时，会因为鼠标所处的位置不同和操作步骤不同而显示不同的指针状态。

♠× ：空闲状态：当选择钢笔工具后，开始绘制路径前的状态。

▷ ：修改点状态：在用钢笔工具绘图的过程中，按下鼠标时鼠标指针的状态。这时如果不拖动鼠标将绘制出一个角点，如果拖动一下鼠标则绘制出一个平滑点。在使用部分选取工具，将鼠标指针放在控制点位置时也显示为这样的指针状态。这时可以通过拖动控制手柄来改变平滑点或拐点的性质，从而改变路径线段的外形。

🖋：工作状态：鼠标在绘制路径过程中，结束绘制前等待绘制下一个锚点的状态。

🖋₀：结束状态：在用钢笔工具绘图过程中，当将鼠标指针移动到路径线段或锚点上时的鼠标指针状态。这时单击，一段路径即可绘制完成。

🖋₋：删除点：选择钢笔工具后，开始绘制路径前用钢笔工具单击已存在的一条路径线条时，路径处于选取状态，将钢笔工具移动到路径线条的角点上的状态。这时单击可以删除该角点。

🖋₊：增加点：选择钢笔工具后，开始绘制路径前用钢笔工具单击已存在的一条路径线条时，路径处于选取状态，将钢笔工具移动到路径线条的曲线段上的状态。这时单击可以在该处增加一个平滑点。

🖋：转换点：选择钢笔工具后，开始绘制路径前用钢笔工具单击已存在的一条路径线条时，路径处于选取状态，将钢笔工具移动到路径线条的平滑点上的状态。这时单击可以将该平滑点转换成角点。

▶₋：移动路径：当选择钢笔工具后，按住【Ctrl】键或选择部分选取工具，将鼠标指针移动到路径线段上时的状态。这时按下鼠标拖动可以移动整条路径。

▶₀：移动锚点：当选择钢笔工具后，按住【Ctrl】键或选择部分选取工具，将鼠标移动到锚点上时的状态。这时按下鼠标拖动可以移动锚点。

▶：移动空闲：当选择钢笔工具后，按住【Ctrl】键或选择部分选取工具，鼠标指针处在没有路径线条的位置时的状态。

（4）绘制和编辑路径

一般用钢笔工具绘制路径，用部分选取工具编辑路径。按住【Ctrl】键时的钢笔工具即成为部分选取工具，因此可以用钢笔工具代替部分选取工具。在 Flash CS6 中的几个和绘制路径有关的工具，增加锚点工具、删除锚点工具和转换锚点工具的功能都可以由钢笔工具完成。

在需要绘制直线路径时，用钢笔工具单击后不要拖动鼠标。绘制曲线路径时按下钢笔工具后拖动一下鼠标，即可得到一个带有控制手柄的平滑点。拖动的方向和距离即是控制手柄的方向和长短。控制手柄的方向和长短决定它两端的路径线段形状和弯曲程度。要移动整条路径可用部分选取工具单击线段位置后拖动路径。要改变锚点的位置可以用部分选取工具在锚点位置按下后拖动。要改变线条的形状可以拖动平滑点控制手柄上的控制点。按住【Alt】键后拖动控制点可以只改变锚点一侧的线段形状，即将平滑点转变成拐点。

例如，用钢笔工具和部分选取工具画纸牌中的一个红桃的操作步骤如下：

① 选择钢笔工具，将线条颜色设置为无色，填充颜色设置为红色。

② 在图 2-5-4 中 A 的位置单击，绘制一个角点。

③ 在图 2-5-4 中 B 的位置按下鼠标并向左上方拖动绘制一个平滑点。

④ 在图 2-5-4 中 C 的位置单击，绘制一个角点。

⑤ 在图 2-5-4 中 D 的位置按下鼠标并向左下方拖动绘制一个平滑点。

⑥ 将鼠标指针移动到 A 点，当鼠标指针变成🖋₀状态时单击，结束路径的绘制。

为了增加定位的准确性，可以按下键盘上的【Ctrl+'】组合键，在动画编辑区中显示出网格线作为位置的参考，如图 2-5-5 所示。如果第一次画得不够理想，可以选择部分选取工具拖动 A、B、C、D 这 4 个锚点来改变锚点的位置。拖动 a、a'两个控制点来改变锚点 B 两端曲线段的形状。拖动 b、b'两个控制点来改变锚点 D 两端曲线段的形状。控制手柄上的控制线越长，曲

线段弯曲程度越大。当 B、D 点相对于 A、C 轴对称，且两个控制手柄相对于 A、C 轴对称时得到的图形就对称。

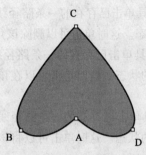

图 2-5-4　绘制红桃的方法

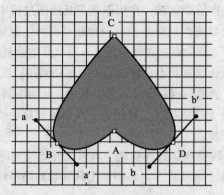

图 2-5-5　显示网格作为点的参考

方法与步骤

由于蝴蝶的种类繁多，形态多样，花色丰富多彩，所以，在绘制蝴蝶时有了很大的灵活空间，对颜色的运用和形态的绘制方面可以比较随意。本任务所绘蝴蝶的全部内容分布在"前翅""后翅""身体"和"触角"4 个图层上。蝴蝶制作完成后的完整窗口界面如图 2-5-6 所示。

图 2-5-6　蝴蝶绘制完成后的完整窗口界面

1．绘制蝴蝶身体

双击图层名"图层 1"，将其改名为"身体"。

选择椭圆工具，笔触颜色设置为无，将填充颜色按照如图 2-5-7 所示进行设置。然后按住

【Shift】键拖动鼠标，在舞台的合适位置画一个圆。

用选择工具，按住【Alt】键拖动该圆两次，复制出 3 个完全相同的圆。将其中的一个圆移动到舞台中央位置后，改用任意变形工具将其调整成形似蝴蝶腹部的椭圆，如图 2-5-8（a）所示。将另外一个圆调整成形似蝴蝶胸部的椭圆后，用选择工具将其移动到蝴蝶腹部的上端，如图 2-5-8（b）所示。用任意变形工具将最后一个圆调整成形似蝴蝶头部的椭圆后，用选择工具将其移动到蝴蝶胸部的上端，如图 2-5-8（c）所示。

选择椭圆工具，在如图 2-5-7 所示的径向渐变填充颜色设置中右边的颜色桶不变，将左边的颜色桶颜色的 RGB 值改为 253、169、43。按住【Shift】键，在舞台空闲位置画一个小圆。改用选择工具，按住【Alt】键，拖动小圆到头部的左侧，再将原来位置处的小圆拖放到头部的右侧，做出蝴蝶的眼睛。眼睛的位置一定要相对于头部对称，如果用鼠标调整不准，可以使用键盘上的上、下、左、右移动键调整，如图 2-5-8（d）所示。

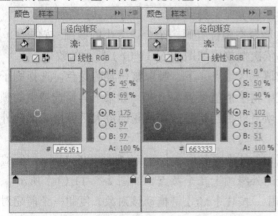

图 2-5-7　身体部分的填充色

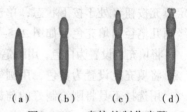

（a）　　（b）　　（c）　　（d）

图 2-5-8　身体的制作步骤

2. 绘制蝴蝶前翅

单击"新建图层"按钮，新建一个图层"图层 2"，将其改名为"前翅"。选择"前翅"层为当前图层。

选择钢笔工具，在舞台上空闲位置的 A 点处单击但不要拖动；在 B 点处按下鼠标并向左下方拖动；在 C 点处按下鼠标并向右下方拖动；回到 A 点处按下鼠标并向右上方拖动。基本上得到如图 2-5-9 所示的前翅外部轮廓。若对绘出的路径不满意，可选择部分选取工具，对不满意的锚点和控制点进行调整，直到得到满意的效果为止。

图 2-5-9　用钢笔工具绘出前翅外部轮廓

选择线条工具，在如图 2-5-10（a）所示的轮廓线上添加 3 条直线，如图 2-5-10（b）所示。

用选择工具，将图 2-5-10（b）所示的直线调整成如图 2-5-10（c）所示的样子（在线出现死角的地方按住【Ctrl】键调整）。

用选择工具，在图 2-5-10（c）中选择多余的线条按【Del】键将其删除，最后得到如图 2-5-10（d）所示的效果。

选择颜料桶工具，将填充颜色设置为黑色，对前翅的外缘部分进行填充，得到如图 2-5-11（a）所示的效果。

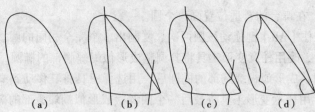

图 2-5-10　辅助线条的绘制步骤

在颜色面板中，将填充颜色设置成由 3 个颜色桶组成的径向渐变。其中左边的颜色桶设置为黄色，中间的颜色桶设置为橙色，右边的颜色桶设置为黑色。在前翅中间最大部分区域的右上角单击，对该区域进行颜色填充，得到如图 2-5-11（b）所示的效果。

调换颜色面板中左、右两个颜色桶的位置后，在前翅右下端最小区域的右边角上单击，对该区域进行颜色填充，得到如图 2-5-11（c）所示的效果。

在前缘区域的最右边单击，对该区域进行颜色填充，得到如图 2-5-11（d）所示的效果。

选择椭圆工具，将填充颜色设置为白色，在舞台空闲位置画一个合适大小的椭圆。按住【Alt】键，多次用鼠标拖动该椭圆放到前翅的外缘，依次摆放成如图 2-5-11（e）所示的效果。

选择滴管工具，用滴管工具在前翅的前缘填充区域点一下，吸取该位置的颜色。选择刷子工具，选择一个合适大小的刷子，在属性面板中将平滑值设置为 100。如果工具箱选项中的锁定填充按钮 处于按下状态，单击该按钮使之恢复到抬起状态。在前翅的最大区域由基部向外缘画几笔径向填充色，如图 2-5-11（f）所示。

将填充色设置为白色，用画笔在最大填充区域的外缘画上几个小白点，如图 2-5-11（g）所示。

将填充色设置为黄色，用画笔在前缘区域的外缘画上几个黄点，如图 2-5-11（h）所示。

用选择工具将刚绘制好的前翅对象全部选中。按住【Alt】键拖动该对象，复制一个前翅对象。选择"修改"→"变形"→"水平翻转"命令，翻转该对象。参照图 2-5-6 所示的位置，将原对象和复制翻转后的对象分别拖放到蝴蝶身体的两侧。

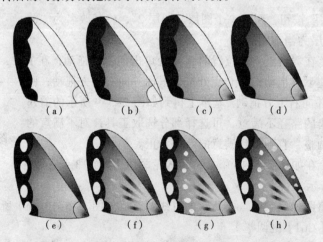

图 2-5-11　前翅填充步骤

3. 绘制蝴蝶后翅

新建一个图层，将其命名为"后翅"，并将该图层作为当前层。

参照前翅的方法，在空闲位置用钢笔工具绘出后翅的外部轮廓，如图 2-5-12 所示。若不满意，可以用部分选取工具进行调整。

参照前翅的方法，用线条工具和选择工具，在后翅的内部添加几条分隔线条，如图 2-5-13 所示。

参照前翅的方法，用颜料桶工具在不同的分隔区域填充上不同的颜色，如图 2-5-14 所示。

参照前翅的方法，用刷子工具在合适的位置涂上各种颜色的斑块，如图 2-5-15 所示。

用选择工具将"后翅"层拖放到"前翅"层的下方，将该图层向下移动一层。

用选择工具将刚绘制好的后翅对象全部选中。按住【Alt】键拖动该对象，复制一个后翅对象。选择"修改"→"变形"→"水平翻转"命令，翻转该对象。参照图 2-5-6 所示的位置，将原对象和复制翻转后的对象分别拖放到蝴蝶身体的两侧。

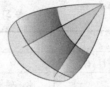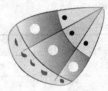

图 2-5-12　绘制外部轮廓　图 2-5-13　添分隔线　图 2-5-14　填充颜色　图 2-5-15　绘制色斑

4. 制作蝴蝶触角

新建一个图层，将其命名为"触角"，用选择工具将该图层移动到所有层的最下面，并将该图层作为当前层。

选择线条工具，在图 2-5-16（a）所示的位置画一条直线（图 2-5-16 中为了让大家看清楚触角相对于蝴蝶的位置，把整个蝴蝶都在图中显示出来，看图时要注意看各个小图中触角的不同）。

在直线没有被选中的情况下，用选择工具移动到直线的中间，当鼠标指针变成⌒形时向右上方拖动鼠标，将直线调整成如图 2-5-16（b）所示的形状。

选中该线段，选择"修改"→"形状"→"将线条转换为填充"命令，将该线段转换为填充。在图 2-5-16（c）所示的位置用直线工具画上一条小线段。

用选择工具，用鼠标移动小线段上面的触角部分，将其调整成如图 2-5-16（d）所示的形状。

双击附加的小线段，按【Del】键将其删除，得到如图 2-5-16（e）所示的外观。

选中刚绘制完成的触角，按住【Alt】键向右拖动该对象，复制出一个新触角。选择"修改"→"翻转"→"水平翻转"命令，将复制出的触角做水平翻转。用选择工具将其移动到和原触角对称的位置，如图 2-5-16（f）所示。

图 2-5-16　触角的制作步骤

✓任务完成

本任务中介绍了从正背面观看的蝴蝶的绘制过程，任务中为了追求美观，绘制得比较细致，这样不但费工、费事，且占计算机资源也多。如果将蝴蝶放在复杂的场合中绘制这么细致是没有必要的。参照本项目介绍的方法，用尽量简单的线条和色块，按照自己的要求，做一个自己觉得满意的蝴蝶。

💮学习评价

学习评价表

内容与评价 能力	内　　　　容		评　　价		
	学 习 目 标	评 价 项 目	3	2	1
职业能力	能灵活使用常用工具	能正确使用钢笔工具绘制和调整蝴蝶翅膀等			
		能选择合适的工具点缀出蝴蝶的花纹			
		能用选择工具配合快捷键复制对象			
	能熟练使用常用操作	能根据需要正确地翻转对象			
通用能力	想象力				
	审美能力				
	组织能力				
	解决问题能力				
	自主学习能力				
	创新能力				
综 合 评 价					

课 后 练 习

1. 钢笔工具和铅笔工具有何不同？各在什么场合下使用？

2. 参照本任务中红桃的画法和图 2-5-17 中梅花轮廓线上锚点和控制点的位置，试着用钢笔工具和部分选取工具画出纸牌中的一个黑桃、一个梅花、一朵梅花和一条正弦曲线。

图 2-5-17　绘制图形

项 目 小 结

本项目详细介绍了云朵、蜡烛、花朵、西瓜和蝴蝶几个对象的制作过程。在对象的制作过程中学到了椭圆工具、渐变变形工具、刷子工具、钢笔工具和部分选取工具的使用方法，图层操作、颜色面板和变形面板的使用方法以及对线条、色块的选择编辑方法和使用技巧。希望通过本项目的学习，能用 Flash CS6 工具箱提供的工具，绘制一些简单的常用对象。按照书中所描述的操作步骤或者参照课件中的操作方法亲自动手做一做，以便熟练掌握本项目介绍的各种操作。

项目实训 绘制蝴蝶飞舞动画

实训背景

在炎热的夏季，经常会看到蝴蝶在花丛中的身影，它们时而翩翩起舞，时而落在花中停留，非常漂亮。在本项目中介绍了小花和蝴蝶的正面绘制方法，下面就将本项目的这两个任务稍加改进后结合在一起，做出一个从侧背面观看的蝴蝶落在葵花上的效果，如图 2-6-1 所示。

图 2-6-1 葵花和蝴蝶效果

实训要求

① 尽量用简单的绘图方法和操作步骤，做出丰富逼真的效果。
② 尽量使蝴蝶有从侧背面观看的效果。
③ 提高空间想象力。

实训提示

① 为防止绘制新对象时影响已经做好的对象内容，尽量把不同的内容放在不同的图层上。
② 编辑画面时一定要清楚正在编辑的图层和帧。

③ 整个葵花先做成正圆形，然后再用任意变形工具调整。

④ 先用椭圆工具画一个正圆作为花盘的基本底色。再将椭圆工具的填充色设置为无，将笔触色设置成葵花中花蕊的颜色应该具备的径向渐变色，将笔触属性设置为点刻线，从花盘中心按住【Alt】键画若干个同心圆作为向日葵中间的花蕊。

⑤ 花瓣部分先做出一个花瓣后，再通过变形面板的旋转并复制来完成。在旋转前一定要先通过任意变形工具将中心点调整到（花蕊）大圆的中心。

⑥ 蝴蝶可以先参照任务五中蝴蝶的制作方法做出一个正背面观看的蝴蝶，然后再用任意变形工具分别调整左、右翅膀的方法得到侧背面观看的效果。

实训评价

实训评价表

内容与评价　　能力	内　　　　容		评　　　价		
	学 习 目 标	评 价 项 目	3	2	1
职业能力	能灵活使用常用工具	能正确设置刷子工具的各个选项			
		能用渐变变形工具对色块的填充色进行调整			
		能用钢笔工具和部分选取工具绘制路径			
	能正确使用图层	会对指定图层上的内容进行操作			
		会添加和删除图层			
		会调整图层的上下位置			
		会为图层命名			
		能灵活改变当前层和选择图层			
		会锁定/解锁图层、显示/隐藏图层			
	能熟练使用颜色面板	会设置笔触和填充的颜色			
		会设置纯色、线性渐变、径向渐变和位图填充			
		会调整各个颜色桶的颜色值和不透明度			
	能正确使用变形面板	能正确使用变形面板修改和复制对象			
通用能力	想象力				
	审美能力				
	组织能力				
	解决问题能力				
	自主学习能力				
	创新能力				
综 合 评 价					

风景画的绘制

元件是 Flash 中一个很重要的知识点和技术点。在本项目中将学习元件的创建、引用、编辑和修改等操作，讲解元件、实例与库之间的联系及其相关的操作。

在项目二中学习了云朵、蜡烛、花朵、西瓜、蝴蝶几个常见孤立对象的绘制。在本项目中将学习石头、树、柳枝等另外几个常见对象的绘制，以及如何将基本对象有机地组合在一起形成一幅优美的风景画的制作过程。

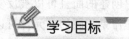

学习目标

通过本项目的学习，你将能够：

☑ 将常用的对象制作成元件，会引用元件；

☑ 用绘图工具绘制树和柳枝；

☑ 用绘图工具绘制石头；

☑ 用矩形工具结合颜色面板制作天空；

☑ 用矩形工具和任意变形工具制作远山。

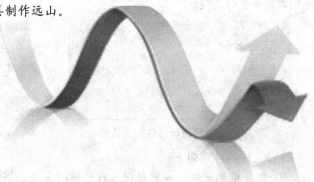

任务一　为风景画准备元件

任务描述

树、石头和花是风景画中最常见的景物对象，在画面的空旷处垂下几支柳枝，可以使画面更加充实饱满，使构图更加合理。本任务完成后的效果如图 3-1-1 所示，画面中的树、石头、柳枝和花都是重复出现的，需要准备这些元件对象。

任务分析

树、柳枝、石头和花几个对象在本项目要完成的画面中将多次出现，为了节约制作时间，减少工作量，

图 3-1-1　本项目要完成的风景画效果

将这几个对象做成元件，并且在制作柳枝元件时用到了柳叶元件。绘制这些元件主要用铅笔工具、椭圆工具、矩形工具、刷子工具、选择工具、填充工具等来完成。

相关知识

元件

（1）理解元件

关于元件的概念在项目一中已经做了介绍。元件是在 Flash 中创建的而且可以被反复使用的一种特殊对象。编辑元件的方法和在舞台上编辑 Flash 动画的操作是相同的。元件可以是一幅静态画面、一段动画片段、声音等任意 Flash 可以处理和使用的内容。Flash 的主场景就可以看成是顶级的 Flash 影片剪辑元件。元件在有的书上还有符号、演员、图符等称呼。应用到工作区中的元件叫实例。实例在有的书上还有引用、角色等称呼。

（2）元件的类型

在 Flash 中元件的类型有 3 种：影片剪辑、按钮和图形。当需要创建一个新元件时，可以打开如图 3-1-2 所示的对话框进行创建；当将一个对象转换为元件对象时，可以打开如图 3-1-3 所示的对话框进行转换。

图 3-1-2　"创建新元件"对话框

图 3-1-3　"转换为元件"对话框

3 种元件的区别如下：

① 影片剪辑元件：一般是包含有动画的元件。当该元件被引用时，动画的播放受元件自身的时间轴控制，和主时间轴没有关系。

② 按钮元件：作为按钮使用的元件，它总是有 4 个关键帧，在该元件被引用时，通常情况下显示第 1 帧的画面内容；当用鼠标指针指向该对象时，显示第 2 帧上的内容；当用鼠标在该对象上按下时，显示第 3 帧上的内容。第 4 帧为感应区，所谓感应区就是对鼠标指针的感知范围，只有当鼠标指针进到第 4 帧上有内容的范围内才算是指向，只有当鼠标在第 4 帧上有内容的地方按下才能被按钮接受。

③ 图形元件：一般是一个静止的画面，也可以是一段动画。如果是一段动画，在动画播放时要受到主时间轴的控制。

可以用下面一个假设的例子来理解影片剪辑元件的播放不受主时间轴的控制，而图形元件受主时间轴的控制。

假如一个图形元件是一个由 8 帧组成的动画元件，它的父对象如果只有一帧，那么这个动画就不能被播放。只有当父对象播放到第 2 帧时才能看到该对象的第 2 帧。假如将其放到一个 3 帧的父对象上时，该图形对象就总是播放前 3 帧，后面的 5 帧得不到播放。假如将其放到一个 13 帧的父对象上时，该图形对象就总是按先播放 8 帧，再播放前 5 帧的规律播放。当用代码停止父对象的播放时，该图形对象的动画也随之停止。

假如一个影片剪辑元件是一个由 8 帧组成的动画元件，不管它的父对象有几帧，该影片剪辑元件总是按照从第 1 帧到第 8 帧的规律循环播放。当用代码停止父对象的播放时，不会影响该影片剪辑对象的播放，只有用代码停止该影片剪辑对象播放时才可以停止。如果大家不明白，可以等学完动画和代码知识后再来理解。

（3）创建元件

创建元件有两种方法：一是通过插入新元件的方法；二是通过将已有对象转换为元件的方法。方法一适合于创建含有多帧多层的元件对象；方法二更适合创建只有一层和一个关键帧的图形元件对象。

选择"插入"→"新建元件"命令或者按【Ctrl+F8】组合键，弹出"创建新元件"对话框，在"名称"文本框中输入要创建的新元件的名字；在"类型"下拉列表框中选择要创建的元件的类型，单击"确定"按钮，就进入元件的编辑状态。这时可以像在主场景舞台上完全一样的方法编辑该元件。完成后单击编辑栏中的"返回当前场景"按钮 或 ，返回到刚才的场景；或者单击"场景列表"按钮 ，从下拉菜单中选择要返回的场景，进入某场景的编辑状态，同时退出元件的编辑状态，如图 3-1-4 所示。

图 3-1-4 编辑栏

将舞台上已经存在的对象转换成元件。操作方法：首先选中需要转换成元件的对象。然后用选择工具右击该对象，在弹出的快捷菜单中选择"转换为元件"命令，弹出"转换为元件"对话框，在"名称"文本框中输入要转换成元件的名字；在"类型"下拉列表框中选择要转换成元件的类型，单击"确定"按钮，选中的对象就转换为元件对象的实例。

（4）使用元件

创建元件的目的是为了使用元件，不管创建了多少元件，如果没有把它们放到主场景的舞台上，当影片播放时是看不到这些元件的。使用元件首先要打开库面板，只有将库面板中的元件对象放到主场景中，才可以看到这些元件的内容。操作方法：按【Ctrl+L】组合键打开库面板，如图 3-1-5 所示。用鼠标将需要的元件从库面板中拖动到舞台上。

（5）删除元件

如果发现文件中有多余的元件，可以将其删除。删除元件有 3 种方法：

① 将库面板中的元件对象拖动到面板下面的"删除元件"按钮 🗑 上。

② 选择库面板中需要删除的元件对象后再单击"删除元件"按钮 🗑。

③ 在库面板中右击需要删除的元件对象，在弹出的快捷菜单中选择"删除"命令。

（6）修改元件的属性

如果发现元件的属性不合适，可以将其属性进行修改。修改元件属性有两种方法：

① 选中要修改属性的元件，单击库面板下面的"元件属性"按钮 🔵，弹出"元件属性"对话框，如图 3-1-6 所示，通过该对话框修改元件的名称和类型。

图 3-1-5　库面板

图 3-1-6　"元件属性"对话框

② 在库面板中右击需要修改属性的元件对象，在弹出的快捷菜单中选择"属性"命令，弹出"元件属性"对话框，通过该对话框修改元件的名称和类型。要修改元件的名称除了可以在"元件属性"对话框中修改外，还可以通过双击库面板中元件名称的方法直接修改。

（7）设置实例的属性

一个元件被使用后称其为实例。当舞台上一个元件的实例对象被选中后，在属性面板中可以修改实例的属性。例如，为实例取名字、修改实例的颜色、不透明度、改变实例的类型（行为）等，如图 3-1-7 所示。

可以进行下面一些操作：

① 修改实例的属性：可以把元件比喻成一名演员，而把一个实例比喻成一个角色。一个影片剪辑对象被引用为实例后，实例的类型也是影片剪辑，但是可以在不改变元件类型的情况下，将它的某一个实例类型修改为其他类型（例如，按钮）。这就好像一名女演员通常情况下扮演的是女角色，但是在需要的时候也可以让其扮演男角色一样。

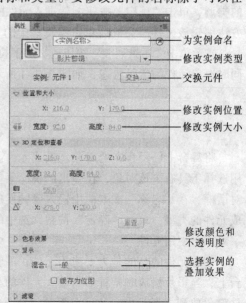

为实例命名
修改实例类型
交换元件
修改实例位置
修改实例大小

修改颜色和不透明度
选择实例的叠加效果

图 3-1-7　实例的属性面板

② 为实例命名：可以在"实例名称"文本框中输入一个名字（在后面的代码中使用）。

③ 修改对象的大小和位置：可以在属性面板中数量化地修改对象的大小和位置。

④ 交换元件：单击"交换"按钮，弹出如图 3-1-8 所示的对话框，可以在对话框中选择另外的对象取代原来的对象，实例的其他属性保持不变。

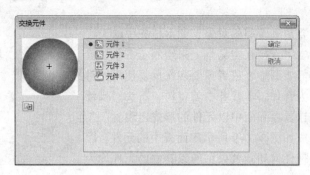

图 3-1-8 "交换元件"对话框

⑤ 修改实例的颜色：在"色彩效果"选项组中可以设置实例的颜色、亮度和不透明度。

⑥ 修改混合模式：在"混合"下拉列表框中可以设置实例和它下面对象的颜色叠加模式。关于颜色叠加模式的理解，可以通过选择不同颜色的对象和不同颜色的背景，在反复设置中观察并体会其含义。

（8）编辑元件

在动画制作过程中有可能需要对元件的内容进行编辑。编辑元件有两种方式：第一种方式是在父对象中直接编辑元件，进入这种编辑方式的方法是双击需要编辑的元件，这时其他对象呈灰色显示。用这种方法编辑元件的优点是，可以以父对象上的其他对象为参考，对对象的大小和形状进行编辑。第二种方式是和创建新元件时编辑元件相同的一种编辑方法，这时被编辑的元件独自占用整个编辑窗口。进入这种编辑方式的方法有两种：

① 右击库面板中的元件对象，在弹出的快捷菜单中选择"编辑"命令。

② 单击编辑栏中的"编辑元件"按钮，从下拉列表中选择需要编辑的元件对象，参见图 3-1-4。退出编辑元件的方法和退出创建元件的编辑方法相同。

（9）使用元件的优点

学习元件和用元件进行操作看上去好像麻烦和多余，为什么还要使用元件呢？使用元件有什么优点？在学习元件的知识后，几乎任何内容都可以先做成元件，然后再放到舞台上。这样做一开始略显费事，除此之外几乎没有任何其他缺点。有的书中把使用元件的优点列出了十几条甚至二十几条，本书中只列举其中重要的几条。

① 节省工作量：一个元件创作完成后，可以在影片中反复使用，不用再花费时间去完成第 2 个、第 3 个……

② 节约计算机资源：一个元件创作完成后，可以被引用为多个实例对象，这些对象除属性信息外，其他的不再占用计算机资源。

③ 便于修改：当发现某些实例对象有错误时，如这些实例对象使用的是同一个元件对象，只需要修改元件即可，不必逐一修改每一个具体的实例对象。

④ 可以实现不用元件实现不了的许多功能：一些复杂的动画嵌套效果、改变对象的叠加模式、用代码控制对象的运动和属性等，在不使用元件的情况下是没有办法实现的。

方法与步骤

一些简单的不需要重复使用的对象，如本任务中的天、地、山包等将在任务二中直接在主场景上来绘制。一些位置可能需要改动，大小需要调整，或者需要多次反复使用的对象，将其做成元件更为合理。本任务中就将树、石头、柳枝和小花做成了元件，让其在画面中以元件的形式出现。

在本任务中将完成如图 3-1-9 所示库面板中的元件。因为在本任务中没有出现任何动画效果，所以其中的元件均为图形元件。

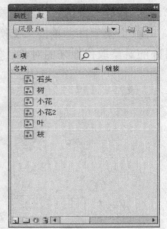

图 3-1-9　本任务需要完成的元件

1. 制作"石头"元件

石头元件完成后的画面如图 3-1-10 所示。

新建一个 Flash 文档，打开"创建新元件"对话框，创建一个名为"石头"的图形元件，如图 3-1-11 所示。

选择铅笔工具，单击选项区域中的 S 按钮，在下拉列表中选择"平滑"，将铅笔的绘图方式设置为"平滑"，如图 3-1-12 所示。

 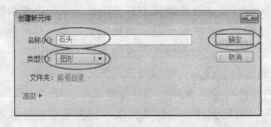

图 3-1-10　石头元件　　　　图 3-1-11　"创建新元件"对话框　　　　图 3-1-12　铅笔选项设置

用铅笔工具在工作区中绘出如图 3-1-13（a）所示的几个区域，如果对绘出的区域不满意，可以用选择工具配合【Ctrl】键对线条进行调整。

选择颜料桶工具。在颜色面板中将颜色的 RGB 值设置为 210、190、189，对 a 区进行填充。将颜色的 RGB 值设置为 175、139、131，对 b 区和 c 区进行填充；将颜色的 RGB 值设置为 153、113、97，对 d 区进行填充。将颜色的 RGB 值设置为 113、78、74，对 e 区进行填充。得到如图 3-1-13（b）所示的效果。

在颜色面板中将颜色的 RGB 值设置为 0、0、0，并且将 Alpha 值设置为 33%，对 f 区进行填充，做出石头的阴影效果，如图 3-1-13（c）所示。

用选择工具对准线条部分双击，选中线条后按【Del】键将其删除，得到如图 3-1-13（d）所示的最终效果。

2. 制作"树"元件

树元件完成后的文档窗口界面，如图 3-1-14 所示。

打开"创建新元件"对话框，创建一个名为"树"的图形元件。

双击图层名"图层1"，将其改名为"树"。

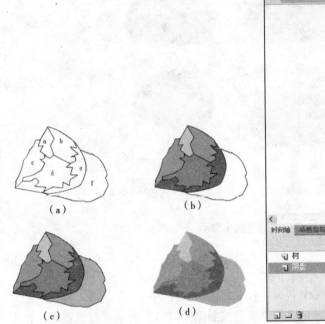

图 3-1-13 石头的绘制步骤

图 3-1-14 "树"元件完成后的文档窗口界面

选择刷子工具，在颜色面板中将颜色的 RGB 值设置为 0、153、0，在工作区中涂出一个树冠的外形，如图 3-1-15（a）所示。

选择颜料桶工具，在树冠中没有颜色的地方单击，将颜色填满，如图 3-1-15（b）所示。

选择刷子工具，将颜色的 RGB 值设置为 19、253、19，在树冠内的着光面（左上方）涂出几块高光色。将颜色的 RGB 值设置为 1、126、1，在树冠内的向阴面（右下方）涂出几块暗斑。

用滴管工具在树冠原来颜色的位置单击取回原来的颜色，将高光色的右下部分和暗斑的左上部分涂回原来的颜色，如图 3-1-15（c）所示。

选择矩形工具，笔触颜色任意，将填充颜色的 RGB 值设置为 164、172、125，在树冠下面的中间位置画一个大小合适的矩形，如图 3-1-15（d）所示。

使用选择工具，结合【Alt】键，将矩形的上、下拖出几个突出的尖锐部分作为树杈和树根。选择铅笔工具将右部的背光面圈画出一个闭合区域。选择颜料桶工具，在属性面板中将填充颜色的 RGB 值设置为 102、111、71 后，对刚才圈画的闭合区域进行填充，以得到阴影效果。若觉得阴影的范围不够理想，可以用选择工具结合【Alt】键对其进行修整，满意后用选择工具对准线条部分双击，选中线条后按【Del】键将其删除，得到如图 3-1-15（e）所示的效果。

新建一个名为"阴影"的图层。将"阴影"层拖动到"树"层的下面，参见图 3-1-14。选择"阴影"层为当前层。选择刷子工具，在颜色面板中将填充颜色的 RGB 值设置为 0、0、0，Alpha

值设置为 33%，选择一个大小合适的刷子，在树下涂出树的阴影。最后得到如图 3-1-15（f）所示的最终效果。

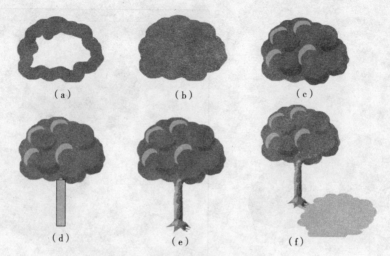

图 3-1-15 树的绘制步骤

3. 制作"枝"元件

枝元件完成后的画面如图 3-1-16 所示。

打开"创建新元件"对话框，创建一个名为"枝"的图形元件。

选择椭圆工具，笔触颜色设置为深绿色，填充颜色按照图 3-1-17 所示进行设置后，在工作区的空闲位置画一个椭圆，如图 3-1-18（a）所示。

图 3-1-16 "枝"元件完成后的效果图

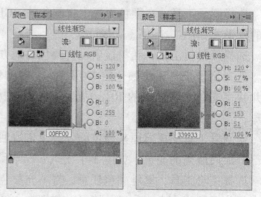

图 3-1-17 树叶填充颜色设置

用选择工具，将鼠标指针移动到椭圆的上端，当鼠标指针变为形时，向上拖动一下鼠标，调整一下叶的形状。将鼠标指针移动到椭圆的下端，当鼠标指针变为形时，按住【Alt】键向下拖动一下鼠标，调整出叶子的尖，如图 3-1-18（b）所示。

用线条工具，在叶子内部从上到下画一条直线，如图 3-1-18（c）所示。

用选择工具，将叶子内部的直线调整成弧形，做出叶的主叶脉，如图 3-1-18（d）所示。

用线条工具，在叶子主叶脉两边画出侧脉，如图 3-1-18（e）所示。

用选择工具将树叶全部选中，右击，在弹出的快捷菜单中选择"转换为元件"命令，弹出"转换为元件"对话框，在"名称"文本框中输入"叶"，在"类型"下拉列表框中选择"图形"，将树叶转换成名为"叶"的图形元件。

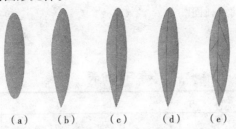

图 3-1-18　树叶制作步骤

用线条工具在工作区中合适的位置画一条直线，如图 3-1-19（a）所示。

用选择工具将直线调整成弧形，做出柳枝的枝条，如图 3-1-19（b）所示。

按住【Alt】键，用选择工具拖动"叶"元件的实例，复制出一个新的叶子，将其放到枝条的顶端。选择任意变形工具调整叶的大小和角度。重复前面的操作，多次复制叶子，用选择工具复制和移动位置，用任意变形工具调整大小和角度，将其一一摆放在枝条的两侧，完成后得到如图 3-1-19（c）所示的效果。

选中旁边原始的叶子对象，按【Del】键将其删除，得到如图 3-1-19（d）所示的最终效果。

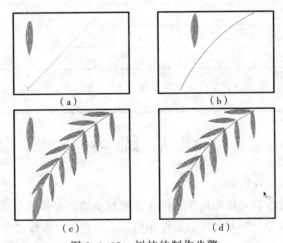

图 3-1-19　树枝的制作步骤

4. 制作"花"元件

打开"创建新元件"对话框，创建一个名为"小花"的图形元件，参照项目二任务三中的方法制作"小花"元件。

再次打开"创建新元件"对话框，再创建一个名为"小花 2"的图形元件，参照项目二任务三中的方法制作"小花2"元件。

之所以制作两个小花元件是为了使画面更加丰富多彩，在两个小花元件的制作过程中可以有意识地把两个小花对象的颜色、花瓣数量、花瓣形状、叶子的位置等做出一些差异。

任务完成

使用元件，可以将有限的几个元件引用出多个对象实例。本任务中介绍了树、石头、柳枝和花几个元件的制作。参照本任务中树元件的制作方法，项目二中花的制作方法，任务二中库和实例方面的知识，至少制作一个花元件、一个树元件，然后用它们的实例在舞台上摆放出一幅由树和花组成的简单的风景画面。

学习评价

学习评价表

内容与评价 能力	内　　　　容		评　　价		
	学 习 目 标	评 价 项 目	3	2	1
职业能力	能熟练地使用元件	能创建元件			
		能将对象转换成元件			
	能熟练地创建元件	能将元件对象从库面板中放在舞台上			
		能替换实例中的元件对象			
	能熟练地使用工具	能用任意变形工具调整对象的大小			
	能熟练使用和操作图层	能改变对象的前后层次关系			
通用能力	想象力				
	交流和向他人学习的能力				
	审美能力				
	组织能力				
	解决问题能力				
	创新能力				
综 合 评 价					

课 后 练 习

1. 将对象做成元件有什么好处？
2. 图形元件、影片剪辑元件和按钮元件在使用和功能上有哪些不同？
3. 以树、石头和花为例练习元件的制作和引用方法，练习 3 种对象的绘制方法。
4. 以柳枝元件的制作为例，练习元件的嵌套使用（即元件中使用其他元件）。

任务二　组 织 场 景

任务描述

站在美丽的大自然中，放眼望去，可以看到蓝天、白云、高山、道路、树木、绿地和花草等景物，非常和谐、漂亮。本任务就来完成这些景物的制作，并把任务一中完成的元件对象合理地摆放在画面中，从而组成一幅完整的风景画。完成后的最终画面参见图 3-1-1。

任务分析

在任务一中已经将风景画中需要多次使用的对象做成了元件。在本任务中要做的工作一是要在主场景中直接绘制出另外的一些对象；二是将项目一中准备好的元件对象合理地摆放在画面中。在绘制和引用对象时，为了方便修改和防止误操作后造成很难修改的情况发生，尽量将不同的对象放在不同的图层上。为了保证操作图层的正确，在需要对某一图层进行操作时，最好锁定不需要操作的图层。在整个画面中，天空、土包和路占有很大的面积，在制作这些对象时一定要选用合适的颜色。要使画面具有透视感，在对象处理过程中使对象近大远小，近清楚远模糊。

相关知识

实例和库

在任务一中介绍元件时，已经对库和实例做了一些介绍，因为元件、库和实例这3个概念在 Flash 中是密不可分的。在本任务中，再对库和实例方面的知识做进一步介绍。

实例：元件被引用后，实例是元件在父对象中的一次具体的使用。一个元件可以被引用出任意多个实例。将元件引用为实例的方法就是打开库面板，将库面板中的元件用鼠标拖动到工作区中。

库：用来存放元件和其他 Flash 素材的仓库，以面板的形式出现。任何一个 Flash 文档都对应着一个库面板，库面板中存放着该文档中除了直接在舞台上创建的矢量图对象和文字以外的所有内容。可以通过库面板添加元件、删除元件、修改元件属性、修改元件名字等多种操作。当打开多个 Flash 文档时，可以在文档间使用元件。不同的元件类型，在库面板中表现出的图标外观是不一样的，如图 3-2-1 所示。

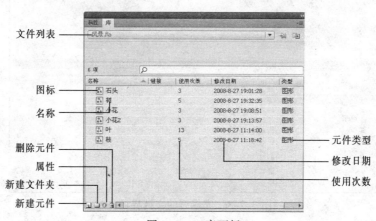

图 3-2-1 库面板

可以通过按【Ctrl+L】组合键打开库面板，也可以通过选择"窗口"→"库"命令打开库面板。

公用库：打开 Flash 以后就可以直接使用的库。与库的用法一样，只是 Flash 已经在公用库中准备好了许多常用的现成的素材。打开公用库的方法是选择"窗口"→"公用库"中的级联菜单。安装完 Flash CS6 后，公用库菜单中有3个可供使用的库，分别是"学习交互""按钮"和"类"。其中，"按钮"库中准备了许多可用的按钮对象。也可以把自己创作的元件放在公用库中，方法是将包括公共使用的元件文件存放到 Flash 安装文件夹下的\zh_cn\Configuration\Libraries 文件夹中。假如 Flash CS6 按默认方式安装在 C 盘，文件的保存位置为 C:\Program

Files\Adobe\Adobe Flash CS6\zh_cn\Configuration\Libraries。图 3-2-2 所示为将名为"北风吹"的 Flash 文件保存到该文件夹下的方法。不论任何时候，如果想使用"北风吹"文件中的元件素材，就可以选择"窗口"→"公用库"→"北风吹"命令，打开该公用库，在库中找到需要的元件使用。

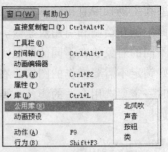

图 3-2-2 "公用库"子菜单

方法与步骤

图 3-2-3 所示为动画制作完成后的文档界面。为了方便制作和能清晰地分出各对象的层次关系，本实例中共用了 10 个图层。

图 3-2-3 完成后的文档界面

单击编辑栏中的"返回当前场景"按钮 场景1，返回到主场景。单击 9 次"新建图层"按钮 ，创建 9 个新图层。将 10 个图层按从下到上的顺序依次命名为：天、光、光 2、云、远山、远山丘、近山丘、路土包、景物、柳枝。

1. 完成"天"层

单击所有图层上面的锁图标 ，锁定所有图层。单击"天"图层上的锁图标 ，使之变为小黑点，解锁该图层。单击该图层时间轴上的关键帧，将该图层切换为当前层。

选择矩形工具，笔触颜色设置为"无"，填充颜色按照图 3-2-4 所示进行设置后，在舞台上部画一个左、上、右 3 面稍大于舞台的矩形。选择颜料桶工具，用颜料桶工具在刚画出的矩形中从上到下拖动一下，对矩形进行上下渐变填充，得到如图 3-2-5 所示的效果。

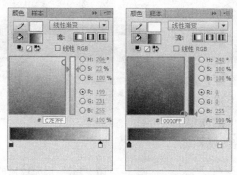 

图 3-2-4　"天"层颜色面板的设置　　　　图 3-2-5　"天"层完成后的效果

2. 完成"光"层

锁定"天"图层，解锁"光"图层，将"光"图层设置为当前层。

选择椭圆工具，笔触颜色设置为"无"，填充颜色按照图 3-2-6 所示进行设置后，按住【Alt+Shift】组合键，在矩形的中下部拖出一个大圆，得到如图 3-2-7 所示的效果。

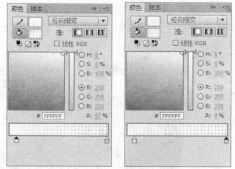 

图 3-2-6　"光"层颜色面板的设置　　　　图 3-2-7　"光"层完成后的效果

3. 完成"光 2"层

锁定"光"图层，解锁"光 2"图层，将"光 2"图层设置为当前层。

选择椭圆工具，笔触颜色设置为"无"，填充颜色按照图 3-2-8 所示进行设置后，按住【Alt+Shift】组合键，在矩形的中右下方的位置拖出一个小一些的圆，得到如图 3-2-9 所示的效果。

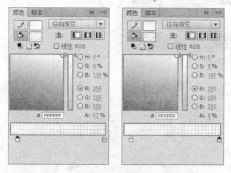 

图 3-2-8　"光"层颜色面板的设置　　　　图 3-2-9　"光"层完成后的效果

4. 完成"云"层

锁定"光 2"图层，解锁"云"图层，将"云"图层设置为当前层。

选择椭圆工具，笔触颜色设置为"无"，填充颜色选择白色。参照项目二任务一中的方法在矩形位置上拖动画出一些云朵。画云时掌握近大远小，近复杂远简单的原则。如若追求效果，也可以将远处云填充颜色的不透明度调低，得到如图 3-2-10 所示的效果。

图 3-2-10 "云"层完成后的效果

5. 完成"远山"层

锁定"云"图层，解锁"远山"图层，将"远山"图层设置为当前层。

选择矩形工具，笔触颜色设置为"无"，填充颜色可选择一种不同于背景色的任意颜色，在舞台下部空闲位置画一个矩形，如图 3-2-11（a）所示。

用选择工具，结合【Alt】键将矩形的上边拖出一些高低不平的"山峰"，如图 3-2-11（b）所示。

选择颜料桶工具，将颜色面板按照图 3-2-12 所示进行设置后，在刚画出对象的上部到中部位置从上到下拖动一下，对对象重新进行颜色填充，得到如图 3-2-11（c）所示的效果。

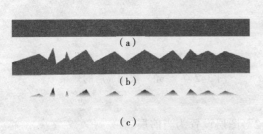

（a）

（b）

（c）

图 3-2-11 远山制作步骤

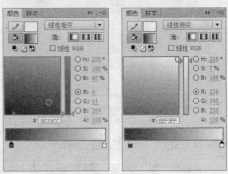

图 3-2-12 远山填充颜色设置

将绘制完成的对象拖动到如图 3-2-13 所示的位置，完成"远山"层的制作。

图 3-2-13 "远山"层完成后的效果

6. 完成"远山丘"层

锁定"远山"图层，解锁"远山丘"图层，将"远山丘"图层设置为当前层。

参照"远山"层的制作方法和步骤，填充颜色按照图 3-2-14 所示进行设置后，用选择工具调整山丘，向上调整时不要按任何键，这样调出的是圆形的山丘。该图层的内容如图 3-2-15 所示。该图层完成后的效果如图 3-2-16 所示。

图 3-2-14　远山丘填充颜色设置　　　　　　　图 3-2-15　"远山丘"层内容

图 3-2-16　"远山丘"层完成后的效果

7. 完成"近山丘"层

锁定"远山丘"图层，解锁"近山丘"图层，将"近山丘"图层设置为当前层。

参照"远山""远山丘"图层的制作方法和步骤，填充颜色按照图 3-2-17 所示进行设置。该图层的绘制效果如图 3-2-18 所示。该图层完成后的效果如图 3-2-19 所示。

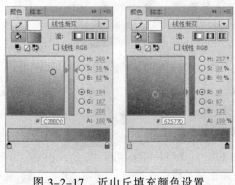

图 3-2-17　近山丘填充颜色设置　　　　　　　图 3-2-18　"近山丘"层内容

图 3-2-19 "近山丘"层完成后的效果

8. 完成"路、土包"层

锁定"近山丘"图层，解锁"路、土包"图层，将"路、土包"图层设置为当前层。

选择矩形工具，笔触颜色选择黑色，填充颜色任意，画一个可以盖住舞台中下部的矩形框，如图 3-2-20（a）所示。

选择线条工具，在矩形上画两条斜线，作为路的两条边，如图 3-2-20（b）所示。

用选择工具，对绘制图形进行必要的调整，使路和土包具有立体感和透视感，如图 3-2-20（c）所示。

用选择工具选择矩形外多余的线条，用【Del】键将其删除，如图 3-2-20（d）所示。

选择颜料桶工具，在颜色面板中对填充颜色按照图 3-2-21 所示进行设置，对左右两个土包区域进行填充；将填充颜色按照图 3-2-22 所示进行设置，对中间的路区域进行填充。选择填充变形工具按图 3-2-23 所示对 3 个填充颜色块进行调整，使路和土包更有立体感和透视感。完成后得到如图 3-2-20（e）所示的效果。

用选择工具双击该图层上的线条部分，将线条全部选中后，按【Del】键将其删除，如图 3-2-20（f）所示。

"路、土包"层完成后，得到图 3-2-24 所示的效果。

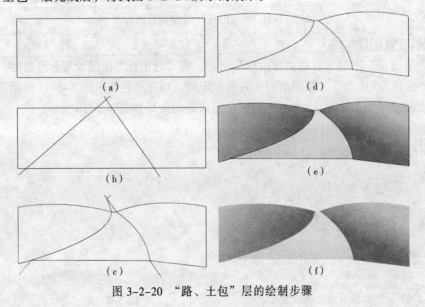

图 3-2-20 "路、土包"层的绘制步骤

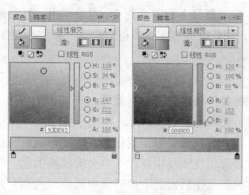

图 3-2-21　土包填充颜色设置　　　　　图 3-2-22　路填充颜色设置

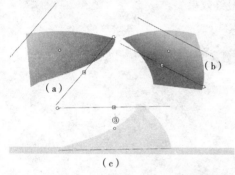

图 3-2-23　用填充变形工具调整填充

图 3-2-24　"路、土包"层完成后效果

9. 完成"景物"层

锁定"路、土包"图层，解锁"景物"图层，将"景物"图层设置为当前层。

用选择工具，按【Ctrl+L】组合键打开库面板，将库面板中的"树"元件拖动到该图层。按住【Alt】键，拖动舞台上的树对象4次，复制出4棵树。用选择工具调整树的位置，用任意变形工具调整树的大小。为了符合透视规律，应将远处的树调得小一些，近处的树调得大一些。将先放入的树放在远处，后放入的树放在近处。将5棵树的大小和位置调整成如图3-2-25所示的效果。

> **技巧：** 同一图层上对象的缺省层叠关系是先放入的对象在下，后放入的对象在上。若要改变这种层叠关系，可右击某对象，在弹出的快捷菜单中选择"排列"子菜单中的命令来改变该对象和其他对象的层叠关系。

将库面板中的"石头"元件拖动到该图层。按住【Alt】键，拖动舞台上的石头对象两次，复制出两块石头。用选择工具调整石头的位置，用任意变形工具调整石头的大小，使3块石头的大小各不相同，另外可以在属性面板中改变一下某石头的颜色，这样显得更真实，如图3-2-25所示。

将库面板中的"小花"和"小花2"元件拖动到该图层。按住【Alt】键，拖动舞台上的"小

图 3-2-25　"景物"层完成后的效果

花"对象两次，复制出两朵小花。按住【Alt】键，拖动舞台上的"小花 2"对象两次，复制出两朵小花 2。用选择工具调整小花和小花 2 的位置，用任意变形工具调整"小花"和"小花 2"的大小，得到如图 3-2-25 所示的效果。

10. 完成"柳枝"层

锁定"景物"图层，解锁"柳枝"图层，将"柳枝"图层设置为当前层。

用选择工具，打开库面板，将库面板中的"枝"元件拖放到该图层。按住【Alt】键，拖动舞台上的枝对象 4 次，复制出 4 个柳枝。用选择工具调整树的位置，用任意变形工具调整柳枝的大小和角度。为了丰富画面，增加视觉效果，可以在属性面板中修改一两个柳枝的颜色。方法：选中某一柳枝对象后，打开属性面板，在"颜色"选项后面的下拉列表中选择"色调"列表项；打开后面的颜色选择面板，并从中选择一种颜色；将后面的色彩数量调整到 20%左右。图 3-2-26 所示为"柳枝"层（所有层）完成后的最终效果。

图 3-2-26　"柳枝"层完成后的效果

按【Ctrl+Enter】组合键测试影片，效果如图 3-2-27 所示。

图 3-2-27　在 Flash 播放器中的播放效果

按【Ctrl+Alt+Shift+S】组合键，弹出"导出影片"对话框，在"保存类型"下拉列表框中选择"Flash 影片（*.swf）"文件类型。在"文件名"文本框中输入"风景"。选择好文件需要保存的位置后，单击"保存"按钮将该文件导出为名为"风景"的 Flash 影片格式文件。

按【Ctrl+Shift+S】组合键，弹出"另存为"对话框，保存为 Flash 原格式（.fla）文件。

✔任务完成

本任务中介绍天、云、山、路、山包等对象的绘制方法，然后在合适的位置摆放上任务一中准备好的元件完成了一幅风景画。参照本任务中介绍的方法完成一幅主要由天、地组成的有透视感的简单风景画。要求天空中要有云，大地部分要有路。

🗐学习评价

学习评价表

内容与评价 能力	内 容		评　　价		
	学 习 目 标	评 价 项 目	3	2	1
职业能力	能合理地布置舞台	能合理布置云和路的位置			
		能巧妙地为画面添加点缀			
	能正确地使用图层	能正确地创建图层			
		能合理地安排图层的上下关系			
	能正确地搭配颜色	能正确地为对象选择颜色			
通用能力	想象力				
	交流和向他人学习的能力				
	审美能力				
	解决问题能力				
	创新能力				
综 合 评 价					

课 后 练 习

1. 本项目中的"云"对象为什么没有做成元件？
2. "元件"和"实例"有什么不同？
3. 本项目中的路、绿地和山为什么不用铅笔工具和刷子工具绘制？
4. 练习天空和路的画法，并找出你认为更好的填充颜色。

项 目 小 结

在本项目中详细介绍了元件方面的知识和各种操作，熟悉了工具箱中各种工具的使用，并主要描述了如何使用这些工具和元件制作出一个简单而完整的风景画的全部过程。希望读者通过对本项目的学习，能根据需要灵活地创建图形元件、影片剪辑元件和按钮元件，能将舞台上的对象转换成元件，能正确地引用元件、编辑元件，能根据需要修改元件和实例的属性。能更熟练、更灵活地运用工具箱中的各种常用工具绘制所需要的对象。对颜色的合理搭配和画面的构成有进一步的新的认识。

项目实训　设计风景画

实训背景

在人们生活的地球上，不同的季节，不同的地域有着不同的自然风光，可以用自己的双手描绘各种美丽的风景。参照本项目的内容和制作方法，发挥丰富的想象力，设计并完成自己心目中的风景画。

实训要求

① 画面布局要合理，如以天、地为主要画面内容，天和地间的交接处尽量不要出现在画面的正中间。

② 色彩搭配要合理，既要保证色彩饱满丰富，又不要使画面中的颜色太乱太杂。

③ 尽量用简单的绘图方法和操作步骤，做出丰富逼真的效果。

④ 如设计不出自己的画面效果可以在本项目风景画的基础上稍加修改或照做一遍。

实训提示

① 为了防止后画的对象破坏先画的对象，可以根据需要采用下面几种方法中的任意一种：

● 在绘画时按下工具箱中选项区的对象绘制按钮 ◻。

● 将不同的对象绘制在不同的图层。

● 将对象做成元件。

● 先选择一个下面没有任何对象的空闲区域绘画，等确实画好以后再选中该对象将其拖放到需要的位置。

② 要多交流，多借鉴别人的长处。

③ 要大胆地发挥自己的想象能力和组织能力。

实训评价

实训评价表

内容与评价		内　　　　容		评　　价		
能力	学习目标	评　价　项　目		3	2	1
职业能力	能熟练掌握元件的创建和编辑方法	能熟练地创建元件和将已有对象转换成元件				
		会为元件命名和改变元件的属性				
		能正确地引用元件				

续表

能力\内容与评价	内　　容		评　　价		
能力	学 习 目 标	评 价 项 目	3	2	1
职业能力	能熟练掌握实例的操作	能为实例命名			
		能设置实例的颜色和不透明度			
		能替换实例中的元件对象			
	能熟练使用工具箱中的常用工具	能根据需要选用工具箱中的工具			
		能用选择工具将对象调整成需要的形状			
		会熟练地使用填充变形工具调整色块颜色			
	能熟练使用和操作图层	能熟练地添加、删除、锁定图层和灵活地切换图层			
		能根据需要为对象安排图层			
		能保证操作是在正确的图层上			
通用能力	想象力				
	交流和向他人学习的能力				
	审美能力				
	组织能力				
	解决问题能力				
	自主学习能力				
	创新能力				
综 合 评 价					

房地产网站动画

在项目二和项目三中介绍的实例都是静态内容，从本项目开始学习动画制作，网络动画是 Flash 的主要应用领域。本项目以华荣地产为背景，学习制作华荣地产网站的片头动画和导航动画。在本项目将学到动画类型、动画制作方法以及按钮元件的制作等方面的知识和技巧。

 学习目标

通过本项目的学习，你将能够：

☑ 了解动画的不同类型；
☑ 正确区分补间动画、传统补间和形状补间 3 种动画类型；
☑ 制作传统补间动画；
☑ 制作遮罩动画；
☑ 正确地制作按钮元件；
☑ 为不同主题的网站制作风格统一的网站片头；
☑ 为不同主题的网站制作风格统一的网站导航。

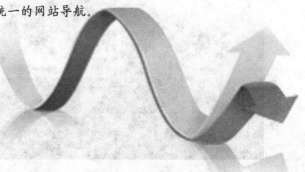

任务一　网站片头的制作

任务描述

Logo 标志呈现，紧接着柔美的音乐缓缓响起，黑幕上下拉开，显现出大气磅礴的楼盘气势。投资、家住，全方位便捷服务满足了高端贵族人群的不同需求。完美的画面配上完美的文案引导，给人舒适而流畅的视觉体验。本任务主要采用传统补间动画类型，黑幕采用遮罩原理制作完成。画面主要采用淡入淡出和化入化出的切换方法。主要画面如图 4-1-1 所示。

（a）

（b）

图 4-1-1　任务一主要画面

（c）

（d）

图 4-1-1 任务一主要画面（续）

任务分析

在本任务中，图层大致分为两部分：一部分是普通图层；一部分是遮罩和被遮罩图层。遮罩图层主要完成黑幕部分，被遮罩图层主要为黑幕后面演出内容的表现。一开始黑幕被拉开一半，这部分内容主要由遮罩层和被遮罩层来完成。后来，黑幕被完全拉开，这部分动画全部使用普通图层来实现。动画中文案的动画都用普通图层实现。

相关知识

1. 动画的分类

（1）逐帧动画

在时间轴上逐帧绘制帧内容称为逐帧动画。由于是一帧一帧地画，所以逐帧动化具有非常大的灵活性，几乎可以表现任何想表现的动画。

创建逐帧动画的几种方法：

用导入的静态图片建立逐帧动画：将 jpg、png 等格式的静态图片连续导入 Flash 中，就会建立一段逐帧动画。

绘制矢量逐帧动画：用鼠标或压感笔在场景中一帧帧地画出帧内容。

文字逐帧动画：用文字做帧中的元件，实现文字跳跃、旋转等特效。

导入序列图像：可以导入 gif 序列图像、swf 动画文件或者利用第三方软件（如 Maya、3ds Max 等）产生的动画序列。

逐帧动画是一种常见的动画形式，其原理是在"连续的关键帧"中分解动画动作，也就是在时间轴的每帧上逐帧绘制不同的内容，使其连续播放而成动画。

因为逐帧动画的帧序列内容不同，不但增加了制作负担，而且最终输出的文件量也很大，但它的优势也很明显：逐帧动画具有非常大的灵活性，几乎可以表现任何想表现的内容，而它类似于电影的播放模式，很适合于表现细腻的动画，如三维效果人物或动物急剧转身等效果。

（2）形变动画

形变动画即反映形状变化的动画，通常指一种形状变化为另外一种形状。

在 Flash 中，形变动画被称作"形状补间"，我们先撇开"形状"，来看一看什么是"补间"。"补间"指的是发生在两个关键帧之间、由程序自动生成中间帧的行为或产生的结果，可做动词，也可做名词。通常把这样的动画叫做"补间动画"。

补间动画分为两种：一种是现在所讲到的形状补间，是一种形状到另外一种形状的变化；另一种是运动补间，是同一元件从一种属性值到另一种属性值的变化。其属性值包括位置、大小、颜色、透明度、旋转度和扭曲度以及所有滤镜。注意：不能改变元件固有的形状。

创建形状补间动画需要注意以下几点：

① 形状补间必须发生在同一图层两个相邻关键帧之间。 .

② 上述的两个关键帧必须且只能承载形状。

③ 如果想要形状动画依据你的想法进行，可以使用"形状提示"。

创建运动补间动画需要注意以下几点：

① 运动补间必须发生在同一图层两个相邻关键帧之间。

② 上述的两个关键帧只能是同一个元件。

> **注意**：动画大致可以分为逐帧动画和补间动画。补间动画又可分为形状补间和运动补间两种类型。而从 Flash CS4 开始，补间类型分为补间动画、补间形状和传统补间。传统补间动画相当于以前版本中的运动补间动画，而新增加的补间动画和传统补间是不同的。传统补间是两个对象生成一个补间动画，补间动画是一个对象的两个不同状态生成一个补间动画，传统补间直接一点，补间动画更灵活。传统补间动画的顺序是，先在时间轴上的不同时间点

定好关键帧（每个关键帧都必须是同一个元件实例），之后，在关键帧之间选择传统补间，则动画就形成了。这个动画是最简单的点对点平移，就是一个元件实例从一个点匀速移动到另外一个点。没有速度变化，没有路径偏移（弧线），一切效果都需要通过后续的其他方式（如引导线，动画曲线）去调整。新出现的补间动画则是在舞台上画出一个元件实例以后，不需要在时间轴的其他地方再插入关键帧。直接在那层上选择补间动画，会发现那一层变成蓝色之后，只需要先在时间轴上选择需要加关键帧的地方，再直接拖动舞台上的元件实例，就自动形成一个补间动画。并且，这个补间动画的路径可以直接显示在舞台上，并且是有调动手柄可以调整的。一般在用到 CS6 的 3D 功能时候，会用到这种补间动画。一般做 Flash 项目，还是用传统的比较多，更容易把控，而且，传统补间比动画补间所占空间要小，放在网页里，更容易加载。

2. 特殊动画

（1）引导动画

引导动画是指物体沿着所设的路径进行运动的动画。首先应当有一条引导线，还需要的是沿着这条引导线运动的物体，然后利用引导关系将它们联系在一起，这样就构成了 Flash 中的引导动画。

（2）遮罩动画

遮罩是一种效果，和路径动画不同，遮罩也可以不做成动画。所谓遮罩效果就是使画面的某些部分显示出来，其余部分不可见。要实现这种效果最少需要两个图层：遮罩层和被遮罩层。遮罩层决定着被遮罩层上内容的显示范围，只有遮罩层上有内容的地方，被遮罩层上的内容才可以显示出来；遮罩层上没有内容的地方，被遮罩层上的内容不可见。遮罩层上的线条不起作用。遮罩层只提供了一个范围，其上的内容不可见，因此在制作遮罩层时和使用什么颜色没有关系。在制作遮罩效果的动画时，既可以对遮罩层做动画，也可以对被遮罩层做动画；既可以做运动动画，也可以做形状动画，当然也可以做逐帧动画。

时间轴面板下面没有用来创建遮罩层的按钮。要创建遮罩层应该先创建一个普通层，双击该图层的层图标，或者右击该图层，在弹出的快捷菜单中选择"属性"命令，可以弹出"图层属性"对话框。在"类型"选项组中选择"遮罩层"单选按钮，单击"确定"按钮，图层即变为"遮罩层"。

再双击遮罩层下面的层图标弹出"图层属性"对话框，在"类型"选项组中选择"被遮罩"单选按钮，可以将遮罩层或被遮罩层下面的图层改为被遮罩层。

遮罩动画在执行时必须用到两个以上的层，这些层分别承载遮罩物体和被遮罩对象，一个完整的遮罩效果需要一个遮罩层和一个以上的被遮罩层。

遮罩层必须位于被遮罩层的上方并引领被遮罩层。遮罩层的视觉符号是 ，被遮罩层的视觉符号是 ，被遮罩层的符号在时间轴上的位置会比遮罩层符号向右一个单位，这种现象称之为"引领"。

3. 帧的操作

帧的概念在项目一中已经进行了介绍，在本任务中介绍帧的各种操作。在做 Flash 动画时几乎处处都离不开对帧的操作。帧的操作包括插入帧、转换帧、选取帧、移动帧、复制帧、删除帧和翻转帧。

① 插入帧：新建一个 Flash 文档后默认只有一个图层和一个帧，可以在第 1 关键帧后面任

何位置右击，在弹出的快捷菜单中选择"插入帧""插入关键帧""插入空白关键帧"等命令，可以在当前位置插入各种类型的帧，并将前一个关键帧中的内容延续到本帧或本帧的上一帧。在已经有帧的位置右击，选择"插入帧"命令，可以在当前位置增加一个帧。如果选择多帧后右击，选择"插入帧"命令，可以一次插入多帧。

② 转换帧：在有帧的位置右击后，在弹出的快捷菜单中选择"插入关键帧"或"转换为关键帧"命令，可以将当前位置的帧转换为关键帧；选择"插入空白关键帧"或"转换为空白关键帧"命令，可以将当前位置的帧转换为空白关键帧；选择"清除关键帧"命令可以将当前位置的关键帧或空白关键帧转换为普通帧。

③ 选取帧：单击某帧可以选取一帧。用鼠标从没有被选取的某一帧拖动到另一帧可以一次选择多帧。先用鼠标选取一帧或多帧，再按住【Shift】键单击其他帧，则可以选取连续的多帧（也可以同时选择多层的多帧）。

④ 移动帧：先选取帧，再用鼠标拖动该帧到另外的位置放下。或者右击已经选择好的帧，在弹出的快捷菜单中选择"剪切"命令，再将鼠标指针移动到需要该帧的位置右击，在弹出的快捷菜单中选择"粘贴"命令。

⑤ 复制帧：先选取帧，再按住【Alt】键拖动该帧到另外的位置，可以将帧从原位置复制到新的位置。或者右击某帧，在弹出的快捷菜单中选择"复制"命令，再将鼠标指针移动到需要该帧的位置右击，在弹出的快捷菜单中选择"粘贴"命令。

⑥ 删除帧：选取要删除的帧，右击，在弹出的快捷菜单中选择"删除帧"命令，可以将选中的帧删除。

⑦ 翻转帧：选择一段连续的关键帧序列，右击，在弹出的快捷菜单中选择"翻转帧"命令，可以翻转一段关键帧。

方法与步骤

① 新建文档，文档大小为 780×440 像素，舞台颜色为白色。

② 新建 logo 影片剪辑元件。将素材文件夹中的"印章模型"位图导入到舞台。将该位图分离，使用魔术棒工具中的"魔术棒"，选择其中的一部分移动到舞台其他位置，将位图的剩余部分删除。选择的印章模型如图 4-1-2 所示。

③ 使用"文本工具"在印章模型的左上方输入一个"華"字。字体为"叶根友行书繁"，调整字号，将文字分离。单击舞台其他位置，然后再次选择"華"字，按键盘上【Delete】键删除文字，效果如图 4-1-3 所示。

图 4-1-2　印章模型　　　　　　　　　　图 4-1-3　"華"字效果

④ 再次使用文本工具在场景中输入"荣"字，黑色，调整文字大小，将文字分离，使用墨水瓶工具为该字描上白边。logo 元件最后效果如图 4-1-4 所示。

⑤ 新建 "花朵"影片剪辑元件，使用椭圆工具在舞台中绘制花瓣。修改花瓣形状，并调整填充颜色。使用"变形面板"将花瓣复制并旋转。花朵最后效果如图 4-1-5 所示。

图 4-1-4　logo 元件最后效果　　　　　　图 4-1-5　"花朵"效果

⑥ 新建"花旋转"影片剪辑元件。将"花朵"元件拖到元件编辑窗口，在第 50 帧插入关键帧，并且在第 1 帧和第 50 帧之间任意一帧右击，选择"创建传统补间"命令。打开属性面板，将补间中的"旋转"设置为"顺时针"1 周（见图 4-1-6），"花旋转"的传统补间动画完成。

⑦ 将舞台背景暂时调整为黑色。新建"华荣佳苑"影片剪辑元件，将 logo 元件拖入到元件编辑窗口。使用文本工具在下方输入"锦绣佳苑"，调整字体和字号。将文字分离，使用套索工具去掉一些笔画，然后将库中的"花旋转"元件拖到舞台上，调整位置和大小。最后效果如图 4-1-7 所示。

图 4-1-6　"花旋转"属性面板设置　　　　图 4-1-7　"华荣佳苑"影片剪辑元件最后效果

⑧ 新建"简标"影片剪辑元件，将素材文件夹中的"城市""人物剪影"和"绿树剪影"导入到舞台上。将"城市"位图分离，使用魔术棒工具选取"城市"位图中的一个建筑物，将其余部分删除。调整城市、树和人物的位置，并添加两条线和文字，调整所有对象颜色为黑色。最后效果如图 4-1-8 所示。

⑨ 将舞台背景重新设置为白色。将图层 1 重新命名为"黑色背景"，使用矩形工具绘制一个无轮廓线，填充颜色为黑色的矩形。矩形和舞台等大小并与舞台完全对齐。选中该黑色矩形

并转换为"黑色背景"影片剪辑元件。

⑩ 新建图层"华荣锦绣佳苑"，将库中的"华荣佳苑"元件拖到舞台上，仿过程⑥在第 12 帧插入关键帧，在第 1 帧和第 12 帧之间创建传统补间。修改第 1 帧上的元件实例，将其 Alpha 值修改为 0，实现"华荣佳苑"元件实例淡入的动画效果。在该图层的第 50 帧和第 58 帧插入关键帧，并在第 50 帧和第 58 帧之间创建传统补间。将第 58 帧上的元件实例的 Alpha 值修改为 0，实现"华荣佳苑"元件实例淡出的动画效果。

⑪ 新建图层"简标"，在第 65 帧插入关键帧，将库中的"简标"元件拖到舞台上。修改属性面板中的色调为棕色。在该图层的第 65 帧和第 70 帧之间创建传统补间，制作"简标"元件实例向下移动到场景下方并淡入的动画效果。

⑫ 在"黑色背景"和"华荣锦绣佳苑"两个图层之间新建图层"线"，在该图层的第 50 帧插入关键帧，使用直线工具在舞台上绘制一条白色的水平的直线。笔触宽度为 1 像素，长度为 780 像素，并放置于舞台的正中央，与舞台两端对齐。将该直线转换为"线条"影片剪辑元件，效果如图 4-1-9 所示。

图 4-1-8 "简标"元件效果

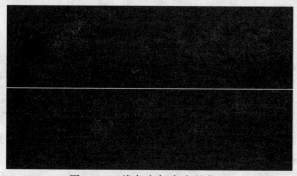

图 4-1-9 线条在舞台中的位置

使用"任意变形工具"将"线条"的中心点移动到最左侧。在该图层的第 58 帧插入关键帧，并在第 50 帧和第 58 帧之间右击，在弹出的快捷菜单中选择"创建传统补间"命令。将第 50 帧上直线缩短到舞台的最左侧，这样就创建了直线从舞台左侧中央伸展到舞台右侧的动画效果。在第 59 帧插入空白关键帧。

⑬ 在"线"图层上方新建图层"遮罩"，在该图层的第 58 帧插入关键帧，并使用矩形工具在舞台的正中央绘制一个与舞台等大小的蓝色矩形（矩形颜色随意），并将该矩形转换为"遮罩"影片剪辑元件。使用"任意变形工具"将该帧上的"遮罩"元件实例垂直方向压缩，直到类似于一条线位置。在该图层的第 70 帧插入关键帧，并将矩形垂直方向伸展到 165 个像素。在第 68 帧和第 70 帧之间创建传统补间，实现"遮罩"从中间向上下两端展开的动画效果。展开后的矩形在舞台中的状态如图 4-1-10 所示。

⑭ 在"遮罩"图层的下方创建新图层"牛皮纸"。在该图层的第 59 帧插入关键帧，将素材文件夹中的"牛皮纸.jpg"导入到舞台，使用"任意变形工具"将牛皮纸调整为和舞台等大小并与舞台完全对齐。右击"遮罩"图层，在弹出的快捷菜单中选择"遮罩"命令，实现遮罩动画的制作，效果如图 4-1-11 所示。

图 4-1-10 "遮罩"展开效果　　　　　　　　　　图 4-1-11 "牛皮纸"效果

⑮ 在"牛皮纸"图层和"遮罩"图层中间新建被遮罩图层"红",在该图层的第 85 帧插入关键帧,并使用矩形工具在舞台上绘制一个宽 260 像素、高 300 像素的红色矩形,并放置在舞台的右下方。将该红色矩形转换为"彩块红"影片剪辑元件。在第 90 帧插入关键帧,在第 85帧和第 90 帧之间创建传统补间,实现红色矩形从下伸展到上面的效果,如图 4-1-12 所示。

图 4-1-12 "彩块红"的动画效果

⑯ 在"红"图层上方插入新的被遮罩图层"夜景"。在该图层的第 95 帧插入关键帧,将素材文件夹中的"夜景.jpg"导入到舞台的右下侧,修改图片大小并转换为"夜景"影片剪辑。在第 103 帧插入关键帧,调整"夜景"元件实例的位置,在第 95 帧和第 103 帧之间创建传统补间,实现"夜景"从下到上的移动动画,效果如图 4-1-13 所示。

图 4-1-13 "夜景"移动效果

⑰ 按照步骤⑮,制作"彩块橙"和"彩块蓝"两个图层,实现橙色矩形和蓝色矩形从下向上移动的动画效果。按照步骤⑯制作"商务""握手"两个图片从下向上移动的动画效果。最后效果如图 4-1-14 所示。在所有图层的第 690 帧插入普通帧。

⑱ 在"夜景"图层的第 213 帧和第 223 帧之间创建传统补间实现"夜景"向上移动并消失的动画效果。在"商务"图层的第 221 帧和第 232 帧之间创建传统补间实现"商务"向上移动并消失的动画效果。在"握手"图层的第 229 帧和第 240 帧之间创建传统补间实现"握手"向上移动并消失的动画效果。在"红"图层的第 240 帧和第 245 帧之间创建传统补间实现"彩块红"向上移动并消失的动画效果。在"橙"图层的第 249 帧和第 253 帧之间创建传统补间实现

"彩块橙"向上移动并消失的动画效果。在"蓝"图层的第 257 帧和第 262 帧之间创建传统补间实现"彩块蓝"向上移动并消失的动画效果。

图 4-1-14   三张图片最后效果

⑲ 新建被遮罩图层"建筑"，将素材文件夹中的"别墅"位图导入到舞台上，调整其大小和位置并将该位图转换为"别墅"影片剪辑元件，效果如图 4-1-15 所示。在该图层的第 283 帧和第 298 帧之间创建传统补间，实现"别墅"淡入的动画效果。在该图层的第 356 帧和第 364 帧之间创建传统补间，实现"别墅"淡出的动画效果。

图 4-1-15   "别墅"元件效果

⑳ 新建被遮罩图层"白色"，在该图层的第 356 帧插入关键帧，使用矩形工具绘制一个和舞台等大小且完全重合的白色矩形，并转换为"白色背景"影片剪辑元件。在该图层的第 364 帧插入关键帧，并在两个关键帧之间创建传统补间。修改 356 帧上的元件实例的 Alpha 值为 0，实现白色背景淡入的动画效果。

㉑ 解锁，在"遮罩"图层的第 407 帧和第 414 帧之间创建传统补间，使用"任意变形工具"将第 414 帧上的"遮罩"拉高，实现遮罩块变高的动画效果。在"华荣锦绣佳苑"图层的第 407 帧和第 414 帧之间创建传统补间，制作"华荣佳苑"元件实例稍稍变小并上移的动画效果。

㉒ 新建被遮罩层"城市"，将素材文件夹中的"城市.png"导入到舞台上，修改大小及位置，并将其转换为"城市建筑"影片剪辑元件。在该图层的第 382 帧和第 398 帧之间创建传统补间，实现"城市建筑"淡入的动画效果。在该图层的第 414 帧和第 419 帧之间创建传统补间，实现"城市建筑"向左移动的动画效果。最后位置如图 4-1-16 所示。

图 4-1-16 "城市建筑"在舞台中的位置

㉓ 新建被遮罩层"购物",将素材文件夹中的"购物.png"导入到舞台上,修改大小及位置,并将其转换为"购物"影片剪辑元件。在该图层的第 424 帧和第 433 帧之间创建传统补间,实现"购物"左移的动画效果。最后位置如图 4-1-17 所示。

图 4-1-17 "购物"在舞台中的位置

㉔ 新建被遮罩层"休闲",将素材文件夹中的"休闲.png"导入到舞台上,修改大小及位置,并将其转换为"休闲"影片剪辑元件。在该图层的第 432 帧和第 441 帧之间创建传统补间,实现"购物"上移的动画效果。最后位置如图 4-1-18 所示。

图 4-1-18 "休闲"在舞台中的位置

㉕ 在"遮罩"图层上方插入新图层"文字 1",在舞台的中下方输入文本"这是一座大气磅礴的城市大盘",字体为"迷你简新魏碑",字号为 22,颜色值为#CC6600。将文本转换为"城

市大盘"影片剪辑元件，如图 4-1-19 所示。在该图层中的第 91 帧和第 101 帧之间创建传统补间，实现文字淡入的效果。在该图层的第 153 帧和第 163 帧之间创建传统补间，实现文字淡出的效果。在该图层的第 364 帧插入空白关键帧。

图 4-1-19 "城市大盘"效果及在场景中的位置

㉖ 新建图层"文字 2"，在舞台的中下方输入文本"这是一个商务与投资集结的中心"，字体为"迷你简新魏碑"，字号为 22，颜色值为#CC6600。将文本转换为"集结中心"影片剪辑元件，如图 4-1-20 所示。在该图层中的第 153 帧和第 163 帧之间创建传统补间，实现文字右移并淡入的效果。在该图层的第 241 帧和第 245 帧之间创建传统补间，实现文字右移并淡出的效果。在该图层的第 364 帧插入空白关键帧。

图 4-1-20 "集结中心"效果及在场景中的位置

㉗ 新建图层"文字 3"，在舞台的中下方输入文本"这是我们期待已久的荣耀尊贵"，字体为"迷你简新魏碑"，字号为 22，颜色值为#CC6600。将文本转换为"荣耀尊贵"影片剪辑元件，如图 4-1-21 所示。在该图层中的第 259 帧和第 308 帧之间创建传统补间，实现文字淡入的效果。在该图层的第 364 帧插入空白关键帧。

㉘ 新建图层"文字 4，在舞台的中下方输入文本"行政、教育、医疗、时尚、休闲，一站式倾力完美打造"，字体为"迷你简新魏碑"，字号为 22，颜色值为#CC6600。将文本转换为"完美打造"影片剪辑元件，如图 4-1-22 所示。在该图层中的第 382 帧和第 398 帧之间创建传统补间，实现文字淡入的效果。在该图层中的第 407 帧和第 426 帧之间创建传统补间，实现文字移动并变色的效果。在该图层中的第 529 帧和第 539 帧之间创建传统补间，实现文字淡出的效果。在该图层的第 540 帧插入空白关键帧。

图 4-1-21 "荣耀尊贵"效果及在场景中的位置

（a）

（b）

图 4-1-22 "完美打造"效果及在场景中的位置

㉙ 在"城市""购物"和"休闲"3 个图层的第 529 帧和第 539 帧之间创建传统补间，实现 3 个元件实例淡出动画效果，并在这 3 个图层的第 540 帧插入空白关键帧。在"遮罩"图层的第 565 帧和第 575 帧之间创建传统补间，实现遮罩块完全覆盖整个舞台的动画效果。

㉚ 在"华荣锦绣佳苑"图层上方插入新图层"绿色"，在该图层的第 616 帧插入关键帧，将素材文件夹中的"绿色.png"导入到舞台，调整大小并放置在舞台的右侧。将该图片转换为"绿色"影片剪辑元件，如图 4-1-23 所示。在该图层的第 616 帧和第 630 帧之间创建传统补间，实现"绿色"淡入的动画效果。

㉛ 新建"华荣地产"影片剪辑元件，如图 4-1-24 所示。新建图层"华荣锦绣佳苑 2"，在第 616 帧插入关键帧，将"华荣地产"元件拖到舞台上。在该图层的第 616 帧和第 630 帧创建传统补间，实现"华荣地产"元件实例从右向左移动并淡入的动画效果。最后位置如图 4-1-25 所示。

图 4-1-23 "绿色"效果

图 4-1-24 "华荣地产"元件效果

图 4-1-25 "华荣地产"定格画面效果

㉜ 新建"跳过动画按钮"按钮元件，在"弹起"关键帧输入橙色文本 skip，在"经过"关键帧将文本修改为蓝色，在"点击"关键帧绘制一个小矩形，覆盖住刚输入的文本。返回场景，新建"跳过按钮"图层，在该图层的第 50 帧插入关键帧，将库中的"跳过动画按钮"元件拖到舞台上。

㉝ 新建"进入网站按钮"按钮元件，在"弹起"关键帧输入黑色文本"进入网站"，并将库中的"花旋转"元件拖到舞台上，在属性面板中，将该元件实例的色调修改为绿色。插入"经过"空白关键帧，在该关键帧输入 huarong 并设置文本的字体字号。在"点击"关键帧绘制一个小矩形，覆盖住刚输入的文本。使用同样的方式制作"再看一遍"按钮。新建两个图层，将两个按钮分别放到不同图层的第 663 关键帧。在两个图层的第 663 帧和第 668 帧创建传统补间实现两个按钮的淡入动画。两个按钮效果如图 4-1-26 所示。

㉞ 新建"代码"图层，在该图层的第 668 帧插入关键帧，选择"菜单"中的"动作"命令打开动作面板，在该面板中输入代码"stop();"，目的是让动画播放到第 668 帧时停止播放。

㉟ 选中场景中的"跳过动画按钮"元件实例，打开动作面板，在面板中输入如下代码：

图 4-1-26 两按钮的效果

```
on(release){
    getURL("http://www.huarong.com","_self");
}
```

此段代码的作用：单击该按钮（跳过动画按钮），动画停止播放并在当前窗口中打开华荣地产的主网页（网址为 http://www.huarong.com）。为"进入网站"按钮添加代码操作和为"跳过动画按钮"一样。

㊱ 选中场景中的"再看一遍"元件实例，打开动作面板，在面板中输入如下代码：

```
on(release){
    stopAllSounds();
    gotoAndPlay(1);
}
```

此段代码的作用：单击该按钮（再看一遍），动画中所有声音停止，动画转而从该动画的第 1 帧开始播放。

㊲ 选择"文件"菜单中的"导入"命令，在弹出的对话框中选择素材文件夹中的 1.mp3，并导入到库。新建"背景音乐"图层，在该图层的第 50 帧插入关键帧，打开"属性"面板，选中"声音"选项区中的名称为 1.mp3，声音的同步类型为"事件"，重复为 999。声音设置属性面板如图 4-1-27 所示。

图 4-1-27　"背景音乐"的属性面板设置

任务完成

参照本任务中介绍的黑幕拉开的动画效果，制作一个小动画，要求有黑幕开场。

学习评价

学习评价表

内容与评价 / 能力	内　　　　容		评　　　价		
	学习目标	评价项目	3	2	1
职业能力	能用绘图工具绘制出所需要对象	能用魔术棒工具选取分离后的位图像素			
		能用文本工具制作 logo 标志			
	能合理地安排图层	能通过遮罩原理制作黑幕效果			
		能合理安排黑幕下层和黑幕上层的图层顺序			
	能正确地进行画面切换	能创建传统补间动画			
		能修改 Alpha 值制作淡入淡出的动画效果			
通用能力	设计能力				
	审美能力				
	想象能力				
	组织能力				
	解决问题能力				
	创新能力				
综　合　评　价					

课 后 练 习

1. Flash 动画分为哪几类？
2. 能够创建遮罩动画，解释一下遮罩动画的原理。
3. 如何创建淡入淡出的动画效果？

任务二　网站导航的制作

任务描述

在水一方，碧波湖畔，尊贵和高雅散落成片。夜幕拉开，广袤星空下，繁华悄然升起。两个大气美图化入、化出的交替展现，给我们无限的憧憬和期待。优美的文字让整个画面更显大气高雅。下方的导航按钮能够让我们对美好生活有更进一步的了解。完成后的效果如图 4-2-1 所示。

（a）

（b）

图 4-2-1　任务二完成后的效果

任务分析

本任务上面两画面的切换，一定要注意制作成循环动画，且要注意画面切换速度。本任务下方的按钮都是多媒体按钮，包括文字和声音。而且这几个按钮的制作使用了"直接复制"命令。"直接复制"命令是制作同一系列元件常用的方法，可使制作过程方便快捷，大大提高工作效率。

相关知识

按钮元件是 Flash 影片中创建互动功能的重要组成部分。使用按钮元件可以在影片中响应鼠标单击、滑过或其他动作，然后将响应的事件结果传递给互动程序进行处理。按钮元件实际上是四帧的交互影片剪辑，它只对鼠标动作做出反应，用于建立交互按钮。当新创建一个按钮元件之后，在图库中双击此按钮元件，切换到按钮元件的编辑窗口，此时，时间轴上的帧数将会自动转换为"弹起""经过""按下"和"点击"四帧。用户通过对这四帧的编辑，达到对鼠标动作做出相应反应的动画效果。按钮元件在使用时，必须配合动作代码才能响应事件的结果。用户还可以在按扭元件中嵌入影片剪辑，从而编辑出变化多端的动态按钮。

按钮元件的时间轴上的每一帧都有一个特定的功能：

第一帧是弹起状态，代表指针没有经过按钮时该按钮的外观。

第二帧是指针经过状态，代表指针滑过按钮时该按钮的外观。

第三帧是按下状态，代表单击按钮时该按钮的外观。

第四帧是点击状态，定义响应鼠标单击的区域。此区域在 SWF 文件中是不可见的。

方法与步骤

① 新建文档，舞台大小为 780×240 像素，背景为白色。

② 将图层 1 的名称修改为"风景"，将素材文件夹中的"风景.jpg"导入到舞台上，修改图片和舞台等宽，高度为 200 像素大小并与舞台上方对齐。将该图片转换为"风景"影片剪辑元件。在该图层的第 73 帧插入关键帧，在第 1 帧和第 73 帧之间创建传统补间，修改第 1 帧"风景"元件实例的 Alpha 值为 0，实现图片淡入的动画效果。同样的操作在该图层第 143 帧和第 178 帧之间创建传统补间实现图片淡出的动画效果。在该图层的第 310 帧插入普通帧，实现时间的延续，如图 4-2-2 所示。

图 4-2-2　"风景"元件实例的效果及在舞台中的位置

③ 使用矩形工具在舞台的下方绘制一个矩形，宽为 780 像素，高位 40 像素，颜色值为 #006666，并与舞台下方对齐，效果如图 4-2-3 所示。

图 4-2-3　舞台下方矩形效果图

④ 新建图层"豪华官邸"，在该图层的第 83 帧插入关键帧。使用文本工具在舞台中部输入文本"倚富傍水的田园式豪华官邸"，字体为"时尚中黑简体"，字号为 17，颜色为值为#006666，添加发光滤镜，发光颜色为紫色。将该文本转换为"豪华官邸"影片剪辑元件。在该图层的第 115

帧插入关键帧，在第 83 帧和第 115 帧之间创建传统补间。修改第 83 帧上"豪华官邸"元件实例的 Alpha 值为 0，并向下移动几个像素，实现文字的上升并淡入的动画效果。效果如图 4-2-4 所示。在该图层的第 178 帧插入空白关键帧。

图 4-2-4　"豪华官邸"元件实例效果

⑤ 新建图层"夜景"，在该图层的第 143 帧插入关键帧，将素材文件夹中的"夜景"导入到舞台，修改其大小为 780×200 像素，并与舞台上方对齐。将该图片转换为"夜景"影片剪辑元件，如图 4-2-5 所示。在该图层的第 178 帧插入关键帧，并在这两个关键帧之间创建传统补间，制作"夜景"元件实例淡入的动画效果。同理，在该图层的第 276 帧和第 311 帧之间创建传统补间，制作"夜景"元件实例淡出的动画效果。

图 4-2-5　"夜景"元件的效果

⑥ 新建图层"休闲共舞"，在该图层的第 172 帧插入关键帧，使用文本工具输入"微风中徜徉休闲步调 星空下邀约繁华共舞"，字体为"时尚中黑简体"，字号为 17，颜色为白色，并且添加发光滤镜，发光颜色为淡蓝色。将该文本转换为"休闲共舞"影片剪辑元件，效果如图 4-2-6 所示。在该图层的第 211 帧插入关键帧，在第 172 帧和第 211 帧之间创建传统补间，实现"休闲共舞"影片剪辑元件淡入的动画效果。同理，在该图层的第 276 帧和第 292 之间创建传统补间，制作元件实例淡出的动画效果。

图 4-2-6　"休闲共舞"元件效果

⑦ 使用素材文件夹中的素材，制作"华荣地产"影片剪辑元件，效果如图 4-2-7 所示，制作过程不再赘述。新建图层"标志"，将"华荣地产"影片剪辑元件拖到舞台的左上角。

⑧ 新建图层"锦绣佳苑"。使用文本工具输入"锦绣佳苑"，颜色为红色，调整其字体和字号。复制该文字并将其颜色修改为灰色，并将其放置到红色文本的下方。将两个文本水平和垂直方向有 3 个像素的偏移，实现文字的阴影效果。将两个文本全选中并转换为"锦绣佳苑"影片剪辑元件，效果如图 4-2-8 所示。

图 4-2-7　"华荣地产"元件效果　　　　图 4-2-8　"锦绣佳苑"元件效果

⑨ 在"锦绣佳苑"图层的第 37 帧插入关键帧，在第 1 帧和第 37 帧之间创建传统补间，制作文字从小到大淡入的动画效果。在该图层的第 143 帧和第 178 帧之间创建文字变色的动画效果（文字从红色变为黄色）。在该图层的第 276 帧和第 311 帧之间创建传统补间，实现文字由黄色变为红色的动画效果。

⑩ 将舞台背景暂时修改为黑色。新建"项目简介"按钮元件，使用文本工具在"弹起"帧输入"项目简介"，颜色为白色，字体字号自行决定。在"经过""按下"两个帧插入关键帧，选中"经过"帧文本，将文本颜色修改为橙色，使用"变形面板"将文字旋转"–5"度。在"点击"帧插入关键帧，使用矩形工具绘制一个矩形（颜色任意）将文字覆盖住。4 个帧的效果如图 4-2-9 所示。将素材文件夹中的按钮声音导入到库。新建图层，在"按下"帧插入关键帧，将库中的"按钮.mp3"拖到舞台上，声音的同步类型设置为"事件"。

图 4-2-9　"项目简介"按钮元件的 4 个帧的效果

⑪ 打开库面板，右击"项目简介"按钮元件，在弹出的快捷菜单中选择"直接复制..."命令，将复制的元件名称修改为"周边建设"，单击"确定"按钮。双击"周边建设"按钮元件图标，进入元件编辑窗口。使用选择工具双击 4 个关键帧上的文字，将文字修改为"周边建设"，这样就实现了"周边建设"按钮元件的快速创建。此方法非常适合同一系列元件的快速创建。使用同样的方法快速制作其他按钮。

⑫ 将舞台背景重新调整为白色。新建"按钮"图层，将库中的所有按钮元件拖到舞台的下方，调整按钮的大小。使用对齐面板将按钮对齐并水平平均分布。

⑬ 使用直线工具在舞台上绘制一条白色的垂直直线，调整线条宽度。将该直线转换为"分割线"影片剪辑，多次复制并调整在舞台中的位置，实现使用分割线分割各个按钮的作用。效果如图 4-2-10 所示。

图 4-2-10　按钮和分割线在舞台上的排布效果

⑭ 保存作品，测试影片。

任务完成

本任务中的主要知识技巧就是如何实现元件的直接复制，以便能够方便快捷地制作出同一系列的元件。参照本任务中介绍的方法，制作几个水晶效果的字母按钮元件。

学习评价

学习评价表

内容与评价 能力	内　　容		评　　价		
	学习目标	评价项目	3	2	1
职业能力	能制作动态按钮元件	能够创建动态按钮元件			
		能快速制作出同一系列风格的元件			
	能合理地对齐对象	能使用对齐面板对齐对象			
		能使用对齐面板平均分布对象			
	能正确地进行画面切换	能创建传统补间动画			
		能制作化入化出的镜头切换效果			
通用能力	设计能力				
	审美能力				
	想象能力				
	组织能力				
	解决问题能力				
	创新能力				
综 合 评 价					

课 后 练 习

1. 按钮元件编辑时间轴有几帧，分别起什么作用？
2. 如何快速直接复制元件？
3. 如何使用对齐面板将场景中的对象进行对齐和分布操作？

项 目 小 结

本项目主要介绍了网站中片头动画和网站导航的制作。在网站片头任务中，主要介绍了传统补间动画的制作以及通过修改元件实例属性中的 Alpha 值实现镜头切换中淡入淡出效果的制作方法。在网站导航任务中，主要介绍如何制作动态按钮。在制作这类动画的过程中，还要特别注意文案的编辑以及动画中字体、字号以及文字颜色的选择，文字的效果直接决定画面的整体感觉，希望大家在制作过程中多多体会。

项目实训　制作母婴网站的片头动画和网站导航

实训背景

太平洋亲子网为家长们提供 0～6 岁各阶段孩子成长、教育、家庭和用品等全方位、多角度的各种实用资讯以及有关怀孕的各方面知识。请以此网站的网站宗旨为基础，为该网站设计制作一个网站片头和网站导航。

实训要求

① 网站片头动画要图、文、声并茂。画面的选择要合乎主题要求，文案编辑要与网站主题吻合，声音选择要合适。

② 镜头切换要自然，导航中的按钮要设计为动态按钮。

实训提示

① 选择符合主题的位图图片和透明背景的.png格式的素材。

② 选择与主题相吻合的背景音乐。

③ 设计元件并组织场景。

④ 添加背景音乐。

实训评价

实训评价表

内容与评价 能力	内　　容		评　　价		
	学　习　目　标	评　价　项　目	3	2	1
职业能力	能正确制作 logo 标志	能正确绘制 logo 图形			
		能够制作艺术文字			
	能正确的组织场景	能合理安排图层的顺序			
		能编排设计动画文案			
		能合理实现镜头的切换			
		能制作动态按钮			
	能为动画添加声音	能为片头添加背景音乐			
		能为按钮添加音效			
		能简单设置声音的同步效果			
通用能力	审美能力				
	组织能力				
	解决问题能力				
	自主学习能力				
	协作能力				
	创新能力				
综　合　评　价					

电子贺卡的制作

和其他动画软件相比，Flash 之所以流行，很关键的一点在于其具有强大的交互功能。Flash 电子贺卡以其体积小、趣味性强、便捷等特点，在网络中备受推崇。Flash 电子贺卡情节简单，播放时间一般只有几十秒，这就要求制作者要精心构思怎样在有限的几秒内表达主题。

本项目以"思念"为主题，制作一个 Flash 电子贺卡。

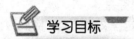
学习目标

通过本项目的学习，你将能够：

☑ 制作路径动画（运动引导动画）；
☑ 正确使用滤镜；
☑ 按照电子贺卡的制作流程制作电子贺卡；
☑ 完成不同主题的电子贺卡的文案设计工作。

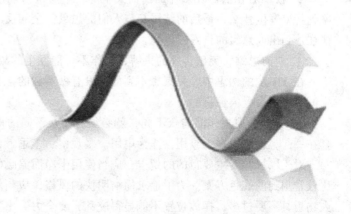

任务一 图 片 动 画

任务描述

在贺卡的制作过程中，最重要的是场景的美观性以及场景的过渡自然。在贺卡的制作过程中，注意学习场景转换的方法。在本实例中，场景的切换主要采用淡入淡出的方法。该贺卡主要以图片和文字为主，最后为贺卡添加相应的音乐和重播按钮。

任务分析

将贺卡分成 4 个场景镜头来完成。场景主要使用符合"思念"意境的唯美图片，配合一些小的动画元素，实现静中有动，以动烘托静的效果。

相关知识

1. 电子贺卡制作设计理念

Flash 动画最重要的就是创意，其次是美工，最后是技术。一切 Flash 作品都是由这三要素组成的，贺卡自然也不会例外。对于贺卡的制作来说，创意更是重中之重，因为贺卡情节简单，场景单一，不可能堆砌过于丰富的元素，这就要求制作者要精心构思怎样在有限的几秒内表达主题。经常使用的方法有以下几种：

① 选择通用元素，直入主题，简化动画中的道具，以免喧宾夺主。

所谓通用元素，就是在人们的生活中由于习惯而代表某种特定含义的元素。例如，当看到红色就想到喜庆，看到福字就联想到春节一样，不需要对为什么要送贺卡给对方做过多的说明，只要用两三件道具提示一下就可以得到很好的效果。

② 尽量充分地利用已有道具，使用象形处理做出理想的效果。

对于一个富有想象力的设计者，不需要太多的道具也能完成动画设计，因为在他的眼里，每样东西都是有共性的。例如，想表现圣诞夜全家欢乐，载歌载舞时，也许并不需要真的就画一家人开 party。

③ 极端对比法。在影片的前面大半部，不遗余力地把气氛烘托到高潮，每个观众都能想象到将要发生什么，最后的结尾却与人们的想象完全相反。这是 Flash 动画非常常用的手法，往往达到出人意料的良好效果。

④ 逆向思维，突破传统的束缚，制作不可能发生的故事。

在 Flash 的构思中，只有想不到的，没有做不到的，大胆地突破传统束缚，制作不可能发生的故事是最令人惊喜的。

⑤ 其他。要想作品与众不同，就必须有与众不同的构思。可以把几种不同类型的东西结合在一起，也可以古为今用，洋为中用。多观察、多思考，创意就这样进入你的脑海。

对于以祝福为主要目的的贺卡，应当使用干净而温暖的配色，红色加黄色、白色加蓝色是比较常用到的配色方案。为了追求简洁明快的风格，应当使用大块的纯色色块做背景，动画的人物道具不要过多，摆放位置不能显得凌乱，要全力突出主要道具。

2. 路径动画

　　路径动画，又名运动引导动画，它是使对象沿着某一规定的轨迹运行的动画。制作路径动画至少需要两个层：引导层和被引导层。在引导层上用矢量线条画出运动轨迹，在被引导层上放置运动对象。引导层在上，被引导层在下。被引导层上运动的对象必须是可以用来做运动动画的非矢量图对象。也就是说，路径动画只能对被引导层做动画，不能对引导层做动画；在被引导层上只能做传统补间动画，不能做补间形状动画。

　　做路径动画成败的关键除符合上述条件外，在开始关键帧上，一定要使运动对象的中心点和引导线的一端对齐，结束关键帧上对象的中心和引导线的另外一端对齐。操作方法是当引导层上的引导线画好后，锁定引导层，用选择工具将工具箱中的"贴紧至对象"按钮 按下后拖动引导对象，使对象中心的小圆点和引导线对齐。

　　在 Flash CS6 中，创建引导层的方法是，用鼠标右击被引导层，在弹出的快捷菜单中选择"添加传统运动引导层"命令，原来的图层自动变为被引导层，在该层的上面建立一个引导层 。传统运动引导层和被引导层的外观如图 5-1-1 所示。

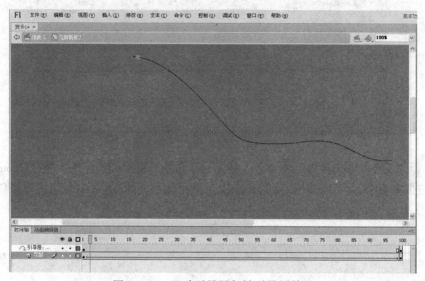

图 5-1-1　运动引导层与被引导层外观

　　路径动画应符合以下原理：

　　① 引导层必须位于被引导层的上方并引领被引导层。

　　② 引导层里只能放置引导线，引导线为一条连续的平滑曲线。如果这条线自身有相交点，则最好使用螺旋式的相交方式，便于引导程序识别，切忌杂乱相交。

　　③ 杂乱相交的引导线不容易引导成功。引导层所放置的引导线可以是一条，也可以是多条，但如果是多条，则需要保证两条线至少能最快速用肉眼辨识引导线在相交后的直观路径。

　　④ 引导线喜欢走捷径，如果引导线是一个椭圆，被引导的物体会自动识别物体通过引导线的最短的路径。

　　⑤ 被引导层里必须是动作补间，形状补间是不能被引导的，也就是被引导的物体必须是元件。

　　⑥ 被引导层中元件的变形参考点必须与引导线贴合，这样才能执行被引导。

⑦ 被引导层可以为多个，每个层可以自由选择多条引导线中的任意一条来执行引导。

⑧ 路径动画在 Flash 中的应用比较广泛，如制作天体的运行、花瓣的飘落、鱼儿的游走、导弹的发射、投篮等。

方法与步骤

① 选择"文件"→"新建"命令，新建一个 Flash 文档，选择 Action Script 2.0，如图 5-1-2 所示。

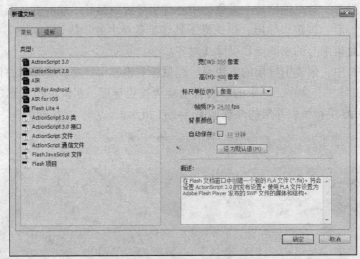

图 5-1-2 "新建文档"对话框

② 选择"文件"→"导入"→"导入到舞台"命令，将素材文件夹中的"框.png"导入到场景中相应的舞台上。将该图片调整为和舞台一样大小，即 550×400 像素，效果如图 5-1-3 所示。

图 5-1-3 "框"效果图

③ 选中刚导入的图片，选择菜单栏中的"修改"→"分离"命令，将位图分离。

④ 按下工具箱中的"套索"工具，使用工具箱下方选项卡中的"魔术棒"，如图 5-1-4 所示。在刚分离好的图片中间的白色区

图 5-1-4 "魔术棒"选项

域单击，按【Delete】键删除选中的像素。将舞台背景调整为灰色，查看效果，如图 5-1-5 所示。

图 5-1-5 去掉中间白色区域后的效果

⑤ 选中剩余的位图像素，选择菜单栏中的"修改"→"转换为元件"命令，弹出"转换为元件"对话框，如图 5-1-6 所示。在"名称"文本框中输入"框"，元件类型默认为"影片剪辑"，单击"确定"按钮。

图 5-1-6 "转换为元件"对话框

⑥ 选中舞台上刚刚转换为元件的"框"，展开属性面板中的"色彩效果"区域，将"色调"修改为白色，Alpha 值修改为 100%，将框修改为白色，效果如图 5-1-7 所示。

图 5-1-7 白色的框

⑦ 将图层 1 名称修改为"框"。插入新图层，将图层名称修改为"图片 1"，并且把"图片 1"图层移动到"框"图层下方。

⑧ 选中"图片 1"图层，将素材文件夹中的"图片 1"导入到舞台中，并修改图片的大小与舞台大小一致，并与舞台对齐。将位图"图片 1.jpg"转换为影片剪辑元件"位图 1"，舞台效果如图 5-1-8 所示。

图 5-1-8 "图片 1"效果图

⑨ 新建影片剪辑元件"落英"，在元件编辑窗口绘制花瓣的形状，并为花瓣填充从白色到透明白色的线性渐变，效果如图 5-1-9 所示。

⑩ 新建"落英飘落 1"影片剪辑元件。在元件编辑窗口中，将库中的"落英"拖动到舞台上并将其缩小到合适大小。右击"图层 1"，在弹出的快捷菜单中选择"添加传统运动引导层"命令，如图 5-1-10 所示。选中运动引导层，使用铅笔工具在舞台上绘制一条平滑的曲线作为落英飘落的路径。

⑪ 在引导层的第 70 帧插入普通帧。在图层 1 的第 70 帧插入关键帧，右击第 1 帧和第 70 帧之间任意一帧，在弹出的快捷菜单中选择"创建传统补间"命令，实现传统补间动画的制作。将第 70 帧上花瓣的 Alpha 值修改为 0，制作出花瓣飘落并消失的动画效果。时间轴如图 5-1-11 所示。

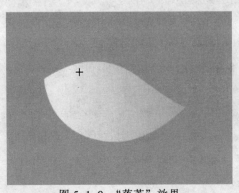

图 5-1-9 "落英"效果

图 5-1-10 添加传统运动引导层"命令

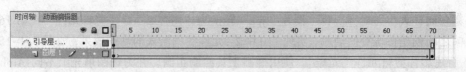

图 5-1-11　"落英飘落 1"时间轴

⑫ 将被引导层"图层 1"第 1 帧上的"落英"与引导层上的引导线的起始位置对齐。将被引导层"图层 1"第 70 帧上的"落英"与引导层上的引导线的结束位置对齐。测试效果如图 5-1-12 所示。

⑬ 用同样的方法制作不同路径的"落英飘落 2"和"落英飘落 3"影片剪辑元件。

⑭ 返回场景。在"图片 1"上方插入新图层"落英 1""落英 2"和"落英 3"。在"落英 1"的第 26 帧插入关键帧，将库中的"落英飘落 1""落英飘落 2"和"落英飘落 3"这 3 个元件拖动到舞台上方的外部。在"落英 2"的第 43 帧插入关键帧，将库中的"落英飘落 1""落英飘落 2"和"落英飘落 3"这 3 个元件拖动到舞台上方的外部。在"落英 3"的第 66 帧插入关键帧，将库中的"落英飘落 1""落英飘落 2"和"落英飘落 3"这 3 个元件拖动到舞台上方的外部。落英纷飞效果如图 5-1-13 所示。

图 5-1-12　"落英飘落"效果

⑮ 在时间轴面板中插入图层文件夹，并命名为"场景 1"。将"图片 1""落英 1""落英 2"和"落英 3"移动到"场景 1"文件夹中。图层如图 5-1-14 所示。

图 5-1-13　"落英纷飞"的效果

图 5-1-14　"场景 1"图层文件夹

⑯ 在"框"图层的第 840 帧插入普通帧。在"图片 1"的第 30 帧插入关键帧，并在第 1 帧和第 30 帧之间创建传统补间动画。将第 1 帧上的"图片 1"影片剪辑元件实例的 Alpha 值修改为 0，实现"图片 1"淡入的动画效果。将"场景 1"中所有图层的第 210 帧插入普通帧，实现动画效果时间上的延续。

⑰ 在图层文件夹"场景 1"上方，"框"图层的下方插入图层文件夹"场景 2"。在图层文件夹"场景 2"中插入新图层"图片 2"。将素材文件夹中的"图片 2.jpg"导入到舞台，并调整

图片与舞台同样大小并对齐。将"图片 2.jpg"转换为"图片 2"影片剪辑元件。在第 165 帧和第 204 帧之间创建传统补间动画，实现"图片 2"元件实例淡入的动画效果，如图 5-1-15 所示。

⑱ 新建影片剪辑元件"光斑"。使用椭圆工具绘制正圆，并为正圆填充上不同 Alpha 值的白色，并将每个圆分别进行"组合"操作。光斑效果如图 5-1-16 所示。

图 5-1-15 "图片 2"效果

图 5-1-16 "光斑"效果

⑲ 新建"阳光"影片剪辑元件。将库中的"光斑"拖动到元件编辑窗口。分别在第 30 帧、第 60 帧插入关键帧，并在 3 个关键帧之间创建传统补间动画。选中第 30 帧上的"光斑"元件实例，将其向左向上分别移动 15 个像素，制作光斑微微移动的效果。

⑳ 返回场景。在"图片 2"图层的上方插入新图层"阳光"，在该图层的第 165 帧插入关键帧，将库中的"阳光"拖动到舞台的左上方。在该图层的第 200 帧插入关键帧，在第 165 帧和第 200 帧之间创建传统补间动画。将第 165 帧上的"阳光"元件实例的 Alpha 值设为 0，实现淡入效果。

㉑ 在"阳光"图层上方插入新图层"图片 3"，将素材文件夹中的"图片 3.jpg"导入到舞台，并修改大小和位置。将"图片 3..jpg"转换为"图片 3"影片剪辑元件。在该图层的第 236 帧和第 286 帧之间创建传统补间动画，实现"图片 3"的淡入效果，如图 5-1-17 所示。

图 5-1-17 "图片 3"效果

㉒ 新建影片剪辑元件"花"。在元件编辑窗口绘制花朵，效果如图 5-1-18 所示。

㉓ 新建"花飘 1"影片剪辑元件，用 100 帧的时间长度实现"花"从下向上飘飞并最终消失

掉的路径动画。同样的方法制作帧长为 80 的"花飘 2"影片剪辑元件。"花飘 1"如图 5-1-19 所示，"花飘 2"如图 5-1-20 所示。

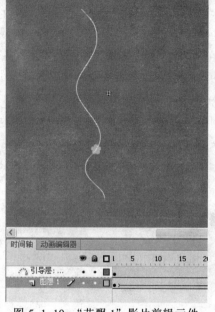

图 5-1-18 "花"影片剪辑元件　　图 5-1-19 "花飘 1"影片剪辑元件

㉔ 返回场景。在"图片 3"图层上方插入"花飘 1"和"花飘 2"两个图层。在"花飘 1"图层的第 213 帧插入关键帧，将库中的"花飘 1"和"花飘 2"影片剪辑元件若干拖动到舞台下方的外部并调整大小。同理，在"花飘 2"图层的第 255 帧插入关键帧并拖入"花飘 1""花飘 2"影片剪辑元件，效果如图 5-1-21 所示。将图层文件夹"场景 2"中的所有图层延续到第 410 帧。

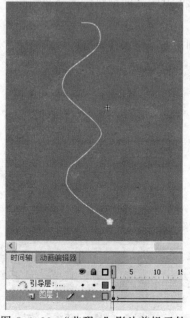

图 5-1-20 "花飘 2"影片剪辑元件　　图 5-1-21 "图片 3"及"花飘"效果

㉕ 在图层文件夹"场景 2"上方"框"图层下方插入新的图层文件夹"场景 3"。在图层文件夹"场景 3"中插入图层"图片 4"。在该图层的第 397 帧插入关键帧，并将素材文件夹中的"图片 4.jpg"导入到舞台。调整大小及位置并转换为"图片 4"影片剪辑元件，效果如图 5-1-22 所示。在该图层的第 440 帧插入关键帧，并在第 397 帧和第 440 帧之间创建传统补间动画，实现淡入切换效果。

㉖ 在"图片 4"上方插入新图层"图片 5"。在该图层的第 482 帧插入关键帧，并将素材文件夹中的"图片 5.jpg"导入到舞台。调整大小及位置并转换为"图片 5"影片剪辑元件，效果如图 5-1-23 所示。在该图层的第 523 帧插入关键帧，并在第 482 帧和第 523 帧之间创建传统补间动画，实现淡入切换效果。将图层文件夹"场景 3"中所有的图层延续到第 66 帧。

图 5-1-22 "图片 4"影片剪辑元件

图 5-1-23 "图片 5"影片剪辑元件

㉗ 在图层文件夹"场景 3"上方"框"图层下方插入新的图层文件夹"场景 4"。在图层文件夹"场景 4"中插入图层"图片 6"。在该图层的第 613 帧插入关键帧，并将素材文件夹中的"图片 6.jpg"导入到舞台。调整大小及位置并转换为"图片 5"影片剪辑元件，效果如图 5-1-24 所示。在该图层的第 659 帧插入关键帧，并在第 613 帧和第 659 帧之间创建传统补间动画，实现淡入切换效果。

㉘ 新建"涟漪"影片剪辑元件。选中工具箱中的"椭圆工具"在元件编辑窗口绘制一个只有轮廓没有填充的椭圆，椭圆的轮廓为 20%白色，如图 5-1-25 所示。

图 5-1-24 "图片 6"影片剪辑元件

图 5-1-25 "涟漪"效果

㉙ 新建"涟漪动"影片剪辑元件。将库中的"涟漪"拖动到元件编辑窗口，并将其缩小。在第 15 帧插入关键帧，任意"自由变形工具"将"涟漪"元件实例放大并将实例的 Alpha 值设置为 0。在第 1 帧和第 15 帧之间创建传统补间动画，实现涟漪从小变大并且消失的动画效果。在第 70 帧插入普通帧。

㉚ 返回场景。在"图片 6"图层的上方插入"涟漪 1""涟漪 2""涟漪 3"和"涟漪 4"四个图层。在"涟漪 1"的第 659 帧插入关键帧，将库中的"涟漪动"拖动到舞台场景的下半部分。同理，在"涟漪 2"的第 674 帧、"涟漪 3"的第 692 帧和"涟漪 4"的 708 帧插入关键帧，并将"涟漪动"元件拖动到舞台的合适位置。将"场景 4"中所有图层延续到第 840 帧，"场景 4"制作完成。

㉛ 在"框"图层的上方插入新图层，并将名称命名为"声音"。选择"文件"→"导入"→"导入到库"命令，在"导入到库"对话框中定位素材文件夹中的"背景音乐"，单击"打开"按钮。

㉜ 打开属性面板，将属性面板中"声音"区域展开，在声音名称下拉列表中选择"背景音乐.mp3"。在"效果"下拉列表中选择"淡入"，在"同步"下拉列表中选择"事件"，如图 5-1-26 所示。场景动画制作完成。

图 5-1-26 声音的属性设置

任务完成

在本任务中以几幅静态图片配以一些光或者花瓣的小动画完成了不同的镜头。镜头主要采用淡入淡出的切换方式。添加的背景音乐采用了"事件"同步类型。自选几张图片作为镜头切换背景，体会一下不同镜头切换效果的制作方法。

学习评价

学习评价表

内容与评价\n能力	内　　　容		评　　价		
	学　习　目　标	评　价　项　目	3	2	1
职业能力	能正确导入声音文件	能正确导入声音文件			
	能合理安排图层	能正确创建图层和图层文件夹			
		能合理安排图层			
		能正确添加运动引导层			
	能正确导入位图图片	能将图片导入场景并转换为元件			
	能正确制作路径动画	能制作运动路径动画			
通用能力	审美能力				
	组织能力				
	解决问题能力				
综　合　评　价					

课 后 练 习

1. 观察路径动画的引导层和被引导层的图标与普通图层的图标有什么不同？
2. 制作路径动画有哪些特点？

任务二　文字动画

任务描述

　　文字是电子贺卡中非常重要的部分，优美的画面配上感人的文字，能更好地烘托出祝福的气氛，图、文、声并茂的电子贺卡才是一个完整的作品。在电子贺卡中，祝福文字的设计与编排非常重要。

任务分析

　　当每一个镜头切换的过程中或者切换完成以后，会有一段优美的文字出现，对画面的表达起到烘托和更进一步表达的作用。在这个实例中，主要通过为文字添加滤镜，并且为文字设置不同字号来增加文字的立体感，使文字和场景的画面有层次感。

相关知识

1. 滤镜

　　滤镜是从 Flash 8 版本开始新增的功能，包括：投影、模糊、发光、斜角、渐变发光、渐变斜角和调整颜色 7 种效果。在 Flash 中只能对影片剪辑、按钮和文本三类对象应用滤镜。

2. 滤镜的添加

　　添加滤镜的方法：先选中需要使用滤镜的对象，打开属性面板，用鼠标单击面板左下角的添加滤镜按钮，在弹出的菜单中选择要添加的滤镜效果。例如，选择了"投影"效果，这时面板中就有了模糊、强度、颜色、角度等参数。调整这些参数可以得到不同的发光效果。

3. 滤镜的删除

　　删除滤镜的方法：选择需要删除滤镜的对象，打开属性面板，从面板的滤镜列表中选中需要删除的滤镜效果后，用鼠标单击属性面板下面的删除滤镜按钮。滤镜面板如图 5-2-1 所示。

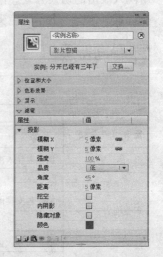

图 5-2-1　"滤镜"面板

方法与步骤

　　① 在图层文件夹"场景 1"中"图片 1"的上方添加新图层"文字 1"。在"文字 1"图层的第 26 帧插入关键帧，单击工具箱中的"文本工具"，在舞台的上方输入文本"又是一个落英

缤纷的季节"。选中文本，打开属性面板，文本字体设置为"方正粗倩简体"，文字颜色设置为白色。将文本中"落英"二字字号设置为32，其他文字字号设置为21。再次选中该文字，将文字转换为"又是一个落英缤纷的季节"影片剪辑元件，效果如图5-2-2所示。

图5-2-2 "又是一个落英缤纷的季节"影片剪辑元件

② 选中"又是一个落英缤纷的季节"元件实例，展开属性面板中的"滤镜"区域。单击面板左下角的"添加滤镜"按钮，在弹出的快捷菜单中选择"投影"命令，如图5-2-3所示。

③ 在新展开的滤镜属性区域将阴影"颜色"修改为颜色值为#CC0099的粉色。滤镜属性区域如图5-2-4所示。

图5-2-3 "添加滤镜"菜单　　　图5-2-4 "又是一个落英缤纷的季节"元件滤镜属性设置

④ 在"文字1"图层的第90帧插入关键帧，并在第26帧和第90帧之间创建传统补间动画。选中第26帧上的元件实例，将其alpha值设置为0，并向上调整位置，实现文字从上往下移动并淡入的动画效果，如图5-2-5所示。

⑤ 在"文字1"图层上方插入"文字2"图层。在该图层的第100帧和第154帧之间创建传统补间动画，实现"一个想你的季节"影片剪辑元件实例淡入的动画效果，具体操作参考步骤①～步骤④。"场景1"最后效果如图5-2-6所示。

⑥ 在"场景2"图层文件夹下"图片3"图层上方插入新图层"文字3"。在该图层的第190帧和第240帧之间创建传统补间动画，实现文字"分开已经有三年了"从左向右移动并淡入的动画效果。

⑦ 在"花飘3"图层上方插入新图层"文字4"。 在该图层的第268帧和第300帧之间创建传统补间动画，实现文字"独在异国他乡的你"淡入的效果。

⑧ 在"文字4"图层上方插入新图层"文字5"。 在该图层的第310帧和第340帧之间创建传统补间动画，实现文字"这些年，你过得还好吗？"从上向下移动并淡入的动画效果。"场景2"最后效果如图5-2-7所示。

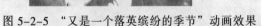

图 5-2-5 "又是一个落英缤纷的季节"动画效果　　　　图 5-2-6 "场景 1"最后效果

⑨ 同理，在"图片 4"图层上方插入新图层"文字 6"， 在该图层的第 453 帧和第 484 帧之间创建传统补间动画，实现文字"写一封长长的书信"从右向左移动并淡入的动画效果。在"文字 6"图层上方插入新图层"文字 7"， 在该图层的第 500 帧和第 547 帧之间创建传统补间动画，实现文字"捎去我对你绵绵的思念"淡入的动画效果。"场景 3"最后效果如图 5-2-8 所示。

图 5-2-7 "场景 2"最后效果　　　　　　　图 5-2-8 "场景 3"最后效果

⑩ 在"涟漪动 4"图层上方插入新图层"文字 8"。 在该图层的第 676 帧和第 708 帧之间创建传统补间动画，实现文字"我就在这里"淡入的效果。

⑪ 在"文字 8"图层上方插入新图层"文字 9"， 在该图层的第 720 帧和第 763 帧之间创建传统补间动画，实现文字"静静等待着你的归来"淡入的动画效果。"场景 4"最后效果如图 5-2-9 所示。

⑫ 新建"按钮"元件，制作重播按钮。在"声音"图层的上方插入"按钮"图层，在该图层的第 680 帧插入关键帧，将刚制作好的按钮放置在舞台的右下方，效果如图 5-2-10 所示。

⑬ 单击 replay 按钮，选择"窗口"→"动作"命令，打开动作面板。在动作面板中输入代码，如图 5-2-11 所示。

图 5-2-9　"场景 4"最后效果

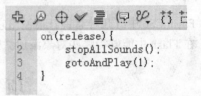

图 5-2-10　"replay"按钮　　　　图 5-2-11　为 replay 按钮添加代码

⑭ 在"按钮"图层上方插入新图层"代码"。在该图层的第 841 帧插入关键帧，并为该关键帧添加代码"stop();"。

⑮ 保存源文件"贺卡.fla"，选择"控制"→"测试影片"→"在 Flash Professional 中"命令，测试影片，电子贺卡制作完成。

任务完成

在本任务中主要为电子贺卡添加文本动画。任务中的文本大都添加了滤镜效果。参照任务中介绍的制作方法，自选几张图片作为镜头切换背景，为其添加滤镜文字动画效果。文字的字体、字号和颜色要与背景图片和谐。

学习评价

学习评价表

内容与评价 能力	内　　容		评　　价		
	学　习　目　标	评　价　项　目	3	2	1
职业能力	能正确输入文本	能正确输入静态文本			
	能修改静态文本的属性	能通过属性面板修改文本的属性			
	能灵活地对元件对象的外观进行调整和修改	能修改元件对象的不透明度			
		能改变元件对象的颜色			
		能为按钮元件添加代码 能为关键帧添加代码			
	能正确添加滤镜	能灵活地为对象添加滤镜			

续表

内容与评价	内　　容		评　　价		
能力	学　习　目　标	评　价　项　目	3	2	1
通用能力	审美能力				
	想象力				
	创造力				
	协作能力				
	知识的综合应用能力				
综　合　评　价					

课 后 练 习

1. Flash CS6 中有几种滤镜？请说出它们的名称。
2. 在 Flash 中能够为哪些对象添加滤镜？

项 目 小 结

本项目在基础知识方面主要介绍了路径动画的制作及滤镜的添加和删除。Flash 电子贺卡制作的主题范围很广，风格多样。本项目主要利用图片作为画面背景素材，涉及的灵动的元素主要采用矢量绘制的方法，所以在工作量方面肯定比纯手工绘制的贺卡要小。感兴趣并且有能力的学生可以尝试鼠绘完成电子贺卡的制作。

项目实训　制作母亲节贺卡

实训背景

母亲节（Mother's Day），是一个感谢母亲的节日。这个节日最早出现在古希腊；而现代的母亲节起源于美国，是每年 5 月的第二个星期日。母亲在这一天通常会收到礼物，康乃馨被视为献给母亲的花，而中国的母亲花是萱草花，又叫忘忧草。

实训要求

① 贺卡主题突出，画面播放流畅。
② 图、文、声并茂且和谐。
③ 可鼠绘，也可搜集素材制作完成，但是画面要协调。

实训提示

① 选择一段优美抒情的轻音乐作为背景音乐。
② 搜集或绘制有关的图片和图画，包括康乃馨、烛光、温暖的画面素材等。

③ 设计和布置图层。

④ 在初步布置好图层后导入声音文件。

⑤ 在文字层为贺卡配上抒情文字。

⑥ 将前面准备好的各种图片素材导入，并依据歌曲的播放需要完成画面的切换。

实训评价

实训评价表

能力\内容与评价	内 容		评 价		
	学 习 目 标	评 价 项 目	3	2	1
职业能力	能制作路径动画	能正确添加运动引导层			
		能正确绘制路径			
	能正确添加滤镜	知道能为哪些对象添加滤镜			
		能正确设置滤镜属性			
		能正确删除滤镜			
	能制作和谐的画面	能实现场景的合理过渡			
		能完成文案设计与制作工作			
		能添加和谐的背景音乐			
		能实现良好的交互功能			
通用能力	审美能力				
	组织能力				
	解决问题能力				
	自主学习能力				
	协作能力				
	创新能力				
综 合 评 价					

项目六

MTV 制作

利用 Flash 软件可以和音乐结合的特点，人们制作出了很多 Flash MTV 作品，给人以视觉和听觉的双重感受，更加增添了音乐的趣味性和创造性。用 Flash MTV 动画的形式来演绎音乐，以音乐的感染来伴随动画。

制作 Flash MTV 可以让我们敞开心灵去表达对歌曲的理解，表达对人生的感悟，表达内心的感触。而制作这一切的冲动可能源于一段久久不能忘怀的旋律，一句真正触动心灵深处的歌词，或只是一个单纯想表现自我的想法，此时应该是梦开始的地方。

本项目就以《快点！快点！》为例制作一个 MTV。

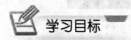 学习目标

通过本项目的学习，你将能够：

☑ 将声音文件添加到 Flash 动画中；

☑ 正确设置声音的同步类型；

☑ 灵活地编辑声音效果；

☑ 合理安排镜头；

☑ 合理地为歌曲配置和制作背景动画；

☑ 正确实现歌词同步。

任务一 人物造型、场景及镜头的制作

任务描述

《快点！快点》是个性组合锦绣二重唱《我的 super life》专辑中的主打歌曲，歌曲曲风轻松、欢快，旋律感较强，表现了歌者为了梦想不畏艰辛、华丽奇异的冒险历程。人物造型及场景是 MTV 制作很重要的一步，完美的人物形象和优美的场景设计能够大大提升 MTV 的质量。科学的镜头设定也是完成 MTV 很重要的一步。图 6-1-1 所示为任务完成后播放时的一个镜头。

图 6-1-1 任务完成后播放时的一个镜头

任务分析

本任务的人物以 Q 版人物造型为主题，配以卡通可爱的背景设计，将整个作品定格为可爱又活泼的动画类型。人物造型为 6 个，背景图为 7 个。任何电影动画都有镜头的切换和转换，在这里，把镜头划分为 5 个。

相关知识

1. 镜头

艺术上镜头是指摄影机不间断拍摄的片段。任何电视节目、影片、动画片都是由若干不同长度、不同造型特点的镜头组成。在拍摄时无论一个镜头有多长，调度如何复杂，只要中间不断开都称之为一个镜头。一个镜头是指摄影机连续不断的一次拍摄，也就是指拍摄过程中摄像机由启动到关闭这段时间内所拍摄的内容。从编辑角度看，是画面的"入点"到"出点"之间的那段内容。镜头是构成影像的基本单位，是影视最基本的表意单位。

2. Flash 镜头技术

（1）摇镜头

当摇镜头的时候，是从场景中一个方向移到另一个方向。可以是从左到右摇，从右到左摇，也可以是从上到下摇，或者从下到上摇。

不能直接在 Flash 中通过镜头创建这种效果，需要在舞台中移动场景的元素。为了制作最佳的电影效果，距离镜头越近的物体移动速度越快。

（2）推/拉镜头

推/拉镜头关系到对图像进行大小的缩放。能对一个物体进行推镜头以观察某个特定的部分，也可以用拉镜头向观众展示全部的景象。对一个物体用推镜头，必须把舞台上的所有元素都以相同的速度放大。用拉镜头，必须缩小影像显示完整的图像。

永远不要让推/拉镜头成为一种惯用的镜头，特别是镜头中有许多物体，而且这些物体必须体现景深的感觉。推/拉镜头比较呆板，而且看上去比较做作。最好用在要表现某个物体的细节或者和周围的物体对比体现这个物体的大小上。

（3）推移镜头

和影机调整焦距改变对某个物体的缩放程度不同，推移镜头是把握住影机，对某个拍的物体来回推移的过程。影片中对某个角色、物体或者布景元素的来回拍更适合用推移镜头体现。如果物体不是一个呆板的平面，尽量运用推移镜头而不是推/拉镜头体现。在 Flash 中表现推移镜头，必须对某个片段中的所有元素采取不同速度的动画处理。

（4）升降镜头

升降镜头是在影机上拍的。当升降机升起或降落时，影机集中在某一个物体上或者在升降机运动的同时摇到场景中的另外一块区域。这是一个效果惊人的镜头，在 Flash 中也比较难体现，因为这个镜头大部分要依靠所画的图像或图形。在 Flash 中表现这个镜头，首先需要创建一个扭曲的背景图像以适合镜头的运动，这样通过镜头观察时显得比较自然。

（5）倾斜镜头

倾斜镜头是影机被固定在一个地方，为观察某一边的情况把影机倾斜一个角度，而不是移动影机的镜头的方法。假设角色从一个大厅的一端走到另一端。

在 Flash 中倾斜镜头和升降镜头的处理差不多，但是需要更极端地绘制背景图像。对于一个倾斜镜头，事实上需要把一个平面的物体进行扭曲，让两端变成平行的。它能够让镜头的移动表现 360° 旋转的效果。

（6）跟踪镜头

跟踪镜头是镜头锁定在某个物体上，当这个物体移动的时候镜头也跟着移动。

（7）景深

景深是指在影片中三维空间的场景感觉。由于 Flash 是基于矢量的，比起一些基于位图的工具来说，它比较难创作出景深的效果。动画最常用的一种方法是把背景运用高斯模糊滤镜进行处理，然后再把这幅图像作为位图导入 Flash 中。有时可能复制至少两个符号重叠在一起，偏移一两个像素左右，这就达到图像的模糊效果。（专家提示：偏移不超过 3 个像素）。

（8）切换镜头

在电影制作中，切换的转换方式是最常用的，它不仅仅是一种转换方式。切换镜头能让影片不至于很快变地单调乏味。（一般一个镜头的时间是 3～5s）

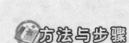方法与步骤

1. 人物造型及部分场景的设计

人物场景设定是画面发现的第一步，根据剧本就可以对人物和场景进行设定。下面就根据剧本对人物角色以及部分场景进行一些设定，如图 6-1-2(a)～图 6-1-2(h)所示。

图 6-1-2 部分人物角色、场景设计图

2. 分镜头设定

任何电影动画都有镜头的切换和转换。如何去切换，该出现什么样的画面，就是这一步该

做的。可以根据剧本把这些先表现出来，如图 6-1-3(a)～图 6-1-3(c)所示。

(a)

(b)

(c)

图 6-1-3　部分分镜头画面

3. 分镜头的制作

在整段 Flash MTV 中由于运用了较多的动画及镜头，下面提炼其中部分动画镜头进行详细的剖析。

（1）镜头一(sc-001)的制作过程。

这段动画是出现在整段歌曲的序曲部分，是作为引子来出现的。所以，配合音乐以比较快的节奏出现，表现了对梦想的追求。在这段场景中出现的元素：两个左右摇摆的蘑菇；一堆可口的食物；一个可爱的小天使；淡黄色背景。所以，在制作时可以先进行单独元素的制作，然后再把它们合并在同一个场景中，如图 6-1-4 所示。

① 新建一个影片剪辑元件，命名为"sc-001"，如图 6-1-5 所示。接下来先进行各元素的制作，然后再把它们合并在"sc-001"场景中。

② 背景的制作。新建一个"背景"图层，在第一帧用矩形工具绘制一个淡黄色的矩形，按【F8】键将其转换为影片剪辑元件【bg-001】，如图 6-1-6 所示。在 140 帧上按【F5】键插

入帧。在黄色背景上，用钢笔工具及颜料桶工具，绘制一颗黄色星星，并按【Alt】键进行复制，如图 6-1-7 所示。选中所有的星星，按【F8】键将其转换为图形元件 shape 1a，如图 6-1-8 所示。

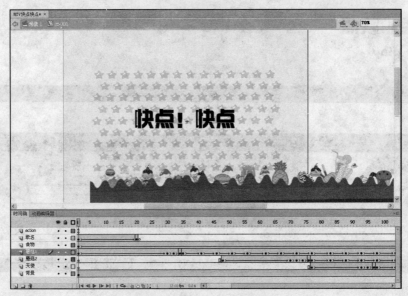

图 6-1-4　镜头一(sc-001)场景

图 6-1-5　创建影片剪辑元件

图 6-1-6　绘制淡黄色的矩形

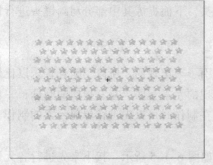

图 6-1-7　绘制五角星

图 6-1-8　五角星转换为图形元件 shape 1a

③ 小天使的制作，如图 6-1-9 所示。由于小天使挥舞翅膀从上往下飞入，所以在制作时需要把小天使的头、手臂与翅膀分开做动画。按照翅膀飞行的动作进行逐帧绘制，如图 6-1-10

所示。左、右手臂运用传统补间动画进行制作。

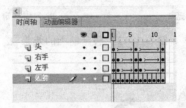

图 6-1-9　小天使动画

图 6-1-10　小天使翅膀的逐帧动画

④ 返回影片剪辑 sc-001 中，新建一个"天使"图层，在 76 帧处按【F6】键插入关键帧，将天使影片剪辑元件拖入，并把它左右旋转，进行传统补间动画，到 139 帧动画结束，如图 6-1-11 所示。

图 6-1-11　小天使左右摇晃的动画效果

⑤ 蘑菇动画的制作，效果如图 6-1-12 所示。首先绘制各部分元素，由于蘑菇 1 眼睛与嘴都做动画，所以需要把各部分元素分开，如图 6-1-13 所示。眼睛、嘴巴各自创建一个影片剪辑元件，进行逐帧动画，如图 6-1-14 所示。

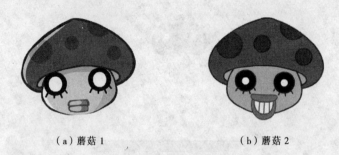

（a）蘑菇 1　　　　　　　　　　　（b）蘑菇 2

图 6-1-12　蘑菇动画的效果

图 6-1-13　蘑菇角色各组成部分

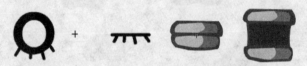

图 6-1-14　眼和嘴的动画效果

⑥ 返回影片剪辑 sc-001 中，新建一个图层"蘑菇 2"，在 47 帧处按【F6】键插入关键帧，从库中把绘制好的蘑菇 2 图形元件拖入，并进行左右摇摆传统补间动画的制作，如图 6-1-15 所示。

接着新建一个图层"蘑菇 1"，在第一帧处按【F6】键插入关键帧，从库中将 shape04 影片剪辑拖入，同样也进行左右摇摆传统补间动画的制作，如图 6-1-16 所示。

图 6-1-15　"蘑菇 2"图层

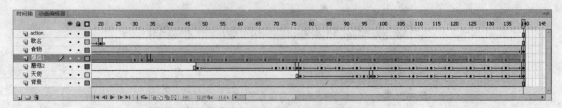

图 6-1-16　"蘑菇 1"图层

⑦ 食物动画的制作。在影片剪辑 sc-001 中，新建一个图层"食物"，在第 1 帧处按【F6】键插入关键帧，将食物素材 image 拖入，在 140 帧插入关键帧，并用鼠标将素材向左移动，在 1 帧到 140 帧之间任意位置右击选择"创建传统补间"动画。

⑧ 新建一个图层"歌名"，将"快点！快点"文字进行补间动画，实现渐变效果。到这第一镜头的动画就已制作完成。具体可参照源文件。

（2）镜头二（sc-002）制作过程

① 先利用钢笔工具、铅笔工具、混色器面板等，绘制各部分元素，如图 6-1-17 所示。

图 6-1-17　镜头 2 中的各元素

② 选择"插入"→"创建新元件"命令，新建一个影片剪辑元件，命名为"眼睛动画"。把制作好的眼睛图形元件拖入，制作眼睛眨的逐帧动画，如图 6-1-18 所示。

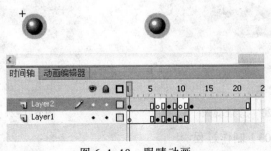

图 6-1-18　眼睛动画

③ 新建一个影片剪辑元件，命名为"光晕"，利用逐帧动画和传统补间动画制作光晕的动

画效果，如图 6-1-19 所示。

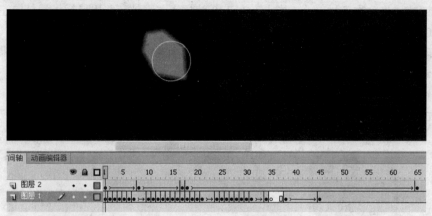

图 6-1-19　光晕动画效果

④ 新建一个影片剪辑元件，命名为 sc-002。把制作好的元件在此影片剪辑中进行动画制作。首先新建一个图层"背景"，在第 1 帧处将蓝天、白云、房子、太阳元件拖入到合适位置，在 73 帧处，按【F6】键插入关键帧，将这个背景图往上移动，在第 1 帧到 73 帧中间任意位置右击，选择"创建传统补间"。实现背景从下往上移动的镜头效果，如图 6-1-20 所示。

⑤ 新建图层"光晕 1""光晕 2""光晕 3"，将光晕元件拖入到合适位置，如图 6-1-21 所示。具体参数参照源文件。

图 6-1-20　背景动画

图 6-1-21　光晕动画效果

（3）镜头三（sc-003）制作过程

① 先利用钢笔工具、铅笔工具、混色器面板等，绘制各部分元素，如图 6-1-22 所示。

图 6-1-22 镜头 3 中的元素

② 新建一个影片剪辑元件，命名为 sc-003。把制作好的元件在此影片剪辑中进行动画制作，如图 6-1-23 所示。（此场景动画制作比较简单，具体制作过程请参照源文件，在此不再详细讲解）

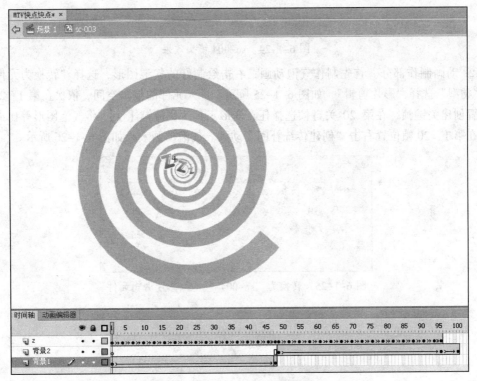

图 6-1-23 sc-003 镜头效果

（4）镜头四（sc-004）制作过程

① 此镜头做旋转运动。首先需设计出睡床和枕头的背景，BG 绘制可用钢笔工具，按设计图案背景依次勾出，然后用颜料桶工具对其进行上色。注意每个图形绘制完毕后用组合命令（Ctrl+G）进行组合，待全部背景图形绘制完毕后，将其全部图形框选或菜单栏中的"编辑"→"全选"命令（快捷命令【Ctrl+A】）选择全部图形，右击选择"转换为元件"命令，将其命名为"sc004-BG-睡床"，继续人物角色绘制，制作方法同上述背景绘制操作，如图 6-1-24 所示。

图 6-1-24　sc-004 镜头效果

② 动画制作部分。首先制作气泡动画，右击绘制好的气泡图形，选择"转换为元件"命令，"类型"选择"影片剪辑"，如图 6-1-25 所示。进入元件的编辑空间，依次在第 1、20、40 帧位置创建关键帧，在第 20 关键帧选择任意变形工具（快捷键【Q】）将气泡图形等比放大，依次在第 1、20 帧位置右击"创建传统补间"动画。气泡动画效果如图 6-1-26 所示。

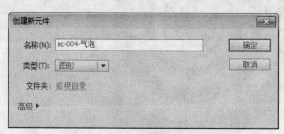

图 6-1-25　转换为"sc-004-气泡"影片剪辑元件

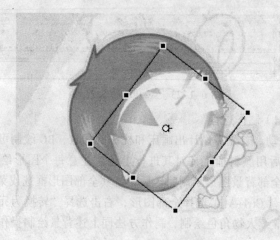

图 6-1-26　气泡动画效果

③ 建立一个新的影片剪辑，命名为 sc-004。新建图层命名为"人物背景旋转"，在第 1 帧位置创建关键帧将背景、人物拖入，放置合适的地方，在第 75 帧位置再创建一个关键帧，选择任意变形工具将其旋转并放大，最后在第 1 帧位置右击"创建传统"补间动画。

④ 再新建一个图层，命名为"吹泡泡"，依次在第 1、75 帧位置创建关键帧，如图 6-1-27 所示。

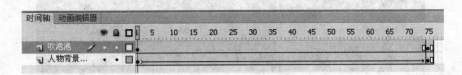

图 6-1-27　吹泡泡动画时间轴

（5）镜头五（sc-005）制作过程

① 同样也是先绘制出各部分元素，如图 6-1-28 所示。

图 6-1-28　镜头 5 中各部分元素

② 新建一个影片剪辑元件，命名为 sc-005。进入影片剪辑元件的编辑窗口，首先新建一个"背景"图层，在第 1 帧位置创建关键帧，将制作好的背景元件（shape a48、shape a49）拖入，在第 93 帧位置按【F5】键插入帧。sc-005 背景效果如图 6-1-29 所示。

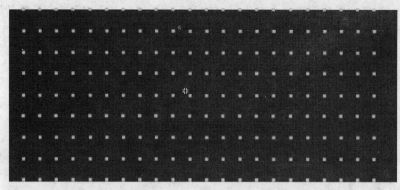

图 6-1-29 sc-005 背景效果

③ 新建图层"特效 1"，依次在第 1、14、35、50、65、82、93 帧位置插入关键帧，在第 14、35、50、65、82 关键帧位置选择任意变形工具将其位置移动旋转，实现灯光晃动效果，如图 6-1-30 所示。"特效 2""特效 3"制作方法同上，如图 6-1-31、图 6-1-32 所示，具体可参照源文件。

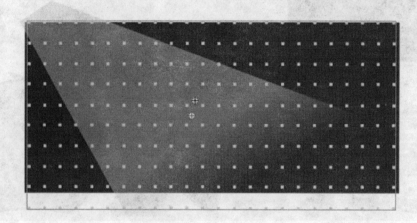

图 6-1-30 特效 1

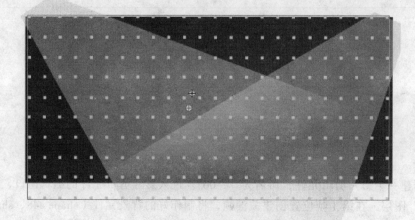

图 6-1-31 特效 2

图 6-1-32　特效 3

④ 新建图层"人物和话筒"，在第 1 帧位置插入关键帧，将制作好的人物和话筒元件拖入，在第 93 帧位置插入帧，如图 6-1-33 所示。

图 6-1-33　人物与话筒效果

⑤ 新建图层"手"，在第 1 帧位置插入关键帧，将"手臂 1""手臂 2"图形元件拖入，在第 93 帧位置插入帧，如图 6-1-34 所示。

图 6-1-34　手臂效果

⑥ 新建图层"手"，将"手"的图形元件拖入到合适位置，在第 1、5、10 帧等位置插入关键帧，选择任意变形工具将其位置上下移动，创建传统补间动画，效果如图 6-1-35 所示。

具体参照源文件。

图 6-1-35　手动画效果

⑦ 新建图层"嘴"，制作嘴的逐帧动画，如图 6-1-36 所示。到此，镜头 SC-005 已经制作完成。

以上制作了前 5 个镜头的动画效果，其他镜头的动画制作方法类似，这里不再详细讲解，具体可参考源文件。读者也可以发挥自己的想象力继续完成其他的部分。

图 6-1-36　嘴的逐帧动画

任务完成

在本任务中为 MTV 制作了人物造型、背景的设计，对动画场景进行了分镜头设计。参照任务中介绍的制作方法自拟题目绘制人物造型和背景设计，并进行 3 个镜头的设计与制作。要求在开始和结束的时候以动画的形式出现。

学习评价

学习评价表

内容与评价　　能力	内　　　容		评　　价		
	学 习 目 标	评 价 项 目	3	2	1
职业能力	能正确地绘制人物造型及背景	能正确地进行对象的绘制			
	能合理地分镜头设计	能正确地将剧本划分为镜头			
		能合理安排镜头内容			
		能合理进行分镜头设计与制作			
	能正确地进行颜色搭配	能合理搭配颜色			
	能正确制作动画	能制作传统补间动画			
通用能力	审美能力				
	组织能力				
	解决问题能力				
综 合 评 价					

课 后 练 习

1. 在动画设计中按照运动方式划分，镜头有哪几种类型？
2. 在库中创建元件文件夹有何用处？如何创建元件文件夹？

任务二 MTV 场景的合成及歌词同步

任务描述

MTV 画面设计注重画面和音乐的和谐统一，画面内容穿插于梦想与现实之间，注重画面的光影及特效变化提升对观众的视觉感染力，角色造型场景设计风格定位可爱的 Q 形象更具亲和力，贴近观众。内容首先以现实生活为背景逐步切入至梦幻世界，小主人公也伴随场景变换逐步展开奇异冒险之旅，其间伴有炫目的唱演场面，为画面内容主线烘托积极乐观刺激新奇的环境气氛。

任务分析

动画开场为静止状态，单击 play 按钮，欢快的音乐想起，动画开始播放。晴朗的天空上挂着大大的太阳，白云在天边游走，天空下红色的房子在太阳的光晕下显得更加美丽。一个还在睡觉的女孩在睡梦中体会着梦想。动画下方黑幕上，应用遮罩原理制作歌词同步效果。

相关知识

声音对象

在 Flash 中，声音对象是一种不能用眼睛观看，而是用耳朵欣赏的对象。声音在 Flash 游戏、电影、MTV 等多媒体创作中是必不可少的。Flash CS6 中常用的声音文件格式有 MP3、WAV 等。

（1）为 Flash 添加声音

在 Flash 中声音只能添加到关键帧上。添加声音的方法基本和添加位图对象相同。唯一不同的是，在导入声音的时候，在"文件"→"导入"子菜单中无论是选择"导入到库"还是选择"导入到舞台"命令都不可以把声音直接加到关键帧上，而是先导入到库中。需要的时候，再通过库面板或属性面板将其添加到关键帧上。这样便于导入一次声音多次使用。把声音添加到关键帧上的操作方法如下：

① 导入声音。按【Ctrl+R】组合键，弹出"导入"对话框。在"文件类型"下拉列表框中选择"所有声音格式"。选中所需要的声音文件，单击"打开"按钮，如图 6-2-1 所示。这时即把所需要的文件导入到了库面板中。按【Ctrl+L】组合键，打开库面板可以看到刚导入的声音文件已存在于库面板中，如图 6-2-2 所示。

② 将库中的声音文件添加到关键帧上。

将库中的声音文件添加到关键帧上的方法有两种：一种是先选中需要添加声音的关键帧，再从库面板中用鼠标将声音拖动到工作区中；另一种是先选中需要添加声音的关键帧，再打开属性面板，打开"声音"选项组下的内容，在"名称"下拉列表框中选择要为该帧添加的声音，如图 6-2-3 所示。

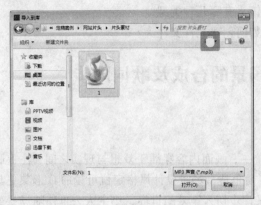

图 6-2-1 "导入"对话框

图 6-2-2 导入声音后的库面板

可以通过修改帧的属性面板中"同步"后面的播放次数来控制该关键帧上声音的播放次数和是否循环播放。默认不循环播放，播放次数为 1。

添加了声音的帧和没有添加声音的帧的外观不同，如图 6-2-4 所示。

图 6-2-3 通过帧属性面板为关键帧添加声音

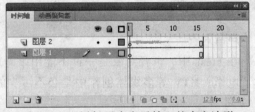

图 6-2-4 添加了声音后帧上的声音波形

（2）设置声音效果

添加到 Flash 中的声音，可以设置声音的播放效果。操作方法如下：

选择添加有声音的关键帧后，打开属性面板，在"效果"下拉列表框中选择一种需要的效果，如图 6-2-5 所示。

各种效果的含义如下：

① 无：没有任何效果。声音在两个喇叭中始终按最大音量输出。

② 左声道：只有左声道有声音。

③ 右声道：只有右声道有声音。

④ 向右淡出：左声道声音逐渐减小，右声道声音逐渐增大。

⑤ 向左淡出：右声道声音逐渐减小，左声道声音逐渐增大。

图 6-2-5 通过属性面板为关键帧上的声音选择效果

⑥ 淡入：声音逐渐增强。开始时音量最小，到最后音量最大。

⑦ 淡出：声音逐渐减弱。开始时音量最大，到最后音量最小。

⑧ 自定义：和选择"编辑声音封套"按钮✐的功能相同，可以由用户对声音进行编辑。

（3）编辑声音

添加到 Flash 中的声音，还可以对其进行简单的编辑。操作方法如下：

在加有声音的关键帧被选中的情况下，按【Ctrl+F3】组合键打开属性面板。单击"效果"下拉列表框后面的"编辑声音封套"按钮✐，弹出如图 6-2-6 所示的"编辑封套"对话框。

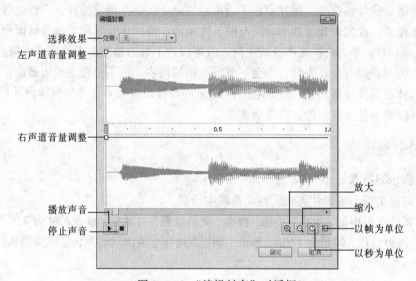

图 6-2-6 "编辑封套"对话框

可以在"效果"下拉列表框中选择声音的初始效果，默认为"无"。

对话框中上面部分是左声道的声效，下面部分是右声道的声效。可以在两个声音的音量线上任何位置单击，插入音量控制点。每个声道最多可以添加 8 个控制点，可以上下拖动鼠标调整每个声道的音量，也可以左右拖动鼠标调整控制点的位置。

中间部分是时间轴，可以通过右下角的 4 个小按钮来改变时间轴的显示方式。

可以通过左下角的"播放声音"和"停止声音"按钮来测试正在编辑的声音效果。

（4）改变声音的同步类型

可以通过"同步"下拉列表框修改声音的同步类型，如图 6-2-7 所示。

图 6-2-7 在同步列表中可以选择同步类型

Flash CS6 中的声音同步共有 4 个选项：事件、开始、停止和数据流。各选项的意义如下：

① 事件：声音的全部内容都在关键帧上，声音独立于时间轴。播放到该关键帧后，声音就开始播放，即便是影片播完或者是停止，也不能停止声音的播放。直到声音播放到最后或关闭动画为止。如果声音的长度比影片长，当影片循环播放时将在上一声音继续播放的基础上开始播放新的声音。事件声音常用于做背

景音乐和其他不需要强调同步效果的声音。

② 开始：与"事件"选项相似，只是在循环播放动画时，它不再随事件的重复而重新播放声音。当上一声音没有播放完时，又经过该关键帧，将不开始新的声音，而是继续播放上一次的声音。如果将"开始"用于两个相同的声音按钮时，第一个按钮播放时操作第二个按钮，第一个按钮的声音停止，重新开始播放第二个按钮上的声音。

③ 停止：该关键帧上的声音不被播放。

④ 数据流：也称流式声音。加在该关键帧上的声音与后面的帧同步。时间轴播放到什么位置，声音就播放到什么位置。影片停止了，声音也停止；影片继续播放，声音也继续；影片循环，声音也循环。流式声音播放的时间与帧长度相同。流式声音常用于播放画面和声音需要同步的场合，如 MTV 等。数据流声音放在网上时可以边下载边播放。事件声音在网上使用时，声音关键帧上的声音没有下载完时，不会下载下一帧的内容，也不会边下载边播放。

在介绍具体的制作步骤之前，先简述一下 MTV 的设计思想和本任务的整体设计思路。具体的制作步骤可参照本任务介绍的方法灵活掌握。

方法与步骤

1. 背景音乐的导入

① 制作好每个镜头的影片剪辑元件，返回主场景。

② 单击属性面板中的"大小"按钮，弹出"文档设置"对话框，设置尺寸为 720 像素 × 576 像素，背景颜色为白色，帧频为 12fps，单击"确定"按钮，关闭对话框，完成文档属性的设置，如图 6-2-8 所示。

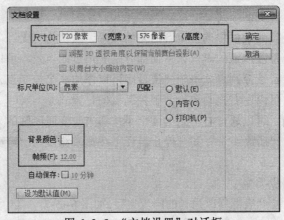

图 6-2-8 "文档设置"对话框

③ 导入并设置背景音乐。如果觉得所选择的音乐播放时间太长，则可以将它裁剪一部分。Flash 软件本身具有编辑声音文件的功能，比如制作左右声道、淡入淡出、裁剪等。

在导入音乐之前，先来了解一下 Flash 所支持的音乐文件格式，Flash CS6 音乐格式包括 WAV、MP3、AIFF 格式。一般情况下，会选择 WAV 和 MP3 格式。

WAV 格式存放的一般是未经压缩处理的音频数据，虽然能够避免失真，但是文件体积过于庞大，所以一般都不会选择 WAV 格式的声音文件。MP3 格式的音乐文件压缩程度高，文件相对比较小，音质比较好，所以经常会选择 MP3 格式的音乐文件作为背景音乐。

如果音乐文件不是 MP3 格式的,可以借助一些第三方软件将其转换成 Flash MP3 音乐格式。但是,有时候在导入 MP3 音乐文件时往往会出现"读取文件出现问题,一个或多个文件没有导入"的错误提示框。这是因为这些文件虽然是 MP3 格式,但并不是标准的 MP3 格式,所以不被认可。对于这样的文件,只需借助第三方软件转换成可以导入的 MP3 格式即可,比如 Gold Wave、Sound Forge 等。

> **提示**:在使用第三方软件转换格式时,要注意采样率的选择。"采样率"指的是将声音转换到计算机中时的频率,比如 44.1 kHz 采样率指的是声音每秒钟被采样 44 100 次。采样率越高,音乐的音质效果就会越好,在 Flash 中,一般都会采用采样率为"Layer-3,22.05kHz,16 位,立体声"的音频格式,除非有特殊需要才会采用具有 44.1 kHz 采样率的音乐文件。

④ 在场景中,按【Ctrl+R】组合键,将音乐文件导入到 Flash 的库中。根据制作要求,在时间轴中建立相应的图层"音乐",在第一帧上按【F6】键,插入关键帧,并在属性面板中设置声音为"快点! 快点",同步为"数据流","重复"为 1 次,如图 6-2-9 所示。

图 6-2-9 插入背景音乐

> **提示**:除了上面将音乐文件加入到场景中的方法以外,还有一种将音乐文件导入到场景中的方法:选定要添加音乐图层的帧后,将声音从"库"面板中拖到舞台上释放鼠标,声音添加到了当前层中。
>
> 关于为什么要设置背景音乐的"同步"属性为数据流,将在下面制作歌词与音乐同步效果时进行说明。

2. 歌词与音乐同步

在 Flash MTV 中要想实现歌词与音乐同步的效果,最重要的一点就是要将音乐设置为"数据流"格式,然后根据歌曲的播放确定歌词应该出现的时间位置,在相应位置上制作歌词出现的效果即可。

① 制作歌词与音乐同步效果前,首先应该确定音乐播放所需要的帧数,这首歌经过裁剪后,得到歌曲所需要播放的帧数是 734 帧,如图 6-2-10 所示。

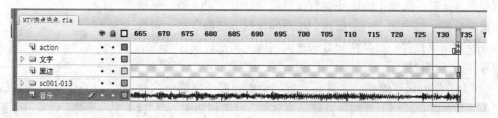

图 6-2-10 歌曲剪切后的播放帧数

> 提示：得到音乐播放帧数的多少，有两种方法：一种是使用声音的"编辑封套"面板直接查看歌曲的帧数；另有一种是直接在时间轴上按【F5】键，直到图层上看不到声音的波形为止。

② 确定了歌曲播放所需要的帧数以后，需要设置歌曲的播放"同步"属性为"数据流"，选择"数据流"格式的声音类型后，播放音乐文件时会以流的方式分布在动画对应的帧中。声音文件与它相对应的动画播放是完全同步的，当动画结束时，声音也会结束。所以，在用 Flash 制作 MTV 时，一定要将音乐文件设置为"数据流"格式，这样才可以使声音文件与 MTV 的动画播放同步，实现画面与音乐紧密结合的效果。

③ 设置好声音的"数据流"格式以后，就要给音乐加上歌词。在加歌词之前首先要制作好每句歌词的内容，然后确定好每句歌词的位置，可以直接在主场景中进行歌词的制作，如图 6-2-11 所示。也可以将每句歌词作为单独的元件存放，最后把做好的歌词元件添加到音乐图层出现歌词的时间帧上，再将它们摆放到合适位置即可。

④ 单击时间轴上的第 1 帧，也就是歌曲开始播放的地方，按【Enter】键，音乐便开始播放了，当听见第一句歌词的时候再次按【Enter】键，音乐停止播放，这样就可以定位第一句歌词开始的位置。在歌词图层对应的位置上按【F6】键插入关键帧，并在属性面板的帧标签中做好标记"1"，如图 6-2-12 所示。

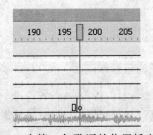

图 6-2-11 直接在歌曲中进行歌词制作　　图 6-2-12 在第一句歌词的位置插入关键帧

⑤ 填写好第一句歌词开始的帧标签后，再次按【Enter】键让歌曲继续播放，直到第一句歌词唱完，此时再次按【Enter】键，按照同样的方法记录第一句歌词结束的位置，如图 6-2-13 所示。按照同样的方法确定每一句歌词的开始和结束位置。如果两句歌词之间间隔时间比较长，可以不设置歌词的结束位置。

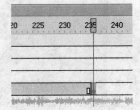

⑥ 为了使歌词更漂亮，实现每句歌词中唱到哪个字哪个字就出现的效果，可在歌词上方制作遮罩动画效果。时间轴如图 6-2-14 所示，读者也可以参考源文件。用同样的方法制作每一句歌词，并使用遮罩原理制作歌词随着音乐逐渐出现的动画效果。

图 6-2-13 确定第一句歌词结束的位置

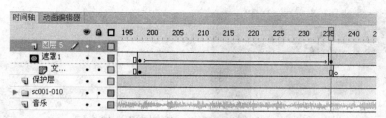

图 6-2-14　第一句歌词时间轴效果

> **提示**：关于歌词与声音同步的问题，有两点需要掌握：一个是将声音格式设置为"数据流"；另一个是歌词同步时根据试听到的声音在帧标签中确定歌词的位置，希望读者能够牢牢掌握。

3. 场景的整合

（1）在主场景中进行 Flash MTV 的整合

① 返回到主场景，在之前制作好的"音乐"图层上面，新建一个文件夹 sc001-010 将做好的 10 个动画镜头的影片剪辑从库中拖入，放置在合适位置，如图 6-2-15 所示，具体可参考源文件。选中镜头一 sc-001 实例，打开"属性"面板，在"实例名称"文本框中输入"a"。

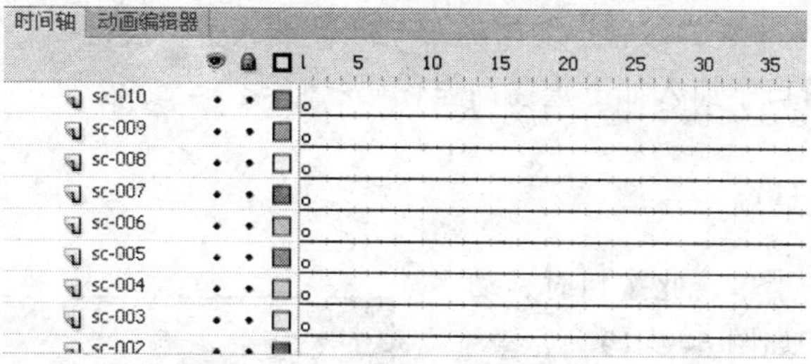

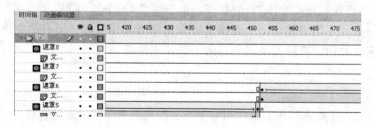

图 6-2-15　拖入影片剪辑

② 新建一个"保护层"图层，放置黑色矩形边框。

③ 新建一个文件夹"歌词"，将歌词所在的文字图层及相应的遮罩图层都放置到"歌词"文件夹下面，如图 6-2-16 所示。

图 6-2-16　"歌词"文件夹时间轴

（2）制作保护层和播放重放按钮

① 保护层的制作。返回在主场景，新建一个图层"保护层"，在第 1 帧上使用"矩形工具"在场景周围绘制黑色的矩形，作为 MTV 的保护层，以防止在全屏播放 MTV 的时候动画超出屏幕范围，如图 6-2-17 所示。

② 播放按钮的组织。新建一个图层"按钮"，在第 1 帧的位置插入关键帧，拖入制作好的play 按钮，在 play 按钮上添加动作代码，如图 6-2-18 所示。

图 6-2-17　绘制保护层

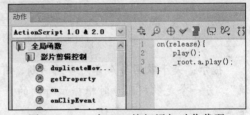

图 6-2-18　为 play 按钮添加动作代码

代码解释：

```
on(release){
    play();
    root.a.play();
}
```

这段代码的意思是当单击此按钮时，主场景播放，主场景中的名称为"a"的影片剪辑实例也播放。

③ 重放按钮的组织。在"按钮"图层的第 734 帧插入空白关键帧，在工作区中加入 replay 按钮，并在动作代码窗口中加入如下重播动作代码：

```
on(release){
    gotoAndPlay(1);
}
```

这段代码的意思是当单击此按钮时，动画从第 1 帧开始播放，如图 6-2-19 所示。

④ 新建一个图层 action，在第 1 帧和最后 1 帧上插入关键帧，添加动作代码 stop();。这样在 MTV 开始和结束时就会停止播放，当单击 play 按钮时才会播放。

图 6-2-19　为 replay 按钮添加代码

⑤ 到此基本已经完成整个 MTV 的制作，由于完整的 Flash MTV 动画含有数千帧的画面及上千个标记，在此不能讲述每一个画面及场景的详细制作过程，但有源文件可供参考。在此只作为抛砖引玉之用，提供大家一个思路，供各位赏析。

任务完成

本任务主要完成了歌词同步的自作和各个镜头影片剪辑元件的最后合成。上一任务中，将每个镜头都做成了影片剪辑原件。在这个任务中，在场景中将每个镜头元件放在不同的图层上，并且依据每个影片剪辑元件的帧数确定场景中不同图层的播放帧数。在这里，每个图层中镜头结束部分要插入空白关键帧，以此结束镜头播放。在歌词同步的制作过程中，首先要导入歌曲的 MP3 音乐，然后编辑裁切。在歌词同步方面，主要采用了试听的方式，即在场景中，通过试听确定每句歌词的开始和结束位置，并做上标记。然后，依据标记在歌词图层创建每一句歌词。此外，还可以依据遮罩原理制作歌词随音乐变色的同步效果。为了实现交互功能，还设计了播放按钮和重播按钮。

学习评价

学习评价表

内容与评价 / 能力	内 容		评 价		
	学 习 目 标	评 价 项 目	3	2	1
职业能力	能整合场景	能将各个镜头影片剪辑元件整合成完整的歌曲场景			
	能导入声音	能将合适的声音格式导入到库			
		能裁且音乐并自定义编辑			
	能实现歌词同步效果	能确定每句歌词的开始和结束			
		能添加歌词图层并添加每句歌词			
		能依据遮罩原理实现歌词同步变色的效果			
	能正确的实现动画交互	能制作播放和重播按钮			
通用能力	审美能力				
	想象力				
	创造力				
	协作能力				
	知识综合应用能力				
综 合 评 价					

课 后 练 习

1. 如何实现歌词同步？
2. 声音有哪些同步方式？分别简述一下它们的特点。
3. 如何对声音进行自定义编辑？

项 目 小 结

本项目主要介绍了人物造型及背景的绘制，如何分镜头制作动画场景，声音的导入、类型设置、声音的编辑、为声音添加效果等声音方面的知识，以及如何实现歌词同步方面的知识。

MTV 的制作灵活性很大。本项目主要以绘画为主题，以锦绣二重唱的《快点！快点！》为歌曲素材，以追求梦想为题材制作 Q 版卡通 MTV。希望大家以此为基础，充分发挥自己的想象力，绘制或选择更好的素材，做出更好的 Flash MTV。

项目实训　制作《梁祝》的 MTV

实训背景

在中国梁山伯与祝英台的故事可谓家喻户晓。一段凄绝美艳的爱情故事，曾使许多人为之

动情，为之感泣，梁山伯和祝英台被海外称为东方的罗密欧与朱丽叶，由此一曲《梁祝》闻名海内外。本实训就以《梁祝》为声音素材完成一首 MTV 的制作。

实训要求

① 配景要贴切、恰当。

② 配景、文字要与声音同步。

③ 选择歌曲，拟写剧本，绘制分镜头，并且自己设计角色、场景、道具。

④ 作品尺寸 720 像素 × 576 像素。

⑤ 作品播放时间控制在 3 min 以内。

实训提示

① 选择《梁祝》歌曲。

② 搜集或绘制有关的图片和图画，包括人物、蝴蝶和配景素材等。

③ 设计和布置图层。

④ 在初步布置好图层后导入声音文件。

⑤ 在文字层为 MTV 配置歌词以及其他的文字。

⑥ 将前面准备好的各种图片素材导入，并依据歌曲的播放需要将它们做成动画和图片间的动态切换效果。

实训评价

实训评价表

内容与评价 能力	内　　　容		评　　价		
	学　习　目　标	评　价　项　目	3	2	1
职业能力	能正确导入声音文件	能正确导入声音文件			
		会为关键帧添加声音			
	能正确设置声音	会设置声音效果			
		能正确设置声音的同步类型			
		能正确地对声音进行编辑			
	能使动画和声音同步播放	能选择合适的素材			
		能恰当地布置画面			
		能使画面内容和声音同步播放			
		能使文字的出场和声音同步			
通用能力	审美能力				
	组织能力				
	解决问题能力				
	自主学习能力				
	协作能力				
	创新能力				
综　合　评　价					

项目七

欣赏类动画的制作

在项目三中做了一个静止的风景画，且只有一个场景。本项目以荷塘为内容做一个多场景的动画。用 Flash 创作出漂亮的动态画面，配上优美的音乐，给人心旷神怡、赏心悦目的感觉。

在本项目将学到场景方面的知识和代码方面的初步知识、动画和动画对象的播放和停止、对象的显示和隐藏、多画面间的切换技巧等。

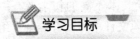 **学习目标**

通过本项目的学习，你将能够：

☑ 熟练运用各种绘制工具和绘图技巧绘出画面中的对象；

☑ 根据场景中的引用实例找到库中对应的元件；

☑ 在标准模式和专家模式下为指定对象添加代码；

☑ 用代码控制对象的显示与隐藏。

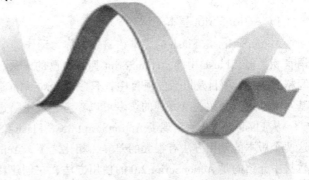

任务一 鼠绘荷塘

任务描述

蓝天、白云、彩虹、宝塔、小亭、小桥，桥上和亭中有恋人在私语，荷塘中有漂亮的荷叶和荷花，荷花周围有蜻蜓在飞舞，水面上有白鹅在嬉戏，水中有鱼儿在游玩，这些构成了一幅风景秀美的江南风景画面。为了适应不同人的欣赏，在画面的右上角放置一个控制面板，面板中有一些按钮，可以用来控制某些对象是否出现在画面中。完成后的效果如图 7-1-1 所示。

图 7-1-1 任务一完成后的效果

任务分析

本任务中涉及的鼠绘内容较多，对于一些美术功底差和鼠绘技术不高的初学者有一定难度。由于篇幅所限，书中只介绍了几个简单对象的制作过程，在源文件中为读者准备了组成该画面的全部对象元件。读者可根据自己的兴趣和能力尽量多地绘制出舞台上的对象，不能绘出的可以直接从源文件库中引用。

在本任务中将天空、水等既不需要多次使用也不需要用代码控制的对象直接在舞台上绘出。将多次使用或者需要用代码控制的对象做成元件，将需要运动的对象做成影片剪辑对象，直接在元件中做动画。直接将一些对象的缩小图作为按钮来控制实际对象的显示与隐藏。

相关知识

1. ActionScript 基本知识

ActionScript 是 Flash 的脚本语言，也称为动作脚本，简称脚本或简写为 AS。与计算机程序语言相类似，Flash 中的 ActionScript 拥有自己的语法、变量和函数，拥有自己的语法规则和书写格式。在本项目及以后的项目中，不对 ActionScript 进行很深的讲解，只对用到的内容和一些基本操作进行介绍。有兴趣的读者可以参考相关书籍进行进一步的学习。

从 Flash CS3 开始出现了 ActionScript 3.0，Flash CS3 以前的版本都只支持 ActionScript 2.0，这两个版本的使用方法有很大的差异，相比之下，ActionScript 2.0 更适合于初学者，因此在本教材中介绍的是 ActionScript 2.0 的使用方法，在创建新文档时应该在"新建文档"对话框中选择"Flash 文件（ActionScript 2.0）"类型的文档。

2. 动作面板

要为动画添加代码，实现动画的交互，必须熟悉 Flash CS6 的动作面板。因为代码的添加、编辑、调试和修改都是在动作面板中完成的。

（1）打开动作面板

打开动作面板的方法有 3 种。

① 按键盘上的【F9】键，或者选择"窗口"→"动作"命令，可以打开或关闭动作面板。

② 动作面板以折叠方式显示时，单击其标题栏或标题栏上的展开按钮 ，可以使动作面板展开显示。

③ 右击可以添加代码的对象，在弹出的快捷菜单中选择"动作"命令，可以打开或关闭动作面板。

（2）动作面板的模式

动作面板有两种模式：专家模式和标准模式。

① 专家模式：可以用选择命令的方法输入代码，也可以通过键盘直接输入代码。代码中的参数部分可以在代码编辑区中直接输入，而有些参数在输入完了某些关键字以后，在关键字的后面出现一个参数列表，通过选择的方法输入参数。在专家模式下输入代码如果有语法错误，Flash 不会自动检查和报错，如图 7-1-2 所示。

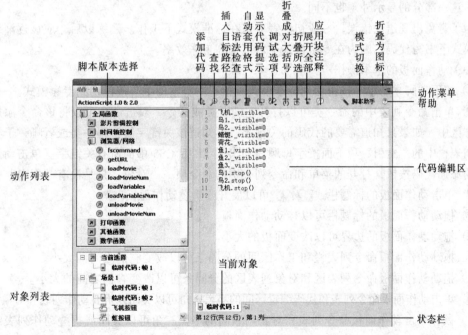

图 7-1-2 专家模式下的动作面板

② 标准模式：不可以通过键盘直接编辑代码编辑区中的代码。要输入和修改代码只能通过鼠标在动作列表中或者"添加代码"菜单中选择命令，在参数编辑区输入参数方式完成。在标准模式下输入的代码不会出现语法错误，如图 7-1-3 所示。

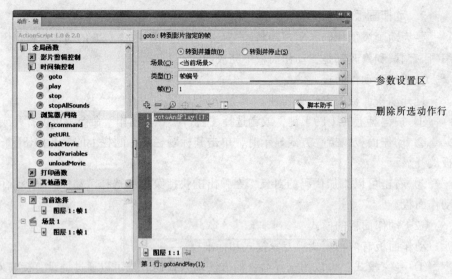

图 7-1-3　标准模式下的动作面板

可以看出，标准模式下的动作面板比专家模式下的动作面板多一个参数选择区。Flash 的许多命令都有参数，但是不同的命令具有不同的参数个数和内容，因此在动作列表中选择的命令不同，这一部分的显示外观也不同。

为了避免出现语法错误，一般初学者应该在标准模式下工作。熟练以后，应该逐渐练习在专家模式下书写代码。因为在专家模式下可以提高工作效率。

（3）动作面板的基本操作

① 按下"脚本助手"按钮切到标准模式；抬起"脚本助手"按钮切到专家模式。

② 单击命令列表中的命令类可以打开它的子类或命令，双击命令可以将该命令添加到代码工作区中。如果只知道需要的代码的关键字，不知道该关键字属于哪一类或者哪一子类，在命令列表栏中的"索引"项下面按字母顺序列出了 Flash CS6 中的所有关键字。单击动作面板上面的添加代码按钮，打开的菜单和命令列表中的命令项一一对应，只是没有"索引"一项。

③ 单击动作面板的标题栏或 ▶▶ 、◀◀ 可以展开或折叠动作面板。

④ 拖动动作面板的标题栏可以移动动作面板。

⑤ 拖动动作面板的边界可以改变面板的大小。

⑥ 拖动动作面板命令列表栏和工作区间的分隔条可以改变它们之间的大小。

⑦ 拖动动作面板命令列表区和对象列表区的分隔条可以改变它们之间的大小。

⑧ 单击动作面板命令列表和代码编辑区间的小黑三角可以关闭或折叠动作列表和对象列表。

⑨ 鼠标单击动作面板命令列表和对象列表间的小黑三角可以关闭或折叠动作列表或对象列表。

⑩ 单击动作面板上的增加代码按钮，可以打开增加代码菜单，各个菜单项的内容是和命令列表中的命令类和命令项一一对应的。

⑪ 单击动作面板标准模式下的"删除所选动作"按钮，可以在标准模式下删除当前行。

⑫ 单击动作面板右上角的动作菜单按钮，可以打开动作面板的动作菜单，可以使用该菜单对代码编辑区的代码内容进行一些常规操作。

3. 为对象添加代码

在 Flash CS6 中的 ActionScript 2.0 脚本中可以添加代码的对象有 3 类，分别是：关键帧、按钮和影片剪辑。在添加代码时一定要明确将代码添加到哪个对象中。确定添加代码对象的方法是：

① 右击需要添加代码的对象，在弹出的快捷菜单中选择"动作"命令，在打开的动作面板中直接添加代码。

② 在动作面板已经打开的情况下为某对象添加代码，可以单击该对象，然后在动作面板中编写代码。

③ 已经添加过代码的对象可以在动作面板的对象列表中显示出来，如果要修改某对象中的代码，可以在对象列表中选择某对象，这时代码编辑区显示出来的就是添加在该对象中的代码，如图 7-1-4 所示。

图 7-1-4　已添加代码的对象

（1）为关键帧添加代码

右击某一关键帧，在弹出的快捷菜单中选择"动作"命令，在打开的动作面板中添加代码，或者当动作面板打开时，单击某一关键帧后在动作面板中添加代码，都可以将代码添加到关键帧上。

添加在关键帧上的代码，只有一个触发事件，就是当影片播放到该关键帧的时候，执行上面的代码。

添加到关键帧上的代码可以直接写出，不用写到任何事件过程中。

添加到主场景关键帧上的代码，在没有指定控制对象时，控制的是主场景。例如，在主场景关键帧上添加下面的代码：

```
stop();
```

其含义是"停止"，若没有指出让谁停止，就是让主场景上的动画停止。

（2）为按钮对象添加代码

右击某一按钮对象，在弹出的快捷菜单中选择"动作"命令，在打开的动作面板中添加代码，或者当动作面板打开时，单击某一按钮对象后，在动作面板中添加代码，都可以将代码添加到按钮上。

添加在按钮上的代码，有多个触发事件，这些事件的写法和含义如下表所示。

按 钮 事 件

事　件	操　作　方　法
press	鼠标在该按钮上按下
release	鼠标在该按钮上按下后再抬起
releaseOutside	鼠标在该按钮上按下，拖出该按钮后，在按钮以外的位置抬起
rollOver	鼠标指针移入该按钮范围
rollOut	鼠标指针移出该按钮范围
dragOver	在按钮上按下鼠标后移动到按钮范围外，再移入到按钮范围内
dragOut	在按钮上按下鼠标后移动到按钮范围外
keyPress ""	按钮具有焦点时按下键盘上的指定键，如 keyPress "a"为按下 a 键

添加到按钮上的代码必须写到按钮的某一事件过程中。即以

```
on(事件)
{
    脚本内容
}
```

的形式写到按钮的某一事件过程中。小括号中是触发的事件，花括号中是这一事件驱动的代码内容。

添加到按钮上的代码，在没有指定控制对象时，控制的是主场景。例如，在主场景的某一按钮上添加下面的代码：

```
on(release)
{
    stop();
}
```

其含义是当单击该按钮后停止，若没有指出让谁停止，就是让主场景上的动画停止。

可以为一个按钮动作同时设置多个事件。设置多个事件时，任何一个事件被触发时，都能执行事件过程中的动作代码。例如：

```
on(press,release,releaseOutside,rollOver)
{
    stop();
}
```

在标准模式下为按钮添加代码可以直接双击需要添加的代码，事件过程会自动加上。例如，下面代码是在标准模式下双击动作面板中的 stop 命令项后，在代码编辑区中出现的代码语句。其中的第 1 行和第 3 行是 Flash 自动加上的。

```
on(release){
    stop();
}
```

在专家模式下为按钮添加代码时，上面语句中的第 1 行和第 3 行不会自动加上。添加的方法：一是通过键盘输入；二是在动作面板的动作列表中双击"全局函数"中"影片剪辑控制"下的 on 选项，这时的面板如图 7-1-5 所示，可以在列表中选择事件。

图 7-1-5　为按钮添加代码

（3）为影片剪辑对象添加代码

右击某一影片剪辑对象，在弹出的快捷菜单中选择"动作"命令，在打开的动作面板中添加代码，或者当动作面板打开时，单击某一影片剪辑对象后在动作面板中添加代码，都可以将代码添加到影片剪辑对象上。

添加在影片剪辑对象上的代码可以和按钮对象上的一样。

```
on(事件)
{
    脚本内容
}
```

以这种形式写出时，书写格式和写在按钮中的代码书写格式完全相同，触发事件也和按钮的触发事件完全相同。所不同的是，写在按钮中的代码在不指明控制对象时，控制的是按钮所在的场景。写在影片剪辑中的代码在不指明控制对象时，控制的是影片剪辑本身。如下面一段代码：

```
on(release)
{
    x=_x+2
}
```

其含义是当单击事件完成时，向右移动两个像素。对于这段代码，如果是写在按钮对象中，指按钮所在的主场景上的全部内容向右移动两个像素；如果是写在影片剪辑中，指影片剪辑本身向右移动两个像素。

但添加在影片剪辑对象上的代码更常用的形式如下：

```
onClipEvent(事件)
{
    脚本内容
}
```

以这种形式写出时，onClipEvent 后面小括号中的事件如下表所示。当该事件被触发时执行花括号中的代码。

影片剪辑的专用事件

事 件	操 作 方 法
load	影片剪辑被加载时触发事件
enterFrame	影片剪辑每播放一帧时触发事件
unload	影片剪辑被卸载时触发事件
mouseDown	鼠标按下时触发事件
mouseUp	鼠标抬起时触发事件
mouseMove	鼠标移动时触发事件
keyDown	键盘上有键按下时触发事件
keyUp	键盘上有键抬起时触发事件

所有加在影片剪辑中的代码控制的都是影片剪辑本身。

以下面的形式给出的代码中的鼠标事件有感应区，其感应区就是对象所在范围。

```
on(事件)
{
    脚本内容
}
```

以下面的形式给出的代码中的鼠标事件没有感应区，鼠标在播放画面的任何位置操作都有效。

```
onClipEvent(事件)
{
    脚本内容
}
```

例如，加在影片剪辑对象中的代码：

```
on(release)
{
    x=_x+2
}
```

执行上面代码时，鼠标必须在该影片剪辑上按下并抬起鼠标时，该影片剪辑向右移动两个像素。

若将代码写成下面的格式：

```
onClipEvent(mouseUp)
{
    x=_x+2
}
```

执行上面代码时，鼠标在舞台上的任何位置抬起时，都可以使该影片剪辑向右移动两个像素。

不可以一次为影片剪辑对象专用事件设置多个事件，即在 onClipEvent 后的小括号中只能写一个事件。

在标准模式下为影片剪辑对象添加代码，修改事件时要选中 onClipEvent 所在行的代码，这时面板的参数设置区域变成如图 7-1-6 所示的外观，在"事件"选项后为其选择一个事件。

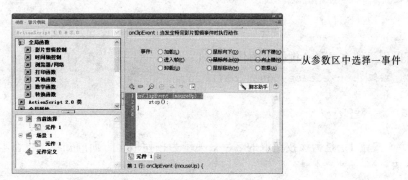

图 7-1-6 为影片剪辑对象添加代码

在专家模式下为影片剪辑对象添加代码时，可以用双击 onClipEvent 选项的方法，也可以直接在代码编辑区输入。用双击 onClipEvent 选项的方法输入时，面板的参数设置区域变成如图 7-1-7 所示的外观。可以在列表中选择事件，也可以通过键盘直接输入。

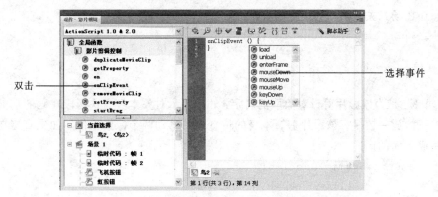

图 7-1-7 为影片剪辑对象添加代码时的事件列表

（4）在主场景中为按钮和影片剪辑对象添加代码

使用前面的方法，为按钮和影片剪辑添加代码，方便易懂，但代码分散，对于规模稍大一点的 Flash 动画来说不便于以后的管理。从 Flash MX 版本开始，加在按钮和影片剪辑中的代码，也可以在主场景的关键帧上来完成。并且随着版本的升级，在 Flash CS3、Flash CS4、Flash CS6 版本的 ActionScrip 3.0 中，已不可再用前面介绍的方法为按钮和影片剪辑对象添加代码。为了兼容以前的版本和考虑到 ActionScrip 2.0 可能更适合于初学者和用在较简单的动画设计中，本教材的实例中仍然使用 ActionScrip 2.0。

对象名.on 事件名=function()
{
    代码
}

对象名是按钮或影片剪辑对象的名字。

事件名是前面介绍的按钮事件或影片剪辑专用事件。事件名前面增加了 on，书写时首字母改为大写。

例如，前面添加在按钮上的代码：

on(release)
{

```
        stop();
    }
```

可以用添加在场景关键帧上的代码实现：

```
    按钮1.onRelease=function()
    {
        stop();
    }
```

"按钮1"是为该按钮取的名字。关于为按钮取名方面的知识，将在本任务的后面部分具体介绍。

例如，前面添加在影片剪辑对象上的代码：

```
onClipEvent(enterframe)
{
    x=x+2
}
```

可以用添加在场景关键帧上的代码实现：

```
    剪辑1.onEnterFrame=function()
    {
        this._x=this._x+2
    }
```

"剪辑1"是为该影片剪辑对象取的名字，this表示对象本身。这两段代码的功能都是当该影片剪辑每播放一帧时，该影片剪辑本身的位置向右移动两个像素单位。如果直接在主场景的关键帧写成下面的形式

```
    剪辑1.onEnterFrame=function()
    {
        x=x+2
    }
```

则表示主场景上所有的内容同时向右移动两个单位。可以看出，将按钮和影片剪辑对象中的代码写在主场景中的关键帧上，默认对象均为主场景，而不再是按钮或影片剪辑对象本身。

4. 对象的命名和与对象有关的关键字

（1）为对象命名

为对象命名的方法：选择需要命名的影片剪辑或按钮对象后，在属性面板中为实例对象命名，如图7-1-8所示。

（2）与对象有关的关键字

在 Flash 中除了用对象的名字来指定对象外，下面的3个关键字也经常在对象名字所在的位置出现，它们是_root、_parent 和 this，分别表示主场景、父对象和对象本身。

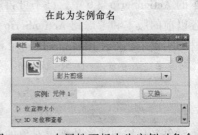

在此为实例命名

图 7-1-8　在属性面板中为实例对象命名

在编写代码时，几乎任何动作、函数、变量等都涉及它所属的对象。但很多时候并没有指出具体的对象，这时指的是默认对象。例如，在主场景的关键帧上的代码：

```
    stop();
    //停止播放；
```

表示停止播放，是主场景停止。因为加在主场景关键帧上的代码控制的就是主场景。

如果将其写成：

```
root.stop();
//主场景停止播放;
```

或者：

```
this.stop();
//自己停止播放;
```

效果是一样的，但后面的两种写法略显烦琐。

又如，写在影片剪辑对象中的代码：

```
onClipEvent(enterFrame)
{
    x=x+2
    //横坐标值增加2
}
```

表示影片剪辑每播放一帧，影片剪辑对象本身的横坐标值增加 2。

写成：

```
onClipEvent(enterFrame)
{
    root._x=root.x+2
    //主场景横坐标值增加2
}
```

表示影片剪辑每播放一帧，主场景上所有对象的横坐标值增加 2。

写成：

```
onClipEvent(enterFrame)
{
    parent._x=parent.x+2
    //影片剪辑的父对象横坐标值增加2
}
```

表示影片剪辑每播放一帧，使影片剪辑所在的父对象中的所有对象横坐标值增加 2。

写成：

```
onClipEvent(enterFrame)
{
    蝴蝶._x=蝴蝶._x+2
    //影片剪辑中的蝴蝶对象横坐标值增加2
}
```

表示影片剪辑每播放一帧，影片剪辑中的蝴蝶对象的横坐标值增加 2。

5. 常用的基本命令

在 Flash CS6 中有许多命令，下面介绍几个常用的命令。

（1）stop()

格式：stop();

功能：停止播放。

参数说明：该命令不带任何参数。

（2）play()

格式：play();

功能：播放。

参数说明：该命令不带任何参数。

（3）gotoAndPlay()

格式：gotoAndPlay([场景,]帧标签|帧号);

功能：播放指定帧，或播放指定场景的指定帧。

参数说明："场景"是为场景取的名字，它两边的方括号表示该项可以省略，省略表示当前场景。"帧标签"为某一帧取的名字。为帧命名的方法：选择某一关键帧后在属性面板的"名称"文本框中输入该帧的名字，如图7-1-9所示。"帧号"即第几帧。

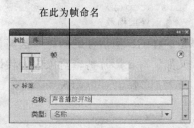

在此为帧命名

图7-1-9　在属性面板中为帧命名

例如：

```
gotoAndPlay("a");
//去当前场景，帧名为a的那一帧播放
gotoAndPlay(50);
//去当前场景，50帧播放
gotoAndPlay("场景2",25);
//去名为"场景2"的第25帧播放。
```

（4）gotoAndStop()

格式：gotoAndStop([场景,]帧标签|帧号);

功能：停到指定帧，或停到指定场景的指定帧。

参数说明：与gotoAndPlay()中的参数相同。

6. 其他关键字

下面是本任务"场景 1"中右上角小鸟按钮上的代码。代码的含义：当单击该按钮时，使"鸟1"和"鸟2"两个对象的可见属性变为和原来相反的属性。即原来看得见，单击按钮后就变得看不见；原来看不见，单击该按钮后就变得看得见。如果"鸟1"看得见，就让"鸟1"和"鸟2"播放。反之就让"鸟1"和"鸟2"停止播放。

其中的"鸟1""鸟2"是主场景中的两个影片的剪辑对象。

```
on(release)
{
    鸟1._visible=not 鸟1._visible;
    鸟2._visible=not 鸟2._visible;
    if(鸟1._visible==true)
    {
        鸟1.play();
        鸟2.play();
    } else
    {
        鸟1.stop();
        鸟2.stop();
    }
```

```
}
```

（1）true 和 false

true 和 false 是 Flash 中的两个逻辑常量值。其中，true 表示真，false 表示假。

例如，下面两句代码使"鸟1"变得不可见，"鸟2"变得可见。

```
鸟1._visible==false;
鸟2._visible==true;
```

为了书写方便，一般情况下，可以用数值 1 代替 true；用数值 0 代替 false。下面两句代码的功能和上面两句完全相同。

```
鸟1._visible==0;
鸟2._visible==1;
```

（2）not

not 为 Flash 中的一个逻辑运算符，它可以使运算后的逻辑值变成和运算前相反的值。即 true 经 not 运算后变为 false；false 经 not 运算后变为 true。

（3）_visible

_visible 是 Flash CS6 中影片剪辑等对象的一个属性，用来表示该对象是否可见。它的值只有两个 true 和 false，值为 true 时可见，为 false 时不可见。对象的默认值均为 true，即当一个对象没有被修改过_visible 属性时都是可见的。

（4）if…else

if…else 是 Flash CS6 中的一个条件判断语句。利用该语句可以让动画根据不同的情况去处理不同的问题。它有两种书写格式：不完全格式和完全格式。

不完全格式：

```
if(条件)
{
    代码
}
```

意思是如果条件成立就执行花括号中的代码，否则就什么事都不做。

完全格式：

```
if(条件)
{
    代码1
} else
{
    代码2
}
```

意思是如果条件成立就执行代码 1，否则就执行代码 2。

方法与步骤

新建一个 ActionScript 2.0 类型的 Flash 文档。

1. 常用元件的制作

（1）小荷叶元件的制作

① 静止小荷叶的制作。

新建一个名为"小叶2"的图形元件。

单击两次"新建图层"按钮，添加两个新图层。按从下到上的顺序依次命名为"叶片""叶脉""水珠"，如图 7-1-10 所示。

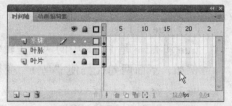

图 7-1-10 "小叶2"元件的图层

选择"叶片"层为当前图层。选择选择工具，按【Shift+F9】组合键，打开颜色面板，将填充样式设为"径向渐变"。选用两个颜色桶，将左边颜色桶的红、绿、蓝值设置为 1、141、35，如图 7-1-11 所示。将右边颜色桶的红、绿、蓝值设置为 2、221、2，如图 7-1-12 所示。

图 7-1-11 "叶子"渐变色中心的颜色值　　　　图 7-1-12 "叶子"渐变色边缘的颜色值

选择椭圆工具，按住【Shift】键用鼠标在工作区中画一个圆，如图 7-1-13（a）所示。用任意变形工具将该圆调整成椭圆，如图 7-1-13（b）所示。

用钢笔工具在椭圆边缘上增加几个锚点，然后用部分选取工具将边缘调整出一些波浪形状，如图 7-1-13（c）所示。

选择"叶脉"层为当前图层。选择刷子工具，打开颜色面板，将颜色面板各参数值调整成如图 7-1-14 所示的值。选择一个粗细合适的刷子。打开属性面板，将平滑值设置为 100，为荷叶画上些叶脉。完成后如图 7-1-13（d）所示。

选择"水珠"层为当前图层。按【Ctrl+L】组合键，打开库面板，将"荷花类元件"元件夹下的"水珠"元件拖几个放到小荷叶上。完成后如图 7-1-13（e）所示。

为了丰富场景，可以参照"小叶2"的制作方法，再制作几个颜色、形状、大小都不同的小荷叶。

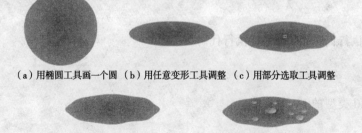

（a）用椭圆工具画一个圆　（b）用任意变形工具调整　（c）用部分选取工具调整

（d）在叶脉层用刷子画上叶脉　　（e）将几个水珠元件拖放在水珠层

图 7-1-13 小荷叶的制作步骤

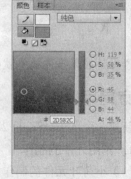

图 7-1-14 刷子的填充色

② 制作动的小荷叶。

新建一个名为"小叶 2 动"的影片剪辑元件。

打开库面板，将"荷花类元件"元件夹下的"小叶 2"元件拖动到工作区中央。分别在第15 帧和第 29 帧插入关键帧。用选择工具将第 15 关键帧上的"小叶 2"元件的位置，进行一些小的调整。对第 1、15 关键帧做传统补间动画。

单击"新建图层"按钮，添加一个新图层。右击该图层的第一关键帧，在弹出的快捷菜单中选择"动作"命令，打开动作面板，在动作面板中输入以下代码：

```
gotoAndPlay(random(29));
/*随机转到第29帧前的某帧进行播放，random()为随机函数，它可以随机地取一个 0 到它后面的
    参数间的随机整数*/
```

在第 29 帧插入关键帧，并为该关键帧输入以下代码：

```
gotoAndPlay(2);
```

完成后的画面如图 7-1-15 所示。

（2）大荷叶的制作

新建一个名为"大荷叶 1"的图形元件。

单击两次"新建图层"按钮，添加两个新图层。从下到上的顺序依次层命名为"叶柄""叶片""叶脉"。元件完成后的窗口画面如图 7-1-16 所示。

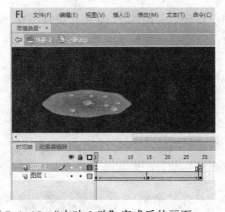
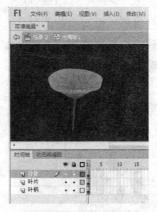

图 7-1-15 "小叶 2 动"完成后的画面　　　图 7-1-16 "大荷叶 1"元件完成后的画面

选择"叶片"层为当前图层。选择椭圆工具，将填充色设置为"没有颜色"，笔触颜色设置为黑色。在靠近元件中心位置画一个椭圆，如图 7-1-17（a）所示。

用选择工具对椭圆做一下调整，使之更接近真实的荷叶轮廓，如图 7-1-17（b）所示。

用线条工具在如图 7-1-17（c）所示的位置画一条直线。

用选择工具选中椭圆外的直线部分，按【Del】键将其删除。用选择工具对中间保留部分进行调整，以得到需要的轮廓外形，如图 7-1-17（d）所示。

用线条工具在原椭圆的位置下面画一条水平线。如图 7-1-17（e）所示。

按住【Ctrl】键用选择工具将刚才画出的直线的中间部分向下拖一下，然后在"贴紧至对象"按钮按下的情况下再将两个端点拖到和原椭圆相接的位置，以做出荷叶背面和叶柄相连的部分，如图 7-1-17（f）所示。

选择填充工具，参照小荷叶填充色的设置方法和颜色值，对荷叶上面的第一区域进行填充。

填充后再用填充变形工具，将颜色中心调整到荷叶的叶心位置，边缘调整到和荷叶的边缘位置大致相符的位置，如图 7-1-17（g）所示。

用同样的方法对第二、第三个区域进行填充和调色，如图 7-1-17（h）和图 7-1-17（i）所示。

填充完成后，分别用选择工具选取各线条部分，按【Del】键将线条全部删除，如图 7-1-17（j）所示。

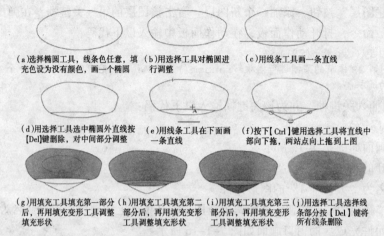

（a）选择椭圆工具，线条色任意，填充色设为没有颜色，画一个椭圆　（b）用选择工具对椭圆进行调整　（c）用线条工具画一条直线

（d）用选择工具选中椭圆外直线按【Del】键删除，对中间部分调整　（e）用线条工具在下面画一条直线　（f）按下【Ctrl】键选择工具将直线中部向下拖，两站点向上拖到上图

（g）用填充工具填充第一部分后，再用填充变形工具调整填充形状　（h）用填充工具填充第二部分后，再用填充变形工具调整填充形状　（i）用填充工具填充第三部分后，再用填充变形工具调整填充形状　（j）用选择工具选择线条部分按【Del】键将所有线条删除

图 7-1-17　"大荷叶 1"元件"叶片"层的绘制步骤

选择"叶脉"层为当前图层。选择刷子工具，将颜色按图 7-1-18 所示进行设置，参照"小叶 2"叶脉的绘制方法为"大荷叶 1"绘制叶脉。完成后的效果如图 7-1-19 所示。

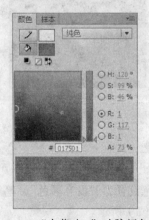

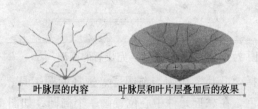

叶脉层的内容　　叶脉层和叶片层叠加后的效果

图 7-1-18　"大荷叶 1"叶脉颜色设置　　图 7-1-19　叶脉绘制完成后的效果

选择"叶柄"层为当前图层。选择刷子工具，将笔触颜色设为深绿色，选择一个粗细合适的刷子，对准荷叶下端最突出的位置，绘制出如图 7-1-20 所示的叶柄。

参照"小叶 2"元件中的制作方法为"大荷叶 1"元件添加水珠。

参照"大荷叶 1"的制作方法，可对外形和颜色做些调整再制作几个大荷叶。

参照"小叶 2 动"影片剪辑元件的制作方法，用"大

叶柄层内容　　叶柄层与叶片层、叶脉层综合效果

图 7-1-20　叶柄绘制完成后的效果

荷叶1"图形元件制作出"大荷叶1动"影片剪辑元件。

（3）荷花的制作

新建一个名为"荷花"的图形元件。

单击7次"新建图层"按钮，添加7个新图层。从上到下的顺序依次命名为"花瓣1""花瓣2""花瓣3""花瓣4""花瓣5""花瓣6""花瓣7""柄"。"荷花"元件完成后的图层面板如图7-1-21所示。

选择"花瓣1"层为当前图层。选择椭圆工具，将填充色设置为如图7-1-22所示，线条选择无颜色。在元件的靠近中心位置画一个椭圆，如图7-1-23（a）所示。按住【Ctrl】键用选择工具将椭圆的上端拖出一个尖来，如图7-1-23（b）所示。用填充变形工具将颜色轮廓调整得和花瓣轮廓相协调，如图7-1-23（c）所示。

图7-1-21 荷花元件的7个图层

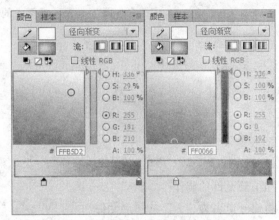

图7-1-22 "花瓣"的充色设置

按住【Alt】键，分别用鼠标将"花瓣1"层的第一帧拖往"花瓣2""花瓣3""花瓣4"3个图层的第1帧，复制"花瓣1"层上的内容。

用任意变形工具对"花瓣2""花瓣3""花瓣4"3个图层上内容的位置、角度和大小进行一些调整，得到如图7-1-24所示的效果。为了操作方便，可以使用图层的"显示/隐藏"按钮和"锁定/解锁"按钮将操作层外的图层隐藏或锁定。

（a）用椭圆工
具画椭圆　（b）用选择工
具调整外观　（c）用填充变
形工具调整颜色

图7-1-23 花瓣的制作过程

图7-1-24 前4个花瓣层完成后的效果

选择"花瓣5"层为当前图层，在该图层第1帧上参照图7-1-25的绘制步骤画出图7-1-26所示的第5个花瓣。

参照花瓣5的制作方法，在"花瓣6""花瓣7"层上绘制出花瓣6和花瓣7。参照"大荷叶1"元件"叶柄"层上叶柄的画法，完成"柄"层上的内容。完成后的最终效果如图7-1-27所示。

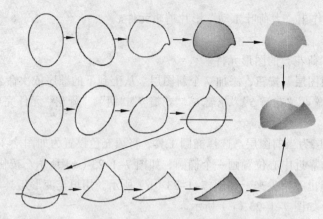

图 7-1-25　花瓣 5 的制作步骤

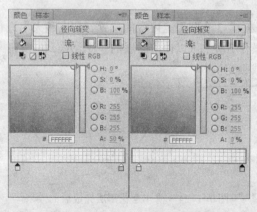

图 7-1-26　花瓣 5 的最终效果

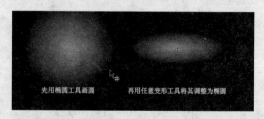

图 7-1-27　"荷花"元件完成后的效果

（4）云元件的制作

新建一个名为"云"的图形元件。

选择椭圆工具，打开颜色面板，将填充色按图 7-1-28 所示进行设置。

在接近元件中心位置画一个圆。用任意变形工具将该圆调整成椭圆，如图 7-1-29 所示。

图 7-1-28　"云"的颜色设置

图 7-1-29　"云"元件的绘制过程

现在绘制的"云"元件虽然看起来有些不像，但是在使用时可以将其中的两三个按一定位置叠放在一起，同时对每个"云"元件的大小、位置、不透明度进行合理的调整，就构成了一个效果比较真实的云。

2.　控制板及各按钮的制作

在本任务的动画中设置了几个按钮，用来控制某一对象的出现和隐藏。为了方便操作控制，把这些按钮放在一个控制板上。为了使操作者能够清楚地控制对象，直接把按钮的外观做成相对应对象的样子。下面就来制作这些按钮和存放按钮的控制板。

（1）控制板的制作

控制板是用来存放控制按钮的一个矩形对象。

新建一个名为"控制板"的影片剪辑对象。选择矩形工具，笔触色选择无颜色，填充色选择红、绿、蓝值分别为255、204、0的黄颜色，在控制板元件靠近中心的位置画一个矩形。

（2）飞机按钮的制作

新建一个名为"飞机按钮"的按钮元件。

导入"素材\项目七"文件夹下的"荷塘元件库"文件。将编辑窗口切换到本文档，如图7-1-30所示。打开库面板，在库面板的文档列表中选择"荷塘元件库.fla"项，让库面板中显示"荷塘元件库"文件中的元件，如图7-1-31所示。

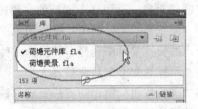

图7-1-30 切换回当前文档　　　　图7-1-31 显示"荷塘元件库"中的元件

在库面板中找到"飞机.jpg"图片对象，将其拖到"飞机按钮"元件第1帧的中心位置。右击该对象，在弹出的快捷菜单中选择"转换为元件"命令，将其转换为名为"飞机按钮元件 1"的影片剪辑元件。

按住【Alt】键用选择工具将第1关键帧拖往第2关键帧的位置，复制关键帧。选择第2关键帧，选中第2关键帧上的飞机对象，打开属性面板，单击"添加滤镜"按钮，在下拉菜单中选择"发光"，为第2关键帧上的飞机对象添加一个发光效果，并对发光做如图7-1-32所示的设置。

按住【Alt】键用选择工具将第1关键帧拖往第3关键帧的位置，复制关键帧。选择第3关键帧，选中第3关键帧上的飞机对象，打开属性面板，在属性面板的"色彩选项"选项组的"样式"下拉列表框中选择"色调"，并对色调做如图7-1-33所示的设置，改变飞机对象的颜色。

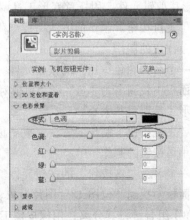

图7-1-32 发光效果的参数设置　　　　图7-1-33 修改第3帧上飞机的色调

这样"飞机按钮"3 个关键帧上都是飞机，但又各有不同的效果。正常状态时显示第 1 关键帧上的正常飞机，当鼠标指针指向时具有发光效果，当鼠标按下时颜色变暗。

（3）彩虹按钮的制作

新建一个名为"虹按钮"的按钮元件。

在库面板中找到名为"虹"影片剪辑对象，将其拖动到"虹按钮"元件第 1 帧的中心位置。用任意变形工具将其调小。

参照"飞机按钮"的制作方法完成"虹按钮"第 2 关键帧和第 3 关键帧的制作。

（4）鹅按钮的制作

新建一个名为"鹅按钮"的按钮元件。

将"荷塘元件库"切换成当前文档，单击"编辑元件"按钮，在下拉菜单中选择"虹飞机鸟鹅"中的"鹅 2"元件。选择该元件第 4 帧上的关键帧，选中该帧上的鹅画面，按【Ctrl+C】组合键复制鹅对象。返回到本文档的"鹅按钮"元件编辑画面，按【Ctrl+V】组合键，将鹅对象粘贴到"鹅按钮"元件的第 1 帧。用橡皮擦工具将鹅后面的水纹线擦掉。选中所有内容，右击，在弹出的快捷菜单中选择"转换为元件"命令，将其转换成名为"鹅按钮元件 1"的影片剪辑元件。用任意变形工具调整其大小。

参照"飞机按钮"制作的方法完成"鹅按钮"第 2 关键帧和第 3 关键帧的制作。

（5）蜻蜓按钮的制作

新建一个名为"蜻蜓按钮"的按钮元件。

在库面板中找到名为"蜻蜓"影片剪辑元件，将其拖动到"蜻蜓按钮"元件第 1 帧的中心位置。用任意变形工具调整其大小。

参照"飞机按钮"制作的方法完成"蜻蜓按钮"第 2 关键帧和第 3 关键帧的制作。

（6）荷花按钮的制作

新建一个名为"荷花按钮"的按钮元件。

将"荷塘元件库"切换成当前文档，单击"编辑元件"按钮，在下拉菜单中选择"荷花类元件"中的"荷花"元件。右击该元件"花瓣 1"层上的花瓣对象，在弹出的快捷菜单中选择"复制"命令。切换回"荷花按钮"元件，将其粘贴到"荷花按钮"的第 1 帧。选中粘贴上的全部内容，右击，在弹出的快捷菜单中选择"转换为元件"命令，将其转换成名为"荷花按钮元件 1"的影片剪辑元件。用任意变形工具调整其大小。

参照"飞机按钮"制作的方法完成"荷花按钮"第 2 关键帧和第 3 关键帧的制作。

（7）鱼按钮的制作

新建一个名为"鱼按钮"的按钮元件。

在库面板中找到名为"鱼"影片剪辑对象，将其拖动到"鱼按钮"元件第 1 帧的中心位置。用任意变形工具调整其大小。

参照"飞机按钮"制作的方法完成"鱼按钮"第 2 关键帧和第 3 关键帧的制作。

（8）小鸟按钮的制作

新建一个名为"鸟按钮"的按钮元件。

在库面板中找到"位图 18"图片对象，将其拖动到"鸟按钮"元件第 1 帧。选中该图片，按【Ctrl+B】组合键将其分离，用橡皮擦工具擦掉右面的第 2 个小鸟和第 1 个小鸟脚下多余的内容。用选择工具和任意变形工具将剩余内容调整到元件的中心位置。右击该对象，在弹出的快捷菜单中选择"转换为元件"命令，将其转换为名为"鸟按钮元件1"的影片剪辑元件。

参照"飞机按钮"制作的方法完成"鸟按钮"第2关键帧和第3关键帧的制作。

3. 布置场景

先创建16个图层，并为各图层命名，如图7-1-34所示。

由于本任务图层比较多，为了保证操作图层的正确性，在操作当前图层前，可以将当前图层以外的所有图层锁定。完成后的舞台画面如图7-1-35所示。

图7-1-34　场景1的图层　　　　　　图7-1-35　场景1的完整内容显示

（1）"天"层制作

单击编辑栏中的"返回场景"按钮 ，返回到主场景。

将"天"层设置为当前图层。选择矩形工具，将笔触颜色设置为无色，填充色按如图7-1-36所示的颜色面板进行设置。在工作区中画一个左、右、上边界略大于舞台，下边界略大于舞台二分之一的矩形。再按住【Shift】键用颜料桶工具从矩形的上边拖到下边，对填充样式重新填充。完成后的效果如图7-1-37所示。

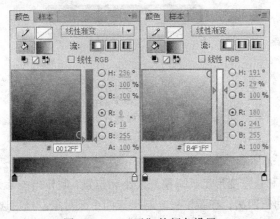

图7-1-36　"天"的颜色设置　　　　　图7-1-37　在舞台上半部画一个矩形

（2）"水"层制作

将"水"层切换为当前图层。选择矩形工具，将笔触颜色设置为无色，填充色按如图7-1-38所示的颜色面板进行设置。在工作区中画一个上边界和"天"层稍稍重叠，左、右、下边界略大于舞台的矩形。再按住【Shift】键用颜料桶工具从矩形的下边拖到上边，对填充样式重新填充。完成后的效果如图7-1-39所示。

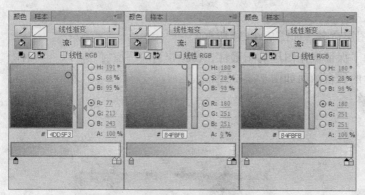

图7-1-38 "水"的颜色设置　　　　图7-1-39 在舞台下半部画一个矩形

（3）"彩虹和飞机"层制作

将"彩虹和飞机"层切换为当前图层。在库面板中找到"飞机"元件，将其拖入"彩虹和飞机"层舞台最左上角的位置。用任意变形工具调整其大小和角度。选中飞机对象，打开属性面板，将"飞机"元件的实例命名为"飞机"。

在库面板中找到"虹"元件，将其拖入"彩虹和飞机"层的合适位置。用任意变形工具调整其大小和位置。选中彩虹对象，在属性面板中将"彩虹"元件的实例命名为"彩虹"。

完成后的效果如图7-1-40所示。

（4）"远景内容"层制作

将"远景内容"层切换为当前图层。将库面板中"小船"元件夹下的Symbol 9元件拖入舞台，放在天地接壤的位置。用任意变形工具调整其大小和位置。按住【Alt】键拖动船对象三四次，复制三个小船。用选择工具调整位置，用任意变形工具调整大小，得到如图7-1-41所示的画面。

图7-1-40 添加飞机和彩虹后的画面　　　　图7-1-41 远景内容层画面

（5）"云"层制作

将"云"层切换为当前图层。将"云"元件从库面板中拖入舞台。按住【Alt】键拖动云对象两三次，复制两三个云对象，用选择工具和任意变形工具调整好大小和位置，制作出一朵云。

再次按住【Alt】键，将一个云对象拖动三四次，在新位置复制出三四个云对象。再用选择工具和任意变形工具将新复制出来的云调整到合适大小和位置，制作出另一朵云。

用此方法在天空再制作出几朵云。在下半部分水的位置也用此方法制作出两三朵云，作为云在水中的影子。

在安排云的位置时，一定要符合构图原则和透视规律。云的分布不要太集中，也不要太规律；天上云的大小应该是上面的云朵大，下面的云朵小；水中云的大小应该是下面的大，上面的小，即越接近天水接壤处越小。完成后的画面如图 7-1-42 所示。

（6）"塔"层制作

将"塔"层切换为当前图层。将库面板中"宝塔"元件夹下的"5 层塔"元件拖动到舞台的左侧。用选择工具和任意变形工具调整好大小和位置。完成后的画面如图 7-1-43 所示。

图 7-1-42　增加云后的画面　　　　图 7-1-43　添加塔后的效果

（7）"桥"层制作

将"桥"层切换为当前图层。将库面板中"小亭和小桥"元件夹下的"倒影小桥"元件拖入舞台。用选择工具和任意变形工具将大小和位置调整到如图 7-1-44 所示的位置。

（8）"亭"层制作

将"亭"层切换为当前图层。将库面板中"小亭和小桥"元件夹下的"倒影小亭"元件拖入舞台。用选择工具和任意变形工具将大小和位置调整到图 7-1-45 所示的位置。

图 7-1-44　添加小桥后的效果　　　　图 7-1-45　添加小亭后的效果

（9）"鱼"层制作

将"鱼"层切换为当前图层。将库面板中"鱼-"元件夹下的"游鱼"元件拖动到舞台的右下角。用任意变形工具调整其大小和角度。选中鱼对象，打开属性面板，将"鱼"元件的实例命名为"鱼 1"。为了使几条鱼的外观不同，对"鱼 1"的颜色值进行一些调整，如图 7-1-46 所示。

按住【Alt】键，用选择工具拖动"鱼 1"两次，复制出两条鱼。按照为"鱼 1"命名和修改颜色的方法，分别将其命名"鱼 2""鱼 3"，并将颜色设置为各不相同的颜色。用任意变形工具将鱼对象调整到合适大小。选中"鱼 3"，选择"修改"→"变形"→"水平翻转"命令，将"鱼 3"进行水平翻转。效果如图 7-1-47 所示。

（10）"鹅"层制作

将"鹅"层切换为当前图层。将库面板中"虹飞机鸟鹅"元件夹下的"动鹅"元件拖入舞台。用选择工具和任意变形工具将大小和位置调整到如图 7-1-48 所示的位置。选中鹅对象，在属性面板中将其命名为"鹅"。

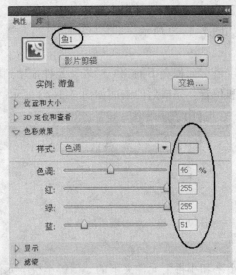

图 7-1-46　为鱼对象命名和调色

图 7-1-47　添加鱼后的效果

（11）"荷"层制作

　　将"荷"层切换为当前图层。将库面板中"荷花类元件"元件夹下的各类荷花、荷叶元件拖入舞台。用选择工具和任意变形工具调整各荷叶和荷花对象的大小和位置。在这些对象中放一个"开放的荷花"元件，并将其命名为"荷花"。完成后的效果如图 7-1-49 所示。

图 7-1-48　添加鹅后的效果

图 7-1-49　添加荷叶、荷花后的效果

　　该图层是所有图层中内容最多的一个。在摆放各对象时，对象的大小和位置一定要符合构图规律和透视原则。同时也应该符合荷的实际生长规律，比如新出水的小荷叶和已成熟的大荷叶的分布等。

　　活动对象和静止对象的使用数量也要合理。静止对象太多，会使画面显得呆板生硬，活动对象太多不但会使画面看起来乱，而且还会占用较大的计算机资源。

（12）"蜻蜓"层制作

　　将"蜻蜓"层切换为当前图层。将库面板中"蜻蜓"元件夹下的"飞的蜻蜓"元件拖动到某朵荷花上面。用任意变形工具调整其大小和角度，使蜻蜓看起来似落在荷花的上面。选中蜻蜓对象，在属性面板中将其命名为"蜻蜓"。完成后效果如图 7-1-50 所示。

（13）"小鸟"层制作

　　将"小鸟"层切换为当前图层。将库面板中"虹飞机鸟鹅"元件夹下的"鸟 1"元件拖动到某片荷叶上，用任意变形工具调整其大小。选中该鸟对象，在属性面板将其命名为"鸟 1"。将"鸟 2"元件拖动到小亭顶上，用任意变形工具调整其大小。选中该鸟对象，在属性面板将其命名为"鸟2"。完成后效果如图7-1-51所示。

图7-1-50 添加蜻蜓后的效果   图7-1-51 添加小鸟后的效果

（14）添加背景音乐

将"背景音乐"层切换为当前图层。在库面板中将名为"背景音乐"的元件拖动到该图层舞台的左边。由于音乐对象没有可显示内容，所以当该层被选中时以 ✛ 的形式显示。为了便于以后对其进行操作，拖动时不要把该对象和其他可视对象重叠。选择该对象，在属性面板中将其命名为"音乐"。

4. 添加控制对象及代码

（1）为"临时代码"层添加代码

右击"临时代码"层的第1关键帧，在弹出的快捷菜单中选择"动作"命令，打开动作面板，在动作面板中为该帧输入如下代码：

```
飞机._visible=0
鸟1._visible=0
鸟2._visible=0
蜻蜓._visible=0
荷花._visible=0
鱼1._visible=0
鱼2._visible=0
鱼3._visible=0
飞机.stop()
鸟1.stop()
鸟2.stop()
stop()
```

前8行代码的作用：当影片开始播放时，名为"飞机""鸟1""鸟2""蜻蜓""荷花""鱼1""鱼2""鱼3"的8个对象不显示。下面3行代码的作用：当影片开始播放时，名为"飞机""鸟1""鸟2"的3个对象停止播放。最后一行的作用：主场景上的动画不再往下播放。

（2）放置控制板及各控制按钮

将"控制"层切换为当前图层。将库面板中"控制"元件夹下的"控制"元件拖动到舞台的左上角。选中该对象，打开属性面板为该对象添加"斜角"滤镜效果和"发光"滤镜效果，参数如图7-1-52所示。

分别将库面板中的"飞机按钮""虹按钮""鹅按钮""蜻蜓按钮""荷花按钮""鱼按钮""鸟按钮"7个按钮对象拖动到"控制"层上控制板的上面，并用任意变形工具和选择工具将大小和位置调整到如图7-1-53所示的位置。

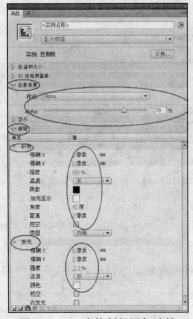

图 7-1-52　为控制板添加滤镜

图 7-1-53　7 个控制按钮的摆放位置

（3）为各控制按钮添加代码

① 右击飞机按钮对象，在弹出的快捷菜单中选择"动作"命令，在动作面板中输入如下代码：

```
on(release)
{
    飞机._visible=not 飞机._visible;
    if(飞机._visible)
    {
        飞机.play();
    } else
    {
        飞机.stop();
    }
}
```

代码的作用分别如下：

"on(release) {"和最后一行的"}"是当单击该按钮完成后做什么。

飞机._visible=not 飞机._visible;是使飞机对象可见属性变反，即如果飞机对象原来可见，单击该按钮后就变得不可见；原来不可见，单击该按钮后就变得可见。

```
if(飞机._visible)
{
    飞机.play();
} else
{
    飞机.stop();
}
```

如果飞机对象可见，飞机对象就播放；相反，就不播放。这几行代码主要是从节省计算机资源的角度考虑的。如果不加这几行代码，播放效果是一样的。

② 右击彩虹按钮对象，在弹出的快捷菜单中选择"动作"命令，在动作面板中输入如下代码：

```
on(release)
{
    彩虹._visible=not 彩虹._visible
}
```

③ 右击"鹅按钮"对象，在弹出的快捷菜单中选择"动作"命令，在动作面板中输入如下代码：

```
on(release)
{
    鹅._visible=not 鹅._visible;
}
```

④ 右击"蜻蜓按钮"对象，在弹出的快捷菜单中选择"动作"命令，在动作面板中输入如下代码：

```
on(release)
{
    蜻蜓._visible=not 蜻蜓._visible;
}
```

⑤ 右击"荷花按钮"对象，在弹出的快捷菜单中选择"动作"命令，在动作面板中输入如下代码：

```
on(release)
{
    荷花._visible=not 荷花._visible;
}
```

⑥ 右击"鱼按钮"对象，在弹出的快捷菜单中选择"动作"命令，在动作面板中输入如下代码：

```
on(release)
{
    鱼1._visible=not 鱼1._visible;
    鱼2._visible=not 鱼2._visible;
    鱼3._visible=not 鱼3._visible;
    if(鱼1._visible==1)
    {
        鱼1.play();
        鱼2.play();
        鱼3.play();
    } else
    {
        鱼1.stop();
        鱼2.stop();
        鱼3.stop();
    }
}
```

用"鱼按钮"同时控制 3 个鱼对象，3 个鱼对象的显示/隐藏和播放/停止属性总是一致的。

⑦ 右击"鸟按钮"对象，在弹出的快捷菜单中选择"动作"命令，在动作面板中输入如下代码：

```
on(release)
{
```

```
鸟1._visible=not 鸟1._visible;
鸟2._visible=not 鸟2._visible;
if(鸟1._visible==1)
{
    鸟1.play();
    鸟2.play();
}
else
{
    鸟1.stop();
    鸟2.stop();
}
}
```

5. 添加播放按钮

因为在"临时代码"层上加了一句代码 stop();使得动画播放时总是停在场景 1 上。要使动画继续播放，欣赏场景 2 中的内容，应该加一个播放按钮。操作方法如下：将"控制"层切换为当前图层。选择"窗口"→"公用库"→"按钮"命令，打开按钮公用库面板。将 classic buttons 元件夹中 Playback 元件夹下的 gel Right 按钮对象拖动到"控制"层的中下部位置，参见图 7-1-1 中下部的播放按钮。

右击该按钮，在弹出的快捷菜单中选择"动作"命令，在动作面板中输入如下代码：

```
on(release)
{
    gotoAndPlay("场景 2", 1);
}
```

这段代码的作用是当单击该按钮后，转到"场景 2"的第 1 帧播放。

任务完成

参照本任务中介绍的荷花的制作方法，绘制一朵荷花。

学习评价

学习评价表

内容与评价 能力	内　　　　容		评　　　　价		
	学　习　目　标	评　价　项　目	3	2	1
职业能力	能正确选用工具	能熟练使用选择工具调整花瓣的外形			
	能熟练使用颜色	能熟练地打开颜色面板			
		能在颜色面板中为花瓣选择合适的颜色			
		颜色搭配合理			
	能正确为动画添加音乐	能正确地为动画添加背景音乐			
	能熟练使用图层	能正确地将不同对象放在不同图层			
		能正确地安排图层的层叠关系			

续表

| 内容与评价
能力 | 内　　　　容 | 评 | | 价 |
		3	2	1
通用能力	审美能力			
	想象能力			
	组织能力			
	解决问题能力			
	自主学习能力			
	创新能力			
综 合 评 价				

课 后 练 习

1. 在 Flash CS6 的 ActionScript 2.0 动作脚本中，在哪些位置可以添加代码？

2. 加在关键帧上的代码由什么事件触发？在什么时候执行？

3. 加在按钮上的代码可以写在什么事件过程中？在不指明被控制对象的时候，控制的是什么对象？

4. 加在影片剪辑中的代码可以写在什么事件过程中？在不指明被控制对象的时候，控制的是什么对象？

5. 如何保证代码加在指定的对象中？

6. this、_parent 和_root 这 3 个关键字各表示什么意思？

7. 做一个简单动画，在舞台上放两个按钮，当单击第 1 个按钮时动画停止播放，单击第 2 个按钮时动画继续播放。

任务二　荷塘景色动画——画面的切换

任务描述

在画面切换和对象出场时，有时为了达到好的视觉效果，往往需要的不是一个对象突然消失和另一个画面突然出现的效果，而是使对象在出场的时候以"百叶窗""推拉""淡入淡出"等效果出现。在本任务中为了配合本项目的内容，将以几个美丽的荷塘画面为切换对象，以从中心向周围逐渐放大的切换效果，制作一个动态出现荷塘美景的动画，效果如图 7-2-1 所示。

任务分析

在主场景上放 4 个图层，每层 7 帧。第 1 个是代码层，在该图层的每一个关键帧上都加一句停止播放语句 stop();。第二个是遮罩层，上面放一个遮罩元件，将该元件做成一个由小到大逐渐变化的影片剪辑元件，在元件的最后一帧加上代码_parent.play();，使父对象开始播放。第

3 个是被遮罩层，在该图层的每一个关键帧上都放有一幅不同的荷塘图片，其图片顺序是 1、2、3、4、5、6、7。第 4 层是正常层，在该图层的第一帧放置和遮罩层最后一帧上相同的图片，并且大小和位置要完全相同，其每一个关键帧上的图片顺序为 7、1、2、3、4、5、6。

图 7-2-1　任务二完成后的效果

相关知识

1. 场景及多场景动画

（1）场景

一般把在 Flash 动画播放时可以看到的画面叫作主场景，以和元件相区分。在 Flash 中可以将同一文档中不连续的内容放在不同的场景中。或者说，使用场景可以将文档组织成内容不连续的几个部分。可以将一个 Flash 文档比喻为一部电视剧，那么一个场景可以看作是电视剧的一集；把文档比喻成一个文艺晚会，场景就是晚会中的一个节目。

新创建一个 Flash 文档时，文档中只有一个场景、一个层和一个帧。就像创建层和帧一样，也可以添加新的场景。每一个场景中可以有不同的层和不同的帧。每个场景都有一个时间轴。在播放动画时，当播放头到达前一个场景的最后一帧时，播放头将前进到下一个场景的第 1 帧。

（2）添加新场景

选择"插入"→"场景"命令，或者单击场景面板中的"添加场景"按钮，可以为动画添加一个新的场景。在 Flash CS6 中新建文档时文档中默认只有一个名为"场景 1"的场景。以后新添加的场景将依次默认命名为"场景 2"、"场景 3"……每新添加一个场景后，新添加的场景将成为被编辑的当前场景。

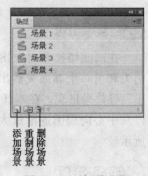

图 7-2-2　场景面板

（3）场景面板

按【Shift+F2】组合键可以打开场景面板，对场景的许多操作都可以通过此面板来完成，如图 7-2-2 所示。

（4）切换当前场景

单击文档窗口右上角的"编辑场景"按钮，在下拉菜单中切换当前场景，也可以通过场景面板来切换当前场景。

（5）场景面板的其他常用操作

① 单击场景面板中的某一场景名，可以将其切换为当前场景。

② 上下拖动场景面板中的某一场景，可以改变场景播放的先后顺序。

③ 双击场景面板中的某一场景名，可以修改场景的名字。

④ 单击场景面板下的"重制场景"按钮，可以复制当前场景。

⑤ 单击场景面板下的"添加场景"按钮，可以添加一个新场景。

⑥ 单击场景面板下的"删除场景"按钮，可以删除当前场景。

2. 动态画面切换效果

场景 2 中选择了几幅漂亮的荷塘图片，经过 Flash 处理后实现动态的画面切换，以供人们欣赏。本任务中主要学习如何实现多幅画面间一致画面切换效果的实现方法。

其实现原理如下：

将多幅画面依次放在被遮罩层的各个关键帧上。在被遮罩层下面建一个背景层，在背景层的第 2 关键帧上放和被遮罩层第 1 关键帧上相同的内容；第 3 关键帧上放和被遮罩层第 2 关键帧上相同的内容，依此类推，在背景层的第 1 关键帧上放和被遮罩层最后关键帧上相同的内容。对应关系如图 7-2-3 所示。

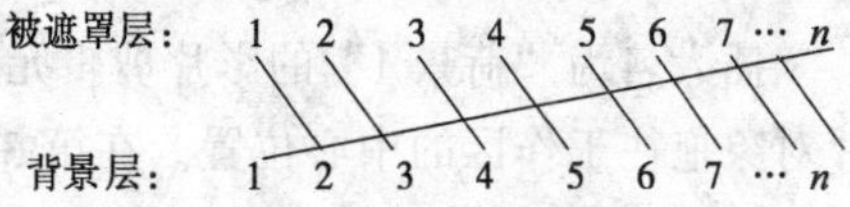

图中的数字为相应图层中的关键帧数，两个关键帧间的连线表示这两个关键帧中的内容是完全一样的。

图 7-2-3　被遮罩层与背景层对应关系

在每一个关键帧上都加上一句停止播放代码。

两幅画面间的切换效果是由遮罩层上的影片剪辑元件完成的，要实现什么样的切换效果，就把遮罩层用一个什么样的变形元件来实现。本任务要讲的切换效果是一个由中心向周围的扩展效果，是用一个由小变大的圆实现的。大家可以根据自己的喜爱和需要将其改为"推拉""百叶窗"等其他效果。在变形元件的最后一帧上加上代码_parent.play()，意思是使父对象播放。

本任务中为了增加动画的动态效果，将每一个关键帧上的画面内容使用影片剪辑做成了动态画面，这就增加了一些难度，因为在遮罩元件播放的过程中必须保证被遮罩层和背景层上的画面是完全一致的。其关键是，遮罩元件的帧数和被遮罩层以及被遮罩层下面的背景层各关键帧上影片剪辑对象的帧数必须相同。

方法与步骤

1. "遮罩"元件的制作

插入名为"遮罩"的影片剪辑元件。单击"新建图层"按钮为该元件再建一个新图层"图层 2"。选择椭圆工具，在"图层 1"工作区的中心位置画一个很小的圆，如图 7-2-4 所示。

右击"图层 1"的第 20 帧，在弹出的快捷菜单中选择"插入空白关键帧"命令，在第 20 帧处插入空白关键帧。选择椭圆工具，按住【Alt】键，在元件的中心位置开始画一个足以盖住整个场景的大圆，如图 7-2-5 所示。

选择"图层 1"的第 1 关键帧，为第 1 帧做形状动画。

在"图层 1"的第 160 帧插入帧。在"图层 2"的第 160 帧处插入关键帧，并为该帧添加代码_parent.play();。

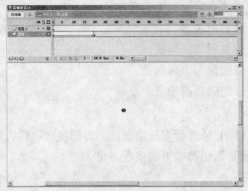

图 7-2-4　在第一帧上画一个小圆

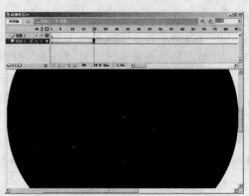

图 7-2-5　在第 20 帧上画一个大圆

2. "荷景 1"元件的制作

插入名为"荷景 1"的影片剪辑元件。打开库面板，将"场景 2"元件夹下的"荷景 1"图片对象拖往工作区的中心位置。在第 30 帧处插入关键帧。在第 60 帧处插入关键帧，用任意变形工具放大第 60 帧上的画面，将最漂亮的位置调整到元件中心。重新选中第 30 帧，打开属性面板为第 30 帧做运动动画。在第 90 帧插入关键帧，并对第 90 帧做运动动画。右击第 1 关键帧，在弹出的快捷菜单中选择"复制帧"命令。右击第 120 帧，在弹出的快捷菜单中选择"粘贴帧"命令，将第 1 关键帧粘贴到第 120 帧处。右击第 160 帧，在弹出的快捷菜单中选择"插入帧"命令。最后第 1～30 帧、第 120～160 帧的画面效果相同，如图 7-2-6 所示。第 60～90 帧的画面效果如图 7-2-7 所示。

图 7-2-6　第 1～30 帧、120～160 帧的画面

图 7-2-7　第 60～90 帧的画面

3. 其他荷景元件的制作

参照"荷景 1"影片剪辑元件的制作方法，使用"荷塘 2"图片对象制作"荷景 2"影片剪辑元件；使用"荷塘 3"图片对象制作"荷景 3"影片剪辑元件；使用"荷塘 4"图片对象制作"荷景 4"影片剪辑元件；使用"荷塘 5"图片对象制作"荷景 5"影片剪辑元件；使用

"荷塘 6"图片对象制作"荷景 6"影片剪辑元件；使用"荷塘 7"图片对象制作"荷景 7"影片剪辑元件。

4. 完成场景 2

单击编辑栏上的"返回场景"按钮 ，回到主场景。选择"插入"→"场景"命令，插入一个名为"场景 2"的新场景。

单击 4 次"新建图层"按钮，插入 4 个新图层。按从下至上的顺序依次命名为"图片层 1"、"图片层 2""遮罩""控制""代码"。

（1）完成"图片层 2"层

用鼠标在"图片层 2"的第 7 帧处拖往第 1 帧，选中该图层的前 7 帧。按【F7】键在选中的各帧上插入空白关键帧。打开库面板，将库面板中的"荷景 1"对象拖放到第 1 帧；"荷景 2"对象拖动到第 2 帧；"荷景 3"对象拖动到第 3 帧；"荷景 4"对象拖动到第 4 帧；"荷景 5"对象拖动到第 5 帧；"荷景 6"对象拖动到第 6 帧；"荷景 7"对象拖动到第 7 帧。如果某对象的大小和舞台大小差异大，可以用任意变形工具将其调整到稍大于舞台。

（2）完成"图片层 1"层

按住【Alt】键，将"图片层 2"层的第 1 帧拖往"图片层 1"的第 2 帧；将"图片层 2"层的第 2 帧拖往"图片层 1"的第 3 帧；将"图片层 2"层的第 3 帧拖往"图片层 1"的第 4 帧；将"图片层 2"层的第 4 帧拖往"图片层 1"的第 5 帧；将"图片层 2"层的第 5 帧拖往"图片层 1"的第 6 帧；将"图片层 2"层的第 6 帧拖往"图片层 1"的第 7 帧；将"图片层 2"层的第 7 帧拖往"图片层 1"的第 1 帧，将"图片层 2"层上的各帧依次复制到 "图片层 1"层的对应帧上。

（3）完成"遮罩"层

将库面板中的"遮罩"对象拖动到"遮罩"层的第 1 帧，舞台的中心位置。双击遮罩层的层图标，在打开的属性面板中将图层属性改为遮罩层。双击"图片层 2"的层图标，在打开的层属性面板中将图层属性改为被遮罩层。

（4）完成"控制"层

将库面板中的 gel Right 按钮对象拖动到"控制"层舞台的中下部。右击该按钮，在弹出的快捷菜单中选择"动作"命令，打开动作面板，在动作面板中为该按钮添加如下代码：

```
on(release)
{
    gotoAndStop("场景 1", 1);
}
```

意思是单击该按钮时转到场景 1 的第 1 帧。

（5）完成"代码"层

右击"代码"层的第 1 关键帧，在动作面板中输入代码 stop();。按住【Alt】键，用鼠标将"代码"层的第 1 帧分别拖动到该层的第 2 帧、第 3 帧、第 4 帧、第 5 帧、第 6 帧和第 7 帧，使每一帧上都有一句停止代码 stop();。

场景 2 制作完成后的完整画面如图 7-2-8 所示。

图 7-2-8　场景 2 完成后的画面

任务完成

　　本任务中的主要知识技巧是如何实现画面间的动态切换，在本任务中是以一个由小到大的圆的形式实现画面间切换的。参照本任务中介绍的方法，选择 3 幅漂亮的静态图片，将其做成百叶窗形式的切换效果。

学习评价

学习评价表

内容与评价 能力	内　　　容		评　　价		
	学 习 目 标	评 价 项 目	3	2	1
职业能力	能正确绘制图形	能绘制出大小、外形合适的百叶窗			
	能合理布置图层和帧	图层布置合理、帧的安排正确			
	能合理组织元件	能正确创建元件			
		能正确安排元件的层次关系			
	能正确添加代码	能正确使用动作面板			
		能正确为关键帧添加代码			
	能正确导入图片	能正确导入图片			
通用能力	知识和技能相结合能力				
	组织能力				
	解决问题能力				
	自主学习能力				
	创新能力				
综 合 评 价					

课 后 练 习

1. 使用多场景有什么优点？
2. 创建一个新的 Flash 后默认有几个帧、几个层和几个场景？
3. 用什么方法可以为动画添加新的场景？
4. 场景的默认播放顺序是怎样的？如何改变？

项 目 小 结

本项目主要介绍了以下几方面的知识和操作方法：场景、动作脚本、对象绘制和画面切换操作，并且利用这些知识和操作完成了一个多场景、可以交互的以荷塘为主要内容的欣赏类动画。

复杂的动画可以包括几大部分，可以把每一部分做成一个景场。要使用场景，必须熟悉场景的插入、重命名、删除、改变播放顺序等常用操作。

从本项目开始介绍动作脚本方面的知识。通过动作脚本可以控制动画的播放。在 Flash 中动作脚本可以添加到关键帧上、按钮上和影片剪辑中，加在不同对象上的动作脚本的触发事件不同，默认控制的对象也不相同。任何动作脚本的添加都是通过动作面板来完成的，在动作面板中可以使用专家模式手工输入代码，也可以使用标准模式通过在动作列表中或动作菜单中双击某一命令的方法添加代码。其中，stop();、play();、gotoAndPlay();、gotoAndStop();是最常用、最有用且最好懂的代码。要学好动作脚本方面的知识，必须逐渐多认识 Flash 动作脚本中的关键字。

本项目还介绍了一些鼠绘技巧、画面的布置技巧、动画效果切换等操作技能。

项目实训 绘制荷塘场景动画

实训背景

在介绍任务一的荷塘美景的制作中，你学到了哪些操作技能？你认为书中介绍的方法和最后的效果还有哪些方面不合理、不完善和不够美观？现在可以自己动手，充分发挥想象，做一个属于自己的荷塘美景动画作品。

实训要求

① 动画中的对象要尽量自己绘制。
② 要求界面布局合理、配色恰当。
③ 要用到代码控制。

实训提示

① 动画制作前要先在头脑中构思好一幅图画。
② 对于难画的元件对象可先在空白的 Flash 文档中练习几遍，然后在正式的动画中完成，也可以在空白文档中完成后，通过剪贴板粘贴到正式的动画文档中。

③ 添加代码时一定要明白代码添加到了哪个对象中，控制的是哪个对象。

实训评价

实训评价表

内容与评价 能力	内 容		评		价
	学 习 目 标	评 价 项 目	3	2	1
职业能力	能正确绘制动画中的基本对象	能熟练地绘制荷叶			
		能正确地绘制荷花			
		能绘制出较真实的天空			
		能绘制出较真实的水塘			
	能合理布置图层和舞台上的对象	图层布置合理			
		对象布局合理			
		配色美观			
	能正确地为动画添加音乐	能正确为动画添加背景音乐			
	能使用场景	能添加场景			
		能合理安排场景			
		会对场景进行各种操作			
	能正确的添加代码	能正确使用动作面板			
		能正确地为关键帧添加代码			
		能正确地为按钮对象添加代码			
		能准确地用代码控制指定对象			
通用能力	知识和技能相结合能力				
	审美能力				
	想象能力				
	组织能力				
	解决问题能力				
	自主学习能力				
	创新能力				
综 合 评 价					

项目八

教学课件——凸透镜成像

在多媒体技术高速发展的今天，课件在教学中的运用已经相当普及。制作课件使用最多的软件是 PowerPoint。因为它易学、易懂、易用，操作方便，制作课件的效率也较高。但是，PowerPoint 最适合制作那些由文字、图片和链接组成的、用来代替板书和挂图的教学课件。当制作那些质量高、交互性强的课件，或者讲授那些用文字、语言、挂图，甚至实际演示都很难讲解清楚的问题时，用 Flash 来制作这类课件是最佳选择。

凸透镜成像是中学物理中光学部分的重点和难点。这部分知识如果用 Flash 来制作成课件，将更为形象、直观，应用在教学中效果比较好。本项目就以凸透镜成像为例，讲述用 Flash 制作课件的全过程。

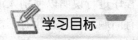

学习目标

通过本项目的学习，你将能够：

☑ 掌握注释语句的使用；
☑ 熟悉并掌握教学课件的制作步骤；
☑ 设计和组织所需的元件；
☑ 合理地安排图层和帧。

任务一　准　备　元　件

任务描述

为了能将凸透镜成像的过程清晰形象地展示给大家，课件完成后共有 7 个画面，分别是概念复习、焦距内成像、一倍焦距外二倍焦距内成像、二倍焦距处成像、二倍焦距外成像、手动操作和自动演示，本任务将完成前 5 个画面的制作。在"概念复习"画面中对凸透镜成像的重要概念和知识点进行讲解和图示。在"焦距内成像""一倍焦距外二倍焦内成像"、"二倍焦距处成像""二倍焦距外成像"4 个画面中，演示了物体在凸透镜的不同位置时，光通过凸透镜折射后照射到人眼睛中的成像过程。图 8-1-1 所示为"焦距内成像"的一个静态画面。

图 8-1-1　"焦距内成像"的一个静态画面

任务分析

为了切换方便，将每一个画面做成一个元件，以备使用。将透镜等常用对象，再做成该元件的子元件。光线的走向用遮罩来实现。因为焦距内成像、一倍焦距外二倍焦距内成像、二倍焦距处成像、二倍焦距外成像几个元件的功能非常相近，为了节省制作工作量，先细心完成一个元件制作，其他几个元件用复制和修改元件的方法来完成。

相关知识

注释与注释语句

在编程时经常要为程序代码加注释。注释的目的一是为了对程序进行说明以便别人或编程人员自己以后阅读方便；二是在调试程序时考虑到某些程序可能有问题，或者是暂时不需要让某些代码执行时也可以给这些代码加上注释。被注释的语句在代码执行时不再被执行，它们不需要符合程序的书写格式和语法规则，可以是任何能输入的内容。在 Flash 中注释语句有两种格式。

第一种格式是"//"，这种格式的注释一次只能注释一行，注释内容不可以换行，一般将"//"加在一行的后半部，前半部是要执行的语句，"//"后面的内容是对前面语句的解释。例如：

```
stop();              //停止播放
```

第二种格式是"/*……*/"，一般用这种格式对多行连续的代码进行注释。例如：

```
/*下面 3 句为在库面板中已经设置好了一个标识名为"鸟叫"的声音对象后，调用声音的代码。第
一句的意思是在当前影片中（this）创建一个名为 mysound 的声音对象实例；第二句代码的意思是
将库面板中标识名字为"鸟叫"的声音放在该实例中；第三句的意思是开始播放该声音，播放时从第
0 秒，循环播放 5 次*/
    mysound=new Sound(this);
    mysound.attachSound("鸟叫");
    mysound.start(0,5);
```

方法与步骤

新建一个 ActionScript 2.0 文件。打开属性面板，单击"属性"项下"舞台"后面的背景颜色按钮，在打开的颜色选择列表中选择黑色，将课件的背景设置成黑色。

1. **制作"概念复习"元件**

新建一个名为"概念复习"的图形元件。

（1）设计元件

单击"新建图层"按钮 3 次，新建 3 个图层。将 4 个图层从下到上依次命名为"图""字""标题"和"标注"。元件完成后的完整画面如图 8-1-2 所示。

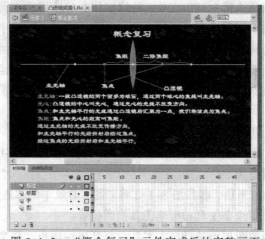

图 8-1-2 "概念复习"元件完成后的完整画面

（2）制作"凸透镜"元件

新建一个名为"凸透镜"的图形元件。

选择椭圆工具，将笔触颜色选择一个和背景对比强的颜色，填充色设置为无色，画一个椭圆，如图 8-1-3（a）所示。用选择工具，按住【Alt】键拖动椭圆，复制出一个新的椭圆，使两个椭圆小部分重叠，如图 8-1-3（b）所示。选择颜料桶工具，打开颜色面板，将颜色面板按图 8-1-4所示进行设置，对两个椭圆的重叠部分进行填充，如图 8-1-3（c）所示。用选择工具，双击两椭圆的线条部分将线条选中，按【Del】键将其删除，只保留填充色部分。选择渐变变形工具，将右面的调整点调整到如图 8-1-3（d）所示的位置，凸透镜制作完成。

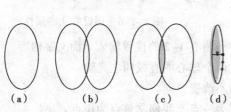

图 8-1-3 凸透镜的画法

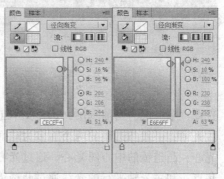

图 8-1-4 设置凸透镜的填充色

（3）制作"图"元件

新建一个名为"图"的图形元件。

单击"新建图层"按钮两次，新建两个图层。将 3 个图层从下到上依次命名为"主光轴""标记点"和"透镜"，如图 8-1-5 所示。

按【Ctrl+'】组合键，工作区中显示出网格参考线。

选择"主光轴"层为当前图层。选择线条工具，将笔触颜色设置为白色，按住【Shift】键用鼠标沿经过注册点的一条网格线画一条水平线。

选择"标记点"层为当前图层。选择椭圆工具，将笔触颜色设置为无，填充颜色设置为红色，按住【Shift】键，在空白位置画一个小圆。选择任意变形工具将圆调小。用选择工具，按住【Alt】键将小圆拖放到凸透镜左侧焦点处；继续按住【Alt】键将小圆拖动到凸透镜右侧焦点处；继续按住【Alt】键将小圆拖动到凸透镜左侧二倍焦点处；最后将小圆拖动到凸透镜右侧二倍焦点处。选择颜料桶工具，将填充色设置为黄色，对二倍焦点处的两个小圆重新进行填充。

选择"透镜"层为当前图层。打开库面板，将库面板中的"凸透镜"元件拖动到该层，并将凸透镜的中心点和注册点对齐。图 8-1-5 所示为元件完成后的文档窗口画面。

（4）完成元件

单击编辑栏中的"编辑元件"按钮，在下拉菜单中选择"概念复习"，返回到"概念复习"元件的编辑界面。选择"图"层为当前图层，打开库面板，参照图 8-1-2 将库面板中的"图"元件拖动到该图层的合适位置。

选择"标注"层为当前图层，参照图 8-1-2 将"图"对象中的"焦点""二倍焦点""焦距"等进行文字标注，必要时用线条工具和铅笔工具指明位置。

选择"标题"层为当前图层，选择文本工具，打开属性面板，将文本类型设置为"静态文本"，字体选择"隶书"，大小设置为 24，如图 8-1-6 所示。参照图 8-1-2 的位置输入"概念复习"文件文字内容。

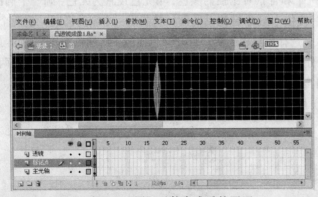

图 8-1-5 "图"元件完成后的画面

图 8-1-6 图设置文字属性

选择"字"层为当前图层，选择文本工具，参照图 8-1-2 的位置输入下面文字内容

主光轴：一般凸透镜的两个面多为球面，通过两个球心的直线叫主光轴。

光心：凸透镜的中心叫光心，通过光心的光线不改变方向。

焦点：和主光轴平行的光线通过凸透镜后汇聚为一点，我们称该点为焦点。

焦距：焦点和光心的距离叫焦距。

通过主光轴的光线不改变传播方向。

和主光轴平行的光经折射后经过焦点。

经过焦点的光经折射后和主光轴平行。

> 说明：为了使文字内容更加醒目，在文字输入完成后可以通过属性面板将功能不同的文字设置为不相同的颜色、字体和大小。

2. 制作"焦距内成像"元件

"焦距内成像"元件制作完成后的图层和时间轴如图 8-1-7 所示，完成后的画面如图 8-1-8 所示。共有 8 个图层，时间轴全长 160 帧，用了两个遮罩层和被遮罩层。下面按照图层从下往上的顺序对操作步骤进行介绍。

图 8-1-7 "焦距内成像"元件完成后的图层和时间轴

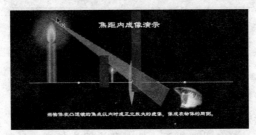

图 8-1-8 "焦距内成像"元件完成后的画面

（1）制作"图"层

新建一个名为"焦距内成像"的图形元件，将图层改名为"图"。

打开库面板，将库面板中的"图"元件拖动到工作区中，按【Ctrl+K】组合键打开对齐面板，在"相对于舞台"按钮 吕 按下的情况下，分别按"水平居中"按钮 吕 和"垂直居中"按钮 ⭢ 将"图"元件的中心点和注册点对齐，如图 8-1-9 所示。

新建一个名为"蜡烛"的影片剪辑元件。按照项目二任务二中的方法制作一个燃烧的蜡烛作为成像对象。

为了方便地用代码控制蜡烛像的位置，在制作蜡烛元件时，一定要使蜡杆底部的中心对准注册点。

切换回"焦距内成像"元件，将库面板中的"蜡烛"元件拖动到凸透镜的一倍焦距内，靠近焦点的位置。使蜡烛的下端和主光轴对齐，如图 8-1-9 所示。

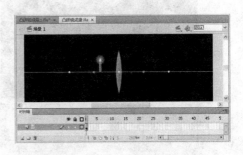

图 8-1-9 "图"层完成后的画面

（2）制作"虚像光线"层

单击"新建图层"按钮，将新建的图层命名为"虚像光线"。

选择线条工具，在属性面板中将线条颜色设置为蓝色，将笔触样式设置成虚线。过光心点和蜡烛顶端向左上方画一条直线。过凸透镜右侧焦点和蜡烛顶点水平线与凸透镜的交点向左上方画一条直线。按住【Shift】键，过凸透镜光心画一条垂直线。选择颜料桶工具，在颜色面板中将填充颜色设置为蓝色，不透明度设置为45%，用该颜色填充3条直线围成的三角形。用选择工具配合【Del】键删除多余的线条。

再从库面板中拖入一个"蜡烛"对象。在属性面板中将"蜡烛"对象的不透明度设置为70%。用选择工具和任意变形工具将大小和位置调整到底部和主光轴对齐、顶端和三角形的左上角顶点对齐的位置，如图8-1-10所示。

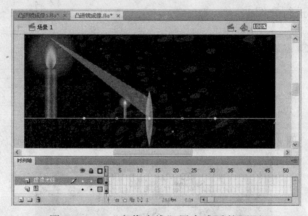

图8-1-10　"虚像光线"层完成后的画面

（3）制作"虚像光线遮罩"层

单击"新建图层"按钮，将新建的图层命名为"虚像光线遮罩"。

选择矩形工具，将笔触颜色设置为无，填充色设置为任意一种颜色，在如图8-1-11所示的位置画一个矩形。

在第44帧插入关键帧，右击，在弹出的快捷菜单中选择"创建补间形状"命令，为该帧制作形状动画。在第102帧插入关键帧，用任意变形工具将刚绘制的矩形向左侧方向放大到盖住大蜡烛，如图8-1-12所示。

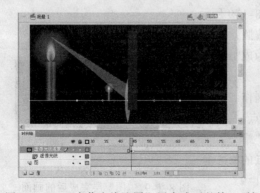 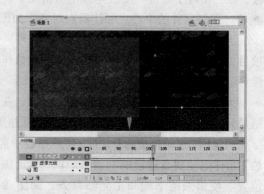

图8-1-11　"虚像光线遮罩"层完成后的第44帧　图8-1-12　"虚像光线遮罩"层完成后的第102帧

在已有 3 个图层的第 160 帧插入帧。

将"虚像光线遮罩"层设置为遮罩层，将"虚像光线"层设置为被遮罩层。

（4）制作"实物光线"层

单击"新建图层"按钮，将新建的图层命名为"实物光线"。

选择线条工具，在属性面板中将线条颜色设置为品红色，将笔触样式设置成虚线。过光心点和蜡烛顶端向右下方画一条直线。按住【Shift】键，过蜡烛顶端向凸透镜画一条水平线。过蜡烛顶点水平线与凸透镜的交点和凸透镜右侧焦点向右下方画一条直线。按图 8-1-13 中的 A、B 两点画一条直线，使之形成一闭合区域。选择颜料桶工具，在颜色面板中将填充颜色设置为品红色，不透明度设置为 45%，用该颜色填充刚画出的闭合区域。用选择工具配合【Del】键删除多余的线条，如图 8-1-13 所示。

选择矩形工具，将填充色设置为红色，在空闲位置画一个矩形，如图 8-1-14（a）所示。用选择工具对准矩形右上角，当鼠标指针变为⌐时，按下鼠标向下拖动到矩形一半高度的位置，如图 8-1-14（b）所示。用选择工具对准矩形右下角，当鼠标指针变为⌐时，按下鼠标向上拖动，得到如图 8-1-14（c）所示的箭头。

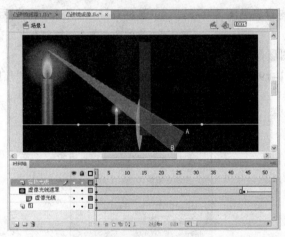

图 8-1-13 "实物光线"层完成后的画面

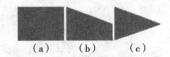

（a）　　（b）　　（c）

图 8-1-14 箭头的绘制步骤

按住【Alt】键，用鼠标拖动箭头 3 次，复制出 4 个箭头对象。用选择工具和任意变形工具配合，将 4 个箭头放到刚画出的 4 条光线位置，以表示光线方向，如图 8-1-13 所示。

（5）制作"实物遮罩"层

单击"新建图层"按钮，将新建的图层命名为"实物遮罩"。

选择矩形工具，将笔触颜色设置为无，填充色设置为任意一种颜色，在蜡烛左侧画一个矩形，如图 8-1-15 所示。右击该层的第 1 帧，在弹出的快捷菜单中选择"创建补间形状"命令，为该帧做形状动画。在第 44 帧插入关键帧，用任意变形工具将刚绘制的矩形向右侧方向拖动，放大到凸透镜位置，如图 8-1-16 所示。在第 102 帧插入关键帧，用任意变形工具将矩形调整到盖住"实物光线"层的全部内容，得到如图 8-1-17 所示的外形。

将"实物遮罩"层设置为遮罩层，将"实物光线"层设置为被遮罩层。

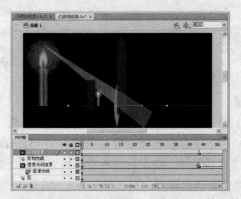 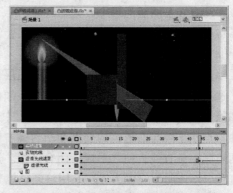

图 8-1-15 "实物光线遮罩"层完成后的第 1 帧　　图 8-1-16 "实物光线遮罩"层完成后的第 44 帧

（6）制作"字"层

单击"新建图层"按钮，将新建的图层命名为"字"。

选择文本工具，将文字属性按图 8-1-18 所示进行设置后，在画面的中下部输入"当物体在凸透镜的焦点以内时，成正立放大的虚像，像成在物体的同侧。"文字内容参见图 8-1-8。

图 8-1-17 在第 102 帧将矩形右边的两个顶点继续向右下方拖放

（7）制作"标题"层

单击"新建图层"按钮，将新建的图层命名为"标题"。

选择文本工具，将文字属性按图 8-1-19 所示进行设置后，在画面的中上部输入"焦距内成像演示"文字内容，参见图 8-1-8。

图 8-1-18 "字"层的文字属性　　　　图 8-1-19 "标题"层的文字属性

（8）制作"眼睛"层

单击"新建图层"按钮，将新建的图层命名为"眼睛"。

打开"导入"对话框，将"素材\项目八"文件夹中的"眼睛"图片导入。用选择工具将其拖动到凸透镜右侧主光轴下方迎着光线看蜡烛的位置，并用任意变形工具将其缩放到合适大小，参见图 8-1-8。

3. 制作"二倍焦距内成像"元件

"二倍焦距内成像"元件制作完成后的图层和时间轴如图 8-1-20 所示，完成后的画面如图 8-1-21 所示。共有 6 个图层，时间轴全长 160 帧。可以看出这个元件和"焦距内成像"元件有很多相似之处。

图 8-1-20 "二倍焦距内成像"元件的图层和时间轴

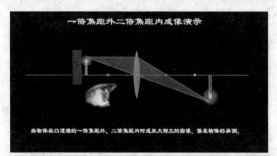

图 8-1-21 "二倍焦距内成像"元件完成后的画面

为了减少工作量,把"焦距内成像"元件进行修改得到"二倍焦距内成像"元件。操作方法如下:

(1)复制元件

右击库面板中的"焦距内成像"元件,在弹出的快捷菜单中选择"直接复制"命令,在弹出的"直接复制元件"对话框的"名称"文本框中输入"二倍焦距内成像"。

(2)编辑元件

双击库面板中的"二倍焦距内成像",进入该元件的编辑状态。

用选择工具将"图"层的蜡烛对象拖动到一倍焦距外二倍焦距内的位置。

用鼠标将"虚像光线遮罩"层和"虚像光线"层拖往"删除图层"按钮 🗑️,删除这两个图层。

参照"焦距内成像"元件中"实物光线"层的绘制方法绘制"实物光线"层。将"蜡烛"元件从库面板中拖入该图层。选择"修改"→"变形"→"垂直翻转"命令将蜡烛对象翻转后,用选择工具调整位置,用任意变形工具调整大小。将其底部和主光轴对齐,火焰端顶部和成像光线的交点对齐。

参照"焦距内成像"元件中"实物遮罩"层的绘制方法绘制"实物遮罩"层。第 1 帧上在蜡烛左边画一个小矩形,如图 8-1-22(a)所示。按住【Alt】键将第 1 帧拖往第 44 帧,将第 1 帧上的内容复制到第 44 帧,用任意变形工具将小矩形向右放大到凸透镜位置,得到如图 8-1-22(b)所示的形状。按住【Alt】键将第 44 帧拖往第 102 帧,将第 44 帧上的内容复制到第 102 帧,用任意变形工具继续将矩形向右放大到盖住被遮罩层上的全部内容的大小,得到如图 8-1-22(c)所示的形状。

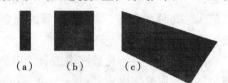

(a) (b) (c)

图 8-1-22 "实物遮罩"层 3 个关键帧上的内容

选择"字"层。选择文本工具,用文本工具选中该图层的文字内容,用"当物体在凸透镜的一倍焦距外、二倍焦距内时成放大倒立的实像,像在物体的异侧。"替换原文字内容。

选择"标题"层。选择文本工具，用文本工具选中该图层的文字内容，用"一倍焦距外二倍焦距内成像演示"替换原文字内容。

选择"眼睛"层。选择"修改"→"变形"→"水平翻转"命令将该图层上的眼睛对象翻转后，用选择工具将其拖动到透镜左侧主光轴下面，给人从左向右看的感觉。

4. 制作"二倍焦距处成像"元件

"二倍焦距处成像"元件制作完成后的图层和时间轴与"二倍焦距内成像"元件很相似，完成后的画面如图 8-1-23 所示。共有 6 个图层，时间轴全长 160 帧。

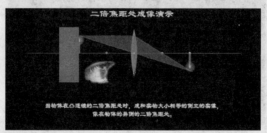

图 8-1-23　"二倍焦距处成像"元件完成后的画面

为了减少工作量，仍以复制和修改的方法完成"二倍焦距处成像"元件的制作。操作方法如下：

（1）复制元件

右击库面板中的"二倍焦距内成像"元件，在弹出的快捷菜单中选择"直接复制"命令，在弹出的"直接复制元件"对话框的"名称"文本框中输入"二倍焦距处成像"。

（2）编辑元件

双击库面板中的"二倍焦距处成像"，进入该元件的编辑状态。

用选择工具将"图"层的蜡烛对象拖动到二倍焦距处。

参照"焦距内成像"元件中"实物光线"层的绘制方法绘制"实物光线"层。右击"图"层上的蜡烛对象，在弹出的快捷菜单中选择"复制"命令。切换回"实物光线"层，选择"编辑"→"粘贴到中心位置"命令，选择"修改"→"变形"→"垂直翻转"命令将蜡烛对象翻转，用选择工具将其拖动到凸透镜右边焦点位置，并使其底部和主光轴对齐，如图 8-1-23 所示。

选择"实物遮罩"层。将第 1 帧上的内容调整到蜡烛的左侧，第 44 帧上的内容的大小调整到从蜡烛左侧到凸透镜处，第 102 帧上的内容调整到从蜡烛左侧到右侧刚能盖住蜡烛成像的位置。

选择"字"层。选择文本工具，用文本工具选中该图层的文字内容，用"当物体在凸透镜的二倍焦距处时，成和实物大小相等的倒立的实像，像在物体的异侧的二倍焦距处。"替换原文字内容。

选择"标题"层。选择文本工具，用文本工具选中该图层的文字内容，用"二倍焦距处成像演示"替换原文字内容。

"眼睛"层内容可以不做改动。

5. 制作"二倍焦距外成像"元件

"二倍焦距外成像"元件制作完成后的图层和时间轴与"二倍焦距处成像"元件很相似。

完成后的画面如图 8-1-24 所示。

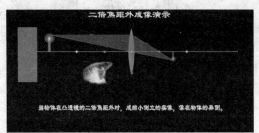

图 8-1-24　"二倍焦距外成像"元件完成后的画面

这个元件的制作方法在"二倍焦距处成像"元件的基础上修改最为方便。只需要将文字替换一下，蜡烛的位置移动到二倍焦距外，将成像蜡烛的位置移动到成像图中光线的交点处并做相应的缩小调整，根据蜡烛的位置重新调整一下成像光线，将第 1、44 和 102 帧上的遮罩范围进行相应的调整即可完成本元件的制作。

任务完成

在本任务中除了第一个元件"概念复习"外，其余 4 个元件制作方法和功能都很相似，参照本任务中"焦距内成像"元件的制作方法，在主场景上做一个焦距内成像的小动画。

学习评价

学习评价表

内容与评价 能力	内　　　容		评　　　价		
	学　习　目　标	评　价　项　目	3	2	1
职业能力	能用绘图工具正确绘制所需要的对象	能正确绘制透镜			
		能正确绘制焦点、主光轴等			
		能正确绘制成像物体			
		能正确绘制遮罩对象			
	能正确使用图层	能正确创建图层			
		能合理安排图层			
	能正确使用遮罩	能正确使用遮罩层和被遮罩层			
	能做出正确的光线动画	能做出正确的光线动画			
通用能力	审美能力				
	设计能力				
	交流能力				
	解决问题能力				
	自主学习能力				
综　合　评　价					

课 后 练 习

1. 怎样显示标尺和网格？
2. 如何复制和修改相似或相近的元件？
3. 选择相应的绘图工具做一个逼真的凸透镜？

任务二 完成课件

任务描述

为了使课件的功能更加完善，本任务主要完成手动操作和自动演示两个元件的制作。在手动操作画面中，可以通过用鼠标拖动物体的方法得到物体的像，当物体的位置移动时，像的大小、虚实、正反和位置将自动发生相应的变化。在自动操作画面中，物体自动由远及近地移向透镜，像的大小、虚实、正反和位置也自动发生相应的变化。为了能将凸透镜成像的过程清晰形象地展示给大家和课件使用的方便，在课件完成后的 7 个画面下方都有 7 个按钮，可以通过这 7 个按钮在各个画面中任意切换。图 8-2-1 所示为"焦距内成像"的一个静态画面。

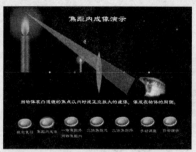

图 8-2-1 任务完成后"焦距内成像"的一个静态画面

任务分析

为了切换方便，将每一个画面做成一个元件，分别放在主场景的 7 个关键帧上，每一个关键帧上加一句停止代码 stop()。在主场景上放 7 个按钮用来在各个画面间切换。课件制作完成后的时间轴如图 8-2-2 所示，库面板中的元件如图 8-2-3 所示。在手动操作和自动演示两个元件中当物体运动时，成像的大小、位置和正反是根据成像规律通过代码计算实现的，这也是本课件的一个难点。

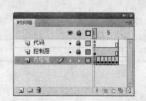

图 8-2-2 课件完成后的主场景时间轴

图 8-2-3 课件完成后库面板中的元件

相关知识

if 语句

本语句在前面项目中已经使用过，但没有正式进行讲解。该语句在编程语言中称为条件语句或分支语句，有两种形式 if 或 if…else…，用该语句可以判断该不该执行某些语句。

格式 1:

```
if(条件)
{
    代码段
}
```

功能：当条件成立时就执行代码段，不成立时不做任何事情。

例如：

```
if (a>b)
{
    gotoAndPlay(12);
}
```

格式 2:

```
if(条件)
{
    代码段 1
} else
{
    代码段 2
}
```

功能：当条件成立时就执行代码段 1，不成立时则执行代码段 2。

例如：

```
if(a>b)
{
    gotoAndPlay(12);
} else
{
    stop();
}
```

方法与步骤

1. 主场景布置

返回主场景，选中第 2~7 帧，按【F7】键插入 6 个空白关键帧。

单击"新建图层"按钮两次，新建两个图层。将下面的图层命名为"内容层"，上面的图层命名为"代码"，中间图层命名为"控制层"，参见图 8-2-2。

2. 制作"手动操作"元件

"手动操作"元件完成后的画面如图 8-2-4 所示。共有 5 个图层，分别是"图""标题""眼睛""文字"和"代码"。

（1）制作"图"层

新建一个名为"手动操作"的图形元件，将图层改名为"图"。

打开库面板，将库面板中的"图"元件拖动到工作区中。将"蜡烛"元件拖动到工作区中，正立放在凸透镜左侧一个，使底部和主光轴对齐，将该实例命名为"蜡烛"。再次将"蜡烛"元件拖动到凸透镜右侧一个，倒立放置，且使底部和主光轴对齐，将该实例命名为"蜡烛像"。

"图"层完成后的画面如图 8-2-5 所示。

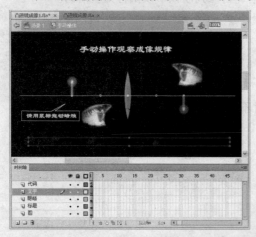

图 8-2-4 "手动操作"元件完成后的画面　　　　图 8-2-5 "图"层完成后的画面

（2）制作"标题"层

单击"新建图层"按钮，将新建的图层命名为"标题"。

选择文本工具，文字属性按图 8-1-19 所示进行设置后，在中上部位置输入"手动操作观察成像规律"文字内容。

在蜡烛下方画一个指示框，其绘制方法是：先用矩形工具画矩形框，如图 8-2-6（a）所示，再用选择工具，在按住【Ctrl】键的情况下，靠近 A 点，当鼠标指针变为形时向右上方拖动，得到如图 8-2-6（b）所示的图形；最后在按住【Ctrl】键的情况下，用鼠标将 B、C 点向下拖回原处，如 8-2-6（c）所示。

选择文本工具，将文本类型设置为"静态文字"，颜色设置为黄色，字体选择"隶书"，大小设置为 16。在指示框中输入"请用鼠标拖动蜡烛"文字内容。

"标题"层完成后的画面如图 8-2-7 所示。

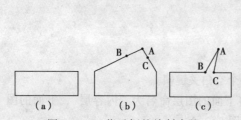

图 8-2-6 指示框的绘制步骤　　　　图 8-2-7 "标题"层完成后的画面

（3）制作"眼睛"层

单击"新建图层"按钮，将新建的图层命名为"眼睛"。

用鼠标将库面板中的"眼睛"图片拖动到工作区，右击该对象，在弹出的快捷菜单中选择"转换为元件"命令，将元件命名为"眼睛元件"。将位置调整到凸透镜右面主光轴的上方，给人观看凸透镜左面蜡烛的感觉，在属性面板中将其命名为"眼 2"。按下【Alt】键的同时用鼠标拖动眼睛对象，复制出一个新的眼睛对象，选择"修改"→"变形"→"水平翻转"命令将其水平翻转，将位置调整到凸透镜左面主光轴的下方，给人观看凸透镜右面蜡烛像的感觉，在属性面板中将其命名为"眼 1"。

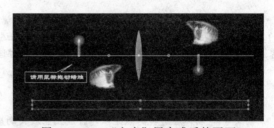

图 8-2-8 "眼睛"层完成后的画面

"眼睛"层完成后的画面如图 8-2-8 所示。

（4）制作"文字"层

单击"新建图层"按钮，将新建的图层命名为"文字"。

选择文本工具，在元件的下方中间位置处拖出一个文字区域，不输入任何内容，以后需要显示的内容由代码来填写。在属性面板中将文本类型设置为"动态文本"，字体选择"隶书"，颜色用白色，大小设置为14，并且在"变量"文本框中输入"文字"。属性面板设置如图 8-2-9 所示。

"文字"层完成后的画面如图 8-2-10 所示。

图 8-2-9 文字属性设置

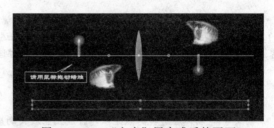

图 8-2-10 "文字"层完成后的画面

（5）制作"代码"层

单击"新建图层"按钮，将新建的图层命名为"代码"。

选择矩形工具，将笔触颜色设置为任意一种颜色，从凸透镜主光轴左端稍高于蜡烛的位置处到凸透镜光心处画一个矩形。右击该矩形，在弹出的快捷菜单中选择"转换为元件"命令，将该矩形转换为名为"透明按钮"的按钮元件。大小和位置见图 8-2-11 中蜡烛周围的线框。打开属性面板，将按钮命名为"透明按钮"，以便在代码中使用；在"样式"下拉列表框中选择 Alpha，将值设置为 0%，如图 8-2-12 所示，做出一个不可见的按钮。

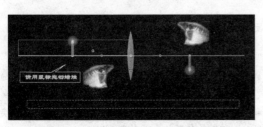

图 8-2-11 "代码"层完成后的画面

图 8-2-12 将按钮取名为"透明按钮"
将不透明度设为 0%

　　右击该图层上的第 1 关键帧，在弹出的快捷菜单中选择"动作"命令，打开动作面板，在
动作面板中输入以下代码：

```
//当鼠标在透明按钮上按下时"蜡烛"对象可以被鼠标在指定范围内被拖动
透明按钮.onPress=function()
{
    startDrag("蜡烛", true, -278, -35, -11, -35);
};
//当鼠标在透明按钮上抬起时停止对对象的拖动
透明按钮.onRelease=function()
{
    stopDrag();
};
//当按下的鼠标在透明按钮上拖出时停止对对象的拖动
透明按钮.onDragOut=function()
{
    stopDrag();
};
//当本元件播放时执行后面花括号中的内容
this.onEnterFrame=function()
{
/*物距 u 就是蜡烛对象离开注册点的水平距离,也就是蜡烛对象的负的坐标值,因为它处在注册点
的左侧。蜡烛在焦距内时,显示焦距内的成像规律描述,使透镜左边的眼睛对象隐藏,右边的眼睛对
象显示;如果不是,使透镜左边的眼睛对象显示,右边的眼睛对象隐藏*/
    u=-蜡烛._x;
    if(u<72)
    {
        文字="物体在透镜的焦距以内时成正立放大的虚像,像成在物体的同侧。";
        眼1._visible=0;
        眼2._visible=1;
    } else
    {
        眼1._visible=1;
        眼2._visible=0;
    }
//蜡烛在二倍焦距外时,在动态文本对象中显示二倍焦距外的成像规律描述
    if(u>144)
    {
        文字="物体在透镜的二倍焦距以外时成倒立缩小的实像,像成在物体的异侧。";
    }
//蜡烛在一倍焦距外二倍焦距内时,在动态文本对象中显示相应的文字描述
    if(u>72 and u<144)
    {
        文字="物体在二倍焦距以内一倍焦距外时成倒立放大的实像,像在物体的异侧。";
    }
/*根据蜡烛的位置,计算出蜡烛成像的位置和大小,是由凸透镜成像公式 1/f=1/u+1/v 变换而来
的,v=fw/(wf),这里"蜡烛像._x"是像距 v;72 是焦距;u 是物距*/
    蜡烛像._x=72*u/(u-72);
```

```
    蜡烛像._xscale=100*蜡烛像._x/u;
    蜡烛像._yscale=100*蜡烛像._x/u;
};
```

3. 制作"自动演示"元件

"自动演示"元件和"手动操作"元件最相似。仍用复制和修改的方法来完成"自动演示"元件的制作。

（1）复制元件

右击库面板中的"手动操作"元件，在弹出的快捷菜单中选择"直接复制"命令，在弹出的"直接复制元件"对话框的"名称"文本框中输入"自动演示"。

（2）编辑元件

双击库面板中的"自动演示"，进入该元件的编辑状态。

用选择工具选中"标题"层的指示框和指示文字，按【Del】键将其删除。

用文本工具选中"标题"层的标题内容"手动操作观察成像规律"，输入新内容"自动演示"将其替换。

用选择工具选中"代码"层的透明按钮，按【Del】键将其删除。

"自动演示"元件完成后的画面如图 8-2-13 所示。

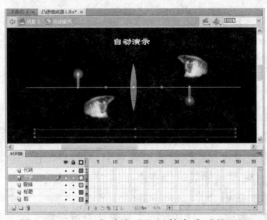

图 8-2-13　"自动演示"元件完成后的画面

右击"代码"层上的第 1 关键帧，在弹出的快捷菜单中选择"动作"命令，打开动作面板，将动作面板中原来的代码用以下代码替换：

```
//当本元件播放时执行后面的代码
onEnterFrame=function()
{
/*下面5行的代码意思：如果蜡烛的横坐标小于-10（离凸透镜的距离小于10）就让蜡烛的横坐标
增加1（向右移动1个像素）；若不小于10就让其回到画面的最左端。后面的其他代码和"手动操
作"元件中的完全相同。*/
    if(蜡烛._x<-10)
    {
        蜡烛._x=lz._x+1;
    } else
    {
        蜡烛._x=-270;
```

```
    }
    u=-蜡烛._x;
    if(u<72)
    {
        文字="物体在透镜的焦距以内时成正立放大的虚像，像成在物体的同侧。";
        眼1._visible=0;
        眼2._visible=1;
    } else
    {
        眼1._visible=1;
        眼2._visible=0;
    }
    if(u>144)
    {
        文字="物体在透镜的二倍焦距以外时成倒立缩小的实像，像成在物体的异侧。";
    }
    if(u>72 and u<144)
    {
        文字="物体在二倍焦距以内一倍焦距外时成倒立放大的实像，像在物体的异侧。";
    }
    蜡烛._x=72*u/(u-72);
    蜡烛像._xscale=100*蜡烛像._x/u;
    蜡烛像._yscale=100*蜡烛像._x/u;
};
```

4. 完成动画

单击编辑场景按钮 ，选择"场景 1"返回到主场景。

（1）为"代码"层添加代码

右击"代码"层的第 1 帧，在弹出的快捷菜单中选择"动作"命令，打开动作面板，在动作面板中添加语句 stop()，使动画播放时停在第 1 帧。

（2）为"控制层"添加按钮

将"控制层"切换成当前图层。打开"创建新元件"对话框，在"名称"文本框中输入"我的按钮"。进入元件编辑窗口，制作如图 8-2-14 所示的按钮。

打开库面板，将库面板中"我的按钮"元件拖动到"控制层"的第 1 帧上。按住【Alt】键的同时用鼠标拖动该按钮 6 次复制出 6 个相同的按钮。用选择工具调整按钮的位置，用任意变形工具调整按钮的大小。

在属性面板中将 7 个按钮实例按从左向右的顺序依次命名为 an1、an2、an3、an4、an5、an6、an7。

选择文本工具，在第 1 个按钮的下方输入"概念复习"；在第 2 个按钮的下方输入"焦距内成像"；在第 3 个按钮的下方输入"一倍焦距外两倍焦距内"；在第 4 个按钮的下方输入"二倍焦距处"；在第 5 个按钮的下方输入"二倍焦距外"；在第 6 个按钮的下方输入"手动调整"；在第 7 个按钮的下方输入"自动演示"，如图 8-2-15 所示。

图 8-2-14 "我的按钮"元件外观　　　图 8-2-15 "控制层"层完成后的画面

选择椭圆工具，将笔触颜色设置为红色，填充颜色设置为无色，在第 1 个按钮上画一个椭圆。右击该椭圆，在弹出的快捷菜单中选择"转换为元件"命令，将其转换成名为"圈标注"的影片剪辑元件。在属性面板中将"圈标注"实例命名为"红圈"，以便和后面的代码配合指示出当前看到的画面为哪一个画面。

按【F9】键打开动作面板，单击舞台上的第一个按钮 an1，在右面的代码编辑区为第一个按钮添加如下代码：

```
// 单击第 1 个按钮时，转到并停止在第 1 帧，"红圈"对象的位置和 an1（第 1 个按钮）重叠
on(release)
{
    gotoAndStop(1);
    红圈._x=an1._x;
    红圈._y=an1._y;
}
```

此时的动作面板如图 8-2-16 所示。

图 8-2-16 为第一个按钮添加代码

单击舞台上的第二个按钮 an2，在右面的代码编辑区为第二个按钮添加如下代码：

```
on(release)
{
    gotoAndStop(2);
    红圈._x=an2._x;
    红圈._y=an2._y;
}
```

依此类推，为第 3 个按钮至第 7 个按钮添加代码。

（3）将对应的内容放入"内容层"各关键帧

将"内容层"切换为当前图层。

将库面板中的"概念复习""焦距内成像""二倍焦距内成像""二倍焦距处成像""二倍焦距外成像""手动操作""自动演示"7个元件分别拖动到"内容层"的第1~7帧，并将大小和位置调整合适。

 任务完成

在本项目中介绍的课件中共用了7个页面来完成课件的功能，但是课件中最神奇、最有意思的是用本任务中介绍的"手动操作"元件和"自动演示"元件实现的手动演示效果和自动演示效果。认真阅读"自动演示"元件中的代码部分，仔细观看课件中的自动演示部分。画一个简单的凸透镜和一个成像物体，按成像规律，为该成像物体相对于该凸透镜做一个自动演示效果的成像动画。

> **提示**：在阅读代码部分时，注意代码中的说明部分、控制眼睛的部分对现在要完成的任务是没有用的，代码中的有些数据和对象的放置位置和透镜焦距的大小有关。

学习评价

学习评价表

内容与评价 能力	内　　　　　　　容		评　　　　价		
	学 习 目 标	评 价 项 目	3	2	1
职业能力	能正确使用元件	能正确设计所需的各个元件			
		能用已有的元件做成新元件			
		能使用元件的嵌套完成复杂任务			
	能熟练的用代码控制课件的演示	能熟练使用 gotoAndPlay 语句			
		能熟练使用 if()函数			
		能熟练使用 stop 和 stopDrag 语句			
		能用基本的算法解决实际问题			
通用能力	设计能力				
	想象能力				
	交流能力				
	解决问题能力				
	自主学习能力				
	创新能力				
综 合 评 价					

课 后 练 习

1. 注释语句有几种格式？如何使用每种格式？
2. 如何绘制指示框？

3. 如何制作按钮并为按钮添加代码？

项 目 小 结

在本项目介绍了在 Flash 中注释语句的写法、作用和书写格式，并以凸透镜成像为例，详细地介绍了凸透镜成像课件的制作步骤。本课件是一个展示性的辅助教学课件，它没有过多的语言描述，而是以"概念复习""焦距内成像""二倍焦距内成像""二倍焦距处成像""二倍焦距外成像""手动操作""自动演示"7 个画面直观、形象、逼真地把凸透镜成像规律展示出来，实现了用文字、语言、挂图，甚至实际演示都无法实现的效果。课件使用者，可以根据授课内容或者学习内容的需要方便、灵活地在 7 个画面间切换。光线的发射路线是使用遮罩来实现的；"焦距内成像""二倍焦距内成像""二倍焦距处成像"和"二倍焦距外成像"4 个画面中成像的大小和位置是按照成像规律，通过几何作图法确定的；"手动操作"和"自动演示"2 个画面中成像的大小和位置是按照成像规律，用代码计算完成的。通过本项目介绍的课件制作步骤，应学会在解决实际问题时，如何布置场景，如何设计和组织元件，如何合理地安排图层和帧。

项目实训　制作"凹透镜成像"课件

🌀 实训背景

透镜成像是中学物理课程中非常重要的知识。在本项目的任务中详细介绍了凸透镜成像课件的制作方法和制作过程，参照凸透镜成像课件的制作来制作薄凹透镜成像的课件。薄凹透镜成像的规律如下：

① 当物体为实物时，成正立、缩小的虚像，像和物在透镜的同侧。

② 当物体为虚物，凹透镜到虚物的距离为一倍焦距（指绝对值）以内时，成正立、放大的实像，像与物在透镜的同侧。

③ 当物体为虚物，凹透镜到虚物的距离为一倍焦距（指绝对值）时，成像于无穷远。

④ 当物体为虚物，凹透镜到虚物的距离为一倍焦距以外二倍焦距以内（均指绝对值）时，成倒立、放大的虚像，像与物在透镜的异侧。

⑤ 当物体为虚物，凹透镜到虚物的距离为二倍焦距（指绝对值）时，成与物体同样大小的虚像，像与物在透镜的异侧。

⑥ 当物体为虚物，凹透镜到虚物的距离为二倍焦距以外（指绝对值）时，成倒立、缩小的虚像，像与物在透镜的异侧。

🌀 实训要求

① 布置好各种场景。

② 设计好和组织好所需的各元件。

③ 合理安排好各个图层和帧。

④ 有代码控制。

实训提示

① 在做凹透镜时要做得薄一些。

② 在各个画面的合适位置添加一些文字内容进行标注说明。

③ 为每个画面添加控制按钮并编写代码。

④ 对于相似或相近的画面采取复制和修改的方法完成制作。

⑤ 添加代码时一定要清楚添加到了哪个对象中，控制的是哪个对象。

实训评价

实训评价表

内容与评价 能力	内 容		评 价		
	学 习 目 标	评 价 项 目	3	2	1
职业能力	能正确绘制所需要对象	能用绘图工具绘制对象			
		能用颜料桶工具填充颜色			
		能用变形工具调整对象外观			
	能合理使用元件	能正确设计所需的各个元件			
		能合理组织好各元件的使用			
	能合理安排图层和帧	能合理安排好各图层的内容			
		能正确在图层上添加文字标注			
		能正确设计各帧的内容			
	能熟练用代码控制课件的演示	能熟练使用 gotoAndPlay 语句			
		能熟练使用 if()函数			
		能熟练使用 stop 和 stopDrag 语句			
	能正确使用注释语句	能正确使用注释语句的两种格式			
通用能力	设计能力				
	想象能力				
	交流能力				
	组织能力				
	解决问题能力				
	自主学习能力				
	创新能力				
综 合 评 价					

项目九

游戏制作——制作托球游戏

Flash 游戏虽然起步较晚，但由于具有上手快、开发周期短、网络传输快、占用资源少、对硬件要求低、播放流畅、操作简单、交互性好、有趣好玩、所有功能都可以在 Flash 一个软件中完成等诸多优点，很快得到普及。用 Flash 可以开发大型游戏，但更适合于开发那些小型有趣的游戏。本项目以托球游戏为例，介绍一个简单的 Flash 小游戏的制作过程。

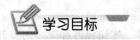
学习目标

通过本项目的学习，你将能够：

☑ 正确地绘制游戏中的各种对象；
☑ 合理地导入游戏中所需要的声音及相关的动画素材；
☑ 恰当地运用代码控制被操作的对象，掌握函数的嵌套与递归方法。

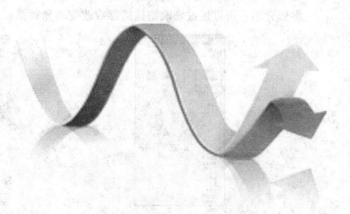

任务一 准 备 元 件

任务描述

本项目要完成的是一个托球游戏，要使游戏尽量有趣、好玩，需要用到一些具有一定功能的元件对象。主要操作对象有：小球、托球的木板、当小球撞击到某一关键位置时需要演示的动画和发出的声音等，本任务就来准备这些对象。图 9-1-1 所示为任务完成后库面板中显示出的各元件的名称。

图 9-1-1　动画完成后的库面板

任务分析

本任务中多数元件的制作都比较简单，用前面学过的知识可以比较容易地做出来。稍显复杂的是两个爆炸元件，这两个元件在平时不播放，只有当小球撞击到某一关键点时才播放。它由一个 GIF 动画文件和一个爆炸声音组成，为了防止平时该元件在主场景上出现，需要将该元件的第 1 帧做成空白的，从第 2 帧才开始有内容，在元件的第一关键帧上加上"stop();"代码，当小球撞到某一关键点时使用代码使其播放。

相关知识

1. 斜角滤镜

在前面项目中使用过发光滤镜。所有滤镜都只对影片剪辑元件、按钮元件和文字对象起作用。

作用：添加了斜角镜效果的对象从外观上看具有一定的立体感。

添加方法：

① 选中需要添加滤镜的对象。

② 在属性面板中选择"滤镜"选项。

③ 单击属性面板左下角的"添加滤镜"按钮。

④ 从下拉菜单中选择"斜角"选项，如图 9-1-2 所示。

参数介绍：可以通过修改滤镜的参数改变斜角效果，如图 9-1-3 所示。

图 9-1-2　添加斜角滤镜示意图

图 9-1-3　斜角滤镜的参数

2．游戏内容介绍

为了使读者在制作前对该游戏有一个清晰的思路和明确的制作目标，在开始操作前，先对游戏完成后的图层和时间轴、库面板和主场景上的所有对象进行全面的介绍。

（1）图层和时间轴

游戏完成后主场景上有 8 个图层，时间轴的长度只有 1 帧，动画的播放完全由"代码"层上的代码控制，如图 9-1-4 所示。

（2）库面板

动画完成后需要创建 9 个各种类型的元件，将需要导入的图片、声音等外部素材对象放在"图片及声音"文件夹中，参见图 9-1-1。

图 9-1-4　动画完成后的
图层和时间轴

（3）舞台上的对象

动画完成后，舞台上共有 23 个对象，如图 9-1-5 所示。

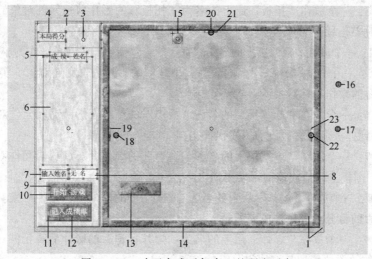

图 9-1-5　动画完成后舞台上的所有对象

下面对每个对象进行简单说明：

① 对象 1：一个放在"背景"层上的名为"背景木板"的图片对象，占满整个舞台。

② 对象 2：一个放在"说明板"层上的名为"说明板"的影片剪辑元件对象，放在左面作为整个说明部分的底板。

③ 对象 3：一个放在"说明板"层上的动态文本框，其变量名为"成绩"，在游戏正在玩的过程中用来实时显示玩家的分值。

④ 对象 4：一个放在"说明板"层上的内容为"本局得分"的静态文本框，作为对象 3 的标签。

⑤ 对象 5：一个放在"说明板"层上的内容为"成 绩　姓名"的静态文本框，作为对象 6 的标签。

⑥ 对象 6：一个放在"说明板"层上的动态文本框，其变量名为"成绩单"，用来显示前几个玩家的得分和姓名。

⑦ 对象 7：一个放在"说明板"层上的内容为"输入姓名"的静态文本框，作为对象 8 的标签。

⑧ 对象 8：一个放在"说明板"层上的可输入文本框，其变量名为"姓名"，用来输入和显示当前的玩家姓名。

⑨ 对象 9：一个放在"按钮"层上的名为"托板"的影片剪辑元件对象的实例引用，且该次引用的实例行为为"按钮"类型（即将影片剪辑元件作为按钮使用），实例名为 ks，在此作为游戏的开始按钮。

⑩ 对象 10：一个放在"按钮"层上的内容为"开始 游戏"的静态文本框，作为对象 9 的按钮标签。

⑪ 对象 11：一个放在"按钮"层上的名为"托板"的影片剪辑元件对象的实例引用，且该次引用的实例行为为"按钮"类型，实例名为 jcj，在此作为将对象 3 中的成绩值和对象 8 中的玩家姓名添加到对象 6 的动作列表中的操作按钮。

⑫ 对象 12：一个放在"按钮"层上的内容为"记入成绩单"的静态文本框，作为对象 11 的按钮标签。

⑬ 对象 13：一个放在"托板"层上的名为"托板"的影片剪辑元件对象的实例引用。实例名为 tb，该对象是玩游戏时的操作对象。

⑭ 对象 14：一个放在"框"层上的名为"框"的影片剪辑元件对象，作为小球的碰撞边界。

⑮ 对象 15：一个放在"球"层上的名为"小球"的影片剪辑元件对象。实例名为 xq，该对象是玩游戏时的操作目标对象。

⑯ 对象 16：一个放在"球"层上的名为"板声"的纯声音影片剪辑元件对象。实例名为 ban，当小球撞到托板上时播放该剪辑发出撞击声。

⑰ 对象 17：一个放在"球"层上的名为"壁声"的纯声音影片剪辑元件对象。实例名为 bi，当小球撞到围板上时播放该剪辑发出撞击声。

⑱ 对象 18：一个放在"爆炸"层上的名为"爆炸1"的影片剪辑元件对象。实例名为 bz1，当小球撞到左边的得分点上时播放该剪辑。

⑲ 对象 19：一个放在"爆炸"层上的名为"爆炸标记"的影片剪辑元件对象。实例名为 bzbj1，该对象的放置位置即是左边得分点的位置。

⑳ 对象 20：一个放在"爆炸"层上的名为"爆炸2"的影片剪辑元件对象。实例名为 bz2，当小球撞到上边的得分点上时播放该剪辑。

㉑ 对象 21：一个放在"爆炸"层上的名为"爆炸标记"的影片剪辑元件对象。实例名为 bzbj2，该对象的放置位置即是上边得分点的位置。

㉒ 对象 22：一个放在"爆炸"层上的名为"爆炸1"的影片剪辑元件对象。实例名为 bz3，当小球撞到右边的得分点上时播放该剪辑。

㉓ 对象 23：一个放在"爆炸"层上的名为"爆炸标记"的影片剪辑元件对象。实例名为 bzbj3，该对象的放置位置即是右边得分点的位置。

动画完成后，这些对象也可以在影片浏览器窗口中浏览到，如图 9-1-6 所示。影片浏览器窗口的打开方法可以通过"窗口"菜单，也可以按【Alt+F3】组合键。通过窗口上面标题栏下的按钮控制下面的显示内容。通过对象最左边的图标可以知道对象的类型，紧跟在图标后面的文字是对象在库面板中的元件名称，跟在逗号后面尖括号中的文字是实例、动态文本或可输入文本的名字，跟在逗号后面圆括号中的文字是文字对象的字体、字号和变量名。通过影片浏览器窗口可以查看 Flash 动画的任何组成对象和组织结构，希望读者在查看别人的 Flash 作品或自己过去的作品时经常使用。

图 9-1-6 舞台上 23 个对象在"影片浏览器"窗口中的显示

方法与步骤

1. 制作"小球"元件

打开 Flash CS6，新建一个 Flash（ActionScipt 2.0）类型的文件。

新建一个名为"小球"的影片剪辑元件。选择椭圆工具，用径向状渐变色在注册点位置处画一个大小合适的圆。如果追求效果，可对小球进行进一步的加工。

2. 制作"板声"元件

新建一个名为"板声"的影片剪辑元件。为第 1 帧添加代码 stop();，使该元件平时不播放。打开"导入"对话框，在"文件类型"下拉列表框中选择"所有声音格式"选项，在"素材\项目九"文件夹中找到 Bucket Hit 声音文件，将该文件导入库中。在第 2 帧插入关键帧，打开属性面板，将属性面板按图 9-1-7 所示进行设置。在第 11 帧位置插入帧。元件完成后的时间轴如图 9-1-8 所示。

图 9-1-7 将导入的声音文件添加到第 2 帧

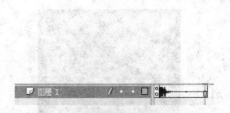

图 9-1-8 "板声"元件时间轴

这是一个没有可见内容的元件，在引用它的父对象中只显示一个位置标记。

3. 制作"壁声"元件

新建一个名为"壁声"的影片剪辑元件。为第 1 帧添加代码 stop();，使该元件平时不播放。

打开"导入"对话框，在"文件类型"下拉列表框中选择"所有声音格式"选项，在 "素材\项目九"文件夹中找到 Book Drops 声音文件，将该文件导入库中。在第 2 帧插入关键帧。打开属性面板，将属性面板按图 9-1-9 所示进行设置。元件完成后的时间轴如图 9-1-10 所示。

图 9-1-9　将导入的声音文件添加到第 2 帧　　　　图 9-1-10　"壁声"元件时间轴

4. 制作"托板"元件

新建一个名为"托板"的影片剪辑元件。选择矩形工具，将笔触颜色设置为无，填充颜色任意，按住【Alt】键从注册点位置画一个矩形。

打开混色器面板，在"类型"下拉列表框中选择"位图"选项，单击"导入"按钮，弹出"导入到库"对话框。在"素材\项目九"文件夹中找到 marble 图片文件，将该文件导入到库中。此时的混色器面板如图 9-1-11 所示，在混色器面板的下部选中刚导入的图片，选择颜料桶工具，对刚才画的矩形进行重新填充。若对填充的大小不满意，可选择渐变变形工具对填充范围进行调整。

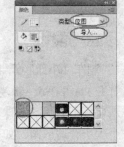

图 9-1-11　填充位图的设置

5. 制作"框"元件

新建一个名为"框"的影片剪辑元件。选择矩形工具，将笔触颜色设置为无，填充颜色任意，按住【Alt】键从注册点位置画一个矩形。将填充颜色更换一种颜色，在刚画出的矩形上面从图 9-1-12 所示的 A 点画到 B 点，画一个比原矩形小的矩形。用选择工具选中后画出的矩形，按【Del】键将其删除。在混色器面板中选择位图填充，在下部选中做"托板"元件时导入的图片，选择颜料桶工具，对框进行重新填充。若对填充的大小不满意，可选择渐变变形工具对填充范围进行调整，得到如图 9-1-13 所示的"框"元件。

图 9-1-12　框的画法　　　　　　　图 9-1-13　"框"元件的外观

6. 制作"爆炸标记"元件

新建一个名为"爆炸标记"的影片剪辑元件。选择矩形工具，将笔触颜色设置为无，填充颜色选择白色，按住【Alt】键从注册点位置画一个小矩形。在第 2 帧插入一个关键帧，选择颜料桶工具，将填充颜色更换为七彩渐变色，用颜料桶工具重新填充第 2 帧的小矩形，如图 9-1-14 和图 9-1-15 所示。

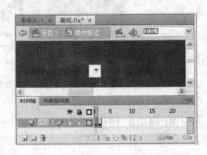

图 9-1-14　"爆炸标记"元件第 1 帧　　　图 9-1-15　"爆炸标记"元件第 2 帧

7. 制作"爆炸1"元件

新建一个名为"爆炸 1"的影片剪辑元件。打开"导入"对话框，在"文件类型"下拉列表框中选择"所有图像格式"选项，在"素材\项目九"文件夹中找到"小爆炸"图片文件，单击"确定"按钮后导入该文件。选中第 11 帧及以后的各帧，右击，在弹出的快捷菜单中选择"删除帧"命令，将第 11 帧以后的各帧删除，以减少动画的显示时间。用鼠标将第 1 关键帧拖往第 2 帧，将第 1 关键帧移动到第 2 帧的位置。选中第 2 帧中的对象，按【Ctrl+B】组合键将对象分离。选择套索工具，按下套索工具选项区域的"魔术棒"按钮。单击"魔术棒"设置按钮，弹出"魔术棒设置"对话框，将魔术棒按图 9-1-16 所示的参数进行设置后，用魔术棒工具选取分离对象的背景颜色（黑色和白色部分）后，按【Del】键将其删除。用橡皮擦工具将删除不彻底的无用部分擦掉。用同样的方法处理第 4 关键帧和第 7 关键帧上的对象。选中第 1 帧，打开动作面板，为第 1 帧添加代码 stop();。

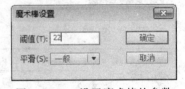

图 9-1-16　设置魔术棒的参数

单击"新建图层"按钮，新建一个图层。打开"导入"对话框，在"文件类型"下拉列表框中选择"所有声音格式"选项，在"素材\项目九"文件夹中找到"小爆"声音文件，将该文件导入到库中。右击"图层 2"的第 2 帧，在弹出的快捷菜单中选择"插入关键帧"命令，在"图层 2"的第 2 帧插入一个关键帧。打开属性面板，按图 9-1-17 所示的设置为"图层 2"的第 2 帧添加声音。

元件制作完成后第 4 帧的画面如图 9-1-18 所示。

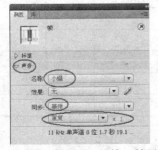

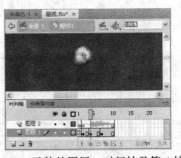

图 9-1-17　为"图层 2"的第 2 帧添加声音　　图 9-1-18　元件的图层、时间轴及第 4 帧画面

8. 制作"爆炸 2"元件

新建一个名为"爆炸 2"的影片剪辑元件。打开"导入"对话框，导入"素材\项目九"文件夹中的"大爆炸"图片文件和"大爆"声音文件。以这两个文件为素材，按照制作"爆炸 1"元件的方法完成"爆炸 2"元件的制作。

元件制作完成后的第 2 帧的画面如图 9-1-19 所示。

9. 制作"说明板"元件

说明板是放在游戏窗口左边用来放置文字和按钮的底板，它是一个材质图片，为了增加立体感，需要增加滤镜效果。不可以直接用滤镜处理图片，必须将其做成影片剪辑元件。

新建一个名为"说明板"的影片剪辑元件。打开"导入"对话框，在"文件类型"下拉列表框中选择"所有图像格式"命令，在"素材\项目九"文件夹中找到 tile4 图片文件，将该文件导入即可。

图 9-1-19　元件的图层、时间轴及第 2 帧画面

至此游戏中的 9 个元件全部制作完成。

任务完成

参照本任务中"爆炸 1""爆炸 2"两个元件的制作方法，制作两个爆炸元件放在舞台上，在舞台上放两个按钮。单击第一个按钮时播放"爆炸 1"元件，单击第二个按钮时播放"爆炸 2"元件。

学习评价

学习评价表

内容与评价 能力	内 容		评 价		
	学 习 目 标	评 价 项 目	3	2	1
职业能力	能正确导入声音和图片	能正确导入声音			
		能正确导入图片			
	能正确制作元件	能将导入的图片和声音做成元件			
	能正确编写代码	能用代码使爆炸元件停在第 1 帧			
		能正确地为爆炸元件命名			
		能用按钮上的代码使爆炸元件播放			
通用能力	设计能力				
	组织能力				
	解决问题能力				
	自主学习能力				
综 合 评 价					

课 后 练 习

1. 本任务中用到了几个声音对象？它们的同步效果是如何设置的？
2. 用矩形工具画一个元件，用斜角滤镜做出一个立体感较好的斜角效果。

任务二 完 成 游 戏

任务描述

打开游戏后在左边的"输入姓名"文本框中输入玩家的姓名，单击"开始游戏"按钮游戏开始，小球从空中以一个随机的平抛速度下落。用鼠标拖动托板，可以使托板在一定范围内移动。玩家用托板去托小球，防止它落到地下。当落到拖板上或落到地下时都可以反弹回去，撞到围板的任何一面上时也都能弹回。下落和撞击反弹的规律和实际的弹性碰撞规律相同。只是撞到围板上的时候小球的速度有所降低，撞到托板上时小球的速度稍有增加。当托板被拖动时撞击小球的规律也和实际碰撞的规律相同。当小球撞到围板的上、左、右3个面时要加分，加分的多少和小球的撞击力量（速度）有关，力量越大加分越多。当小球撞到围板的下面时要扣分，扣分的多少也和小球的撞击力量有关，力量越大扣分也越多。围板的上、左、右3面接近中间位置各有一个得分点，当小球撞到上面的得分点时要比撞到其他地方多得100倍的分；当小球撞到左面或右面的得分点时要比撞到其他地方多得20倍的分。当小球撞到不同的对象上时发出不同的撞击声，撞到上面和两边的两个得分点时发出不同的爆炸声，且各演示一爆炸动画。小球速度过大时可以撞穿托板，不发生反弹。当小球落地后弹不回超过托板上面的高度时，将没有办法再托到小球，只能等小球自然静止后游戏结束。游戏结束后单击"记入成绩单"按钮将成绩记录到成绩单中。在成绩显示区域的最上面可以实时显示出游戏的得分。通过"输入姓名"文本框，可以再次输入玩家的姓名，开始下一轮游戏。从打开游戏后的所有玩家的成绩都将在中上部的"成绩"和"姓名"列表中列出。

图9-2-1所示为任务完成后的游戏开始画面。

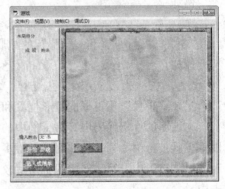

图 9-2-1 任务完成后的游戏开始画面

任务分析

为了方便用代码控制、添加效果和修改属性，将舞台上除文字以外的所有对象都做成元件。为了与本游戏内容和撞击声相适应，游戏中选择了木头和石头为主要的图片背景。用斜角滤镜实现按钮、托板和围板的立体效果。将小球的_x、_y属性取反来实现碰撞后弹回的效果。用撞击后乘以小于1的系数的方法实现减速效果，乘以大于1的系数的方法实现加速效果。用每播放一帧，y总是增加一定的值的方法实现重力效果。在3个得分点处分别用了"爆炸标记"和"爆炸"两个元件，当小球和"爆炸标记"对象重叠时"爆炸"对象就播放，发出爆炸声同时演示一段爆炸画面。

相关知识

hitTest 方法

hitTest 方法用来监测影片剪辑对象是否处在某一区域内或者是否和另一个影片剪辑对象重叠，其值为一个逻辑值，经常用来判断两个对象发生碰撞，子弹是否击中了靶子等。

格式 1：对象 1.hitTest(对象 2)

功能描述：对象 1 和对象 2 为两个影片剪辑对象，该格式的功能是判断两个影片剪辑对象所占的矩形区域是否发生重叠。如果发生了重叠它的值为 true，如果没有发生重叠它的值为 false。

例如：

`if(小鸟.hitTest(子弹)){text1.text="击中了";}`

"小鸟"和"子弹"分别为影片剪辑对象，text1 为一个动态文本框的名字，text 为动态文本框的文本属性。该代码的意思是如果"小鸟"和"子弹"两个对象的矩形位置发生了重叠，就在文本框中显示"击中了"。

格式 2：对象.hitTest(x,y,true|false)

功能描述：对象为一个影片剪辑对象；x 和 y 为指定对象的坐标；第 3 个参数可以是 true 或者是 false。如果第 3 个参数是 true 表示对象的实际位置（有内容的地方）和（x,y）坐标点重叠，式子的值为 true。如果第 3 个参数是 false 表示对象的矩形位置（不见得有内容的地方）和（x,y）坐标点重叠，式子的值即为 true。

例如：

`if(小鸟.hitTest(子弹._x,子弹._y,true)){text1.text="击中了";}`

"小鸟"实际位置和"子弹"的注册点重叠时才在文本框中显示"击中了"。

例如：

`if(小鸟.hitTest(子弹._x,子弹._y,false)){text1.text="击中了";}`

只要"小鸟"所占据的矩形位置和"子弹"的注册点重叠，就在文本框中显示"击中了"。

在前面的 3 例代码中，第 1 例中的小鸟最容易被击中，只要它的矩形范围和子弹的矩形范围重叠就被击中。第 2 例中的小鸟最不容易被击中，只有小鸟的实际位置和子弹的注册点重叠时才可能被击中。第 3 例中的小鸟比较容易被击中，在小鸟占的矩形和子弹的注册点重叠时被击中。

方法与步骤

单击时间轴上的 ⬚ 场景 1 返回到主场景。单击 7 次"新建图层"按钮，插入 7 个新图层。将 8 个图层按自下而上的顺序依次命名为"背景""说明板""爆炸""框""托板""球""按钮"和"代码"。

1. 完成"背景"层

先单击所有图层上面的 ⬚ 按钮，锁定所有图层，然后单击"背景"层上面的 ⬚ 按钮，解锁"背景"图层。

选择"背景"层为当前图层。打开"导入"对话框，将"素材\项目九"文件夹中的"背景

"木板"图片文件导入到舞台。打开对齐面板，在保证"相对于舞台" □ 按钮按下的情况下，依次单击"匹配宽和高" ▣、"水平中齐" ⬚ 和"垂直中齐" ⬚ 3 个按钮，将该图片调整到刚好占满舞台。

2. 完成"框"层

单击"背景"层上和 ▣ 对应列上的小黑点，锁定"背景"图层。单击"框"层上的 ▣ 按钮，解锁"框"图层。

选择"框"层为当前图层。将库面板中的"框"元件拖动到舞台上，并用选择工具和任意变形工具将大小和位置调整到如图 9-2-2 所示。打开属性面板，按图 9-2-3 所示的设置，为"框"元件添加斜角滤镜效果。

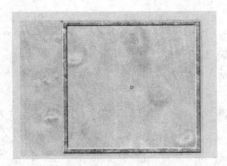

图 9-2-2　"框"元件的放置位置

图 9-2-3　为"框"元件添加斜角滤镜效果

3. 完成"说明板"层

"说明板"层完成后的界面如图 9-2-4 所示。

单击"框"层上和 ▣ 对应列上的小黑点，锁定"框"图层。单击"说明板"层上的 ▣ 按钮，解锁"说明板"图层。

选择"说明板"层为当前图层。将库面板中的"说明板"元件拖动到舞台上，并用选择工具和任意变形工具将大小和位置调整到如图 9-2-4 所示。打开属性面板，按图 9-2-5 所示的设置，为"说明板"元件添加斜角滤镜效果。

参照图 9-2-4 所示的位置，在该图层上添加 3 个静态文本框，并分别输入"本局得分""成绩　姓名"和"输入姓名"。

在"本局得分"文本的右面添加一个动态文本框，内容为空，不显示边框，在"变量"文本框中输入"成绩"，为该文本框取一个变量名为"成绩"，如图 9-2-6 所示。

在"成绩　姓名"文本的下面添加一个动态文本框，内容为空，不显示边框，在"变量"文本框中输入"成绩单"，为该文本框取一个变量名"成绩单"。

在"输入姓名"文本的右边添加一个可输入文本框，默认内容为"无名"，显示边框，在

"变量"文本框中输入"姓名"，为该文本框取一个变量名"姓名"。

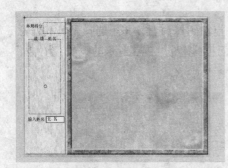

图 9-2-4 "说明板"层
完成后的画面

图 9-2-5 添加斜角滤镜效果

图 9-2-6 对文本属性
进行设置

4. 完成"爆炸"层

"爆炸"层完成后的效果如图 9-2-7 所示。

单击"说明板"层上和🔒对应列上的小黑点，锁定"说明板"图层。单击"爆炸"层上的🔒按钮，解锁"爆炸"图层。

选择"爆炸"层为当前图层。将库面板中的"爆炸标记"元件拖动到舞台上，如图 9-2-7"位置 1"所示的位置。按【Ctrl+Shift+9】组合键将对象旋转 90°。打开属性面板，在实例名称位置输入 bzbj1，为对象取名为 bzbj1。

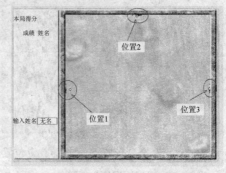

图 9-2-7 "爆炸"层完成后的画面

将库面板中的"爆炸 1"元件拖动到舞台上，如图 9-2-7"位置 1"所示和 bzbj1 实例重叠的位置。打开属性面板，在实例名称位置输入 bz1，为对象取名为 bz1。

将库面板中的"爆炸标记"元件拖动到舞台上，如图 9-2-7"位置 2"所示的位置。打开属性面板，在实例名称位置输入 bzbj2，为对象取名为 bzbj2。

将库面板中的"爆炸 2"元件拖动到舞台上，如图 9-2-7"位置 2"所示和 bzbj2 实例重叠的位置。打开属性面板，在实例名称位置输入 bz2，为对象取名为 bz2。

将库面板中的"爆炸标记"元件拖动到舞台上，如图 9-2-7"位置 3"所示的位置。按【Ctrl+Shift+9】组合键将对象旋转 90°。打开属性面板，在实例名称位置输入 bzbj3，为对象取名为 bzbj3。

将库面板中的"爆炸 1"元件拖动到舞台上，如图 9-2-7"位置 3"所示和 bzbj3 实例重叠的位置。打开属性面板，在实例名称位置输入 bz3，为对象取名为 bz3。

5. 完成"托板"层

"托板"层完成后的效果如图 9-2-8 所示。

单击"爆炸"层上和🔒对应列上的小黑点，锁定"爆炸"图层。单击"托板"层上的🔒按钮，解锁"托板"图层。

选择"托板"层为当前图层。将库面板中的"托板"元件拖动到舞台上，位置如图 9-2-8 所示。打开属性面板，在实例名称位置输入 tb，为对象取名为 tb。在属性面板中，按图 9-2-5 所示的设置，为对象添加斜角滤镜效果。

右击该对象，在弹出的快捷菜单中选择"动作"命令，打开动作面板，在动作面板中添加以下代码：

```
onClipEvent (mouseDown)
{         //按下鼠标时"托板"对象在下面范围内被拖动
  startDrag(this, false,180,280,490,330);
}
onClipEvent (mouseUp)
{         //抬起鼠标时停止拖动
  stopDrag();
}
```

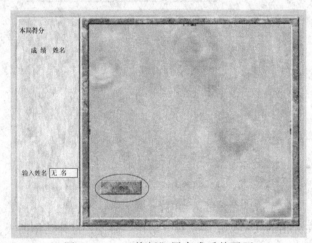

图 9-2-8   "拖板"层完成后的画面

6. 完成"球"层

单击"托板"层上和🔒对应列上的小黑点，锁定"托板"图层。单击"球"层上的🔒按钮，解锁"球"图层。

选择"球"层为当前图层。将库面板中的"小球"元件拖动到舞台上"框"范围内的任意位置。打开属性面板，在实例名称位置输入 xq，为对象取名为 xq。

将库面板中的"板声"元件拖动到舞台上。打开属性面板，在实例名称位置输入 ban，为对象取名为 ban。

将库面板中的"壁声"元件拖放到舞台上。打开属性面板，在实例名称位置输入 bi，为对象取名为 bi。

> 说明：因为"板声"和"壁声"两个元件没有可显示的内容，为了容易找到它们的位置，最好将两个元件放在舞台外面没有内容的地方。

7. 完成"按钮"层

"按钮"层完成后的画面如图 9-2-9 所示。

单击"球"层上和圖对应列上的小黑点，锁定"球"图层。单击"按钮"层上的圖按钮，解锁"按钮"图层。

选择"按钮"层为当前图层。将库面板中的"托板"元件拖动到舞台的左下角。用选择工具和任意变形工具将大小和位置调整到合适的大小和位置。打开属性面板，按图 9-2-5 所示的设置，为该对象添加斜角滤镜效果。打开属性面板，在"实例名称"位置输入 ks，为该实例取名为 ks。选择文本工具，选择合适的字号、字体和颜色，将"文本类型"设置为"静态文本"，输入"开始 游戏"字样作为按钮的标签，效果如图 9-2-9 左下角靠上面的按钮所示。

用选择工具并结合【Shift】键，选中刚做好按钮对象和它的标签文字，按下【Alt】键向下拖动，复制这两个对象。选中按钮对象，在属性面板中将实例名称更改为 jcj。选择文本工具，将标签文字更改为"记入成绩单"，效果如图 9-2-9 左下角靠下面的按钮所示。

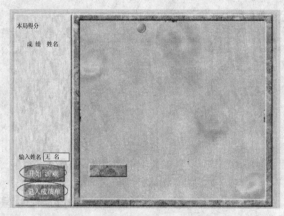

图 9-2-9　"按钮"层完成后的画面

右击 ks 按钮，在弹出的快捷菜单中选择"动作"命令，打开动作面板，在动作面板中为该按钮添加以下代码：

```
on(release)                //单击该按钮时游戏开始，执行以下代码
{
  xq.vx=random(10);        //小球的水平速度在 0~9 间产生一个随机数值
  xq.vy=0;                 //小球的垂直速度为 0
  xq._y=50;                //小球出现在纵坐标为 50 的位置
  xq._x=222;               //小球出现在横坐标为 222 的位置
  成绩=0;                  //将成绩值清除为 0
  加速度=1;                //将小球的加速度置为 1
}
```

右击 jcj 按钮，在弹出的快捷菜单中选择"动作"命令，打开动作面板，在动作面板中为该按钮添加以下代码：

```
on(release)
{
  成绩单=成绩单+成绩+"  "+姓名;
}
```

代码说明：单击该按钮后，在成绩单列表中增加一项成绩。其中增加的成绩值，就是画面

上正在显示的"成绩值"后面的内容；增加的姓名内容，就是画面上正在显示的"输入姓名"后面的内容。其功能就是把玩家的成绩和名字添加到成绩单中。

　　加在两个按钮上的代码中的变量要和下面加在主场景"代码"层上的代码结合起来看，它们的功能是相互联系的。

8. 在"代码"层添加代码

　　右击"代码"层的第 1 帧，在弹出的快捷菜单中选择"动作"命令，在打开的动作面板中输入代码。

　　在专家模式下输入时注意字母的大小写不可以写错。

　　本项目中的代码涉及物理上的有关运动规律方面的一些算法，有的地方可能不太好懂。要弄懂这些代码，应首先弄懂各个变量的作用。

```
/*变量说明:
xq.vy:小球的垂直速度
xq.vx:小球的水平速度
加速度: 小球的垂直加速度
tbx:上一帧托板对象的水平位置
tby:上一帧托板对象的垂直位置
另外，代码中的有些数值，如 17、358、145、512 等和对象的放置位置有关，当对象的放置位置
不同时，这些数值可能需要进行调整*/
xq.onEnterFrame=function()               //每播放一帧执行以下代码
{
  xq.vy=加速度+xq.vy;                     //小球垂直速度每播一帧增加一个加速度值
  xq._y=xq._y+xq.vy;                     //小球的纵坐标位置增加一个 xq.vy 值
  xq._x=xq._x+xq.vx;                     //小球的横坐标位置增加一个 xq.vx 值
  if(xq.hitTest(tb))                     //"xq"对象和"tb"对象重叠时执行本花括号中的代码
  {
    xq.vy=-xq.vy*1.1;                    //小球垂直速度变反且增加为 1.1 倍
    xq.vx=xq.vx+(tb._x-tbx)*.5;          //小球水平速度增加托板速度一半的值
    xq.vy=0+xq.vy+(tb._y-tby)*.5;        //小球垂直速度增加托板速度一半的值
    ban.play();                          //发出撞击声
  }
  if(xq.hitTest(bzbj1))                  //xq 和 bzbj1 重叠时
  {
    bz1.play();                          //播放爆炸声和动画
    成绩=int(成绩-xq.vx*20);              //使成绩值增加小球速度的 20 倍
  }
  if(xq.hitTest(bzbj2))
  {
    bz2.play();
    成绩=int(成绩-xq.vy*100);
  }
  if(xq.hitTest(bzbj3))
  {
    bz3.play();
    成绩=int(成绩+xq.vx*20);
  }
  tbx=tb._x;                             //记住托板的水平位置
  tby=tb._y;                             //记住托板的垂直位置
```

```
if(xq._y<=17)                  //小球撞到框的上边时
{
    xq._y=17;
    xq.vy=-xq.vy;              //速度变反
    bi.play();                 //发出撞击声
    成绩=int(成绩*1+xq.vy);    //成绩增加一个速度值
}
if(xq._y>358)                  //小球落地时
{
    xq.vy=-xq.vy*.7;           //垂直速度取反，变慢
    成绩=int(成绩+xq.vy);      //成绩减少
    xq.vx=xq.vx*.8;            //水平速度变慢
    bi.play();                 //发出撞击声
    xq._y=358;                 //强行将小球纵坐标移到358
    if(Math.abs(xq.vy)<1)      //小球垂直速度小于1时，停止小球的垂直方向的运动
    {
        加速度=0;
        xq.vy=0;
    }
}
if(xq._x<145)                  //小球撞到框的左边时
{
    xq._x=145;
    xq.vx=-0.9*xq.vx;          //速度变反且取原值的0.9
    bi.play();                 //发出撞击声
    成绩=int(xq.vx+成绩);      //使成绩增加一个水平速度值
}
if(xq._x>512)                  //小球撞到框的右边时
{
    xq._x=512;
    成绩=int(成绩+xq.vx);      //使成绩增加一个水平速度值
    xq.vx=-0.9*xq.vx;          //速度变反且取原值的0.9
    bi.play();                 //发出撞击声
}
    xq.vx=xq.vx*.99;           //每播一帧，小球的水平速度减小为原速度的99%
};
```

任务完成

在本任务中介绍了一个托球游戏的制作，功能比较全面，制作过程复杂。参照本任务中介绍的游戏制作方法，完成一个打猎小游戏。游戏的功能如下：舞台上有一个狩猎框，框中每隔一段时间就有猎豹跑过，单击枪，可以发射子弹，如果子弹击中猎豹，就发出爆炸声，并演示一段爆炸动画，猎豹返回到第1帧，继续播放，子弹返回并停止到第1帧。

图9-2-10所示为游戏完成后的参考时间轴。图9-2-11所示为动画播放时没有击中猎豹的画面。图9-2-12所示为动画播放时猎豹被击中的画面。

图9-2-10　游戏完成后层和帧参考

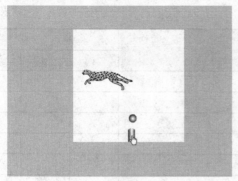 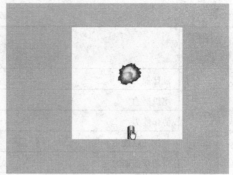

图 9-2-11 没有击中时的画面　　图 9-2-12 击中后的显示画面

下面为加在"枪"按钮上的参考代码：

```
on(press)
{
    zd.play();
}
```

下面为加在"子弹"影片剪辑上的参考代码：

```
onClipEvent(enterFrame)
{
    if(_root.lb.hitTest(_root.zd))
    {
        _root.bz.play();
        _root.lb.gotoAndPlay(1);
        _root.zd.gotoAndStop(1);
    }
}
```

代码中的 zd 为子弹的名字，lb 为猎豹的名字，bz 为爆炸元件的名字。

学习评价

学习评价表

内容与评价 能力	内	容	评	价	
	学 习 目 标	评 价 项 目	3	2	1
职业能力	能正确绘制对象	能正确绘制子弹			
		能正确绘制枪对象			
		能正确绘制狩猎框对象			
	能正确导入对象	能正确导入爆炸图片			
		能正确导入猎豹对象			
	能正确创建元件	能正确创建子弹元件			
		能用爆炸图片正确地制作爆炸元件			
	能正确编写代码	能用代码实现最终游戏功能			

续表

内容与评价 能力	内　　　　　容	评　　价		
		3	2	1
通用能力	设计能力			
	组织能力			
	协作能力			
	解决问题能力			
	自主学习能力			
	创新能力			
综　合　评　价				

课 后 练 习

1. "对象 1.hitTest(对象 2)""对象.hitTest(x,y,true)"和"对象.hitTest(x,y, false)"3 条语句有何区别？

2. 游戏中小球下落时的加速度是怎样实现的？

3. 游戏代码中判断小球是否和围板相撞时，是用什么语句实现的？判断小球是否和托板相撞时，又是用什么语句实现的？为什么没用相同的语句？

项 目 小 结

本项目以托球为例介绍了一个游戏动画制作的全过程。游戏类动画的算法稍显复杂，在动手制作前首先要对动画进行规划和设计，理清思路，明确目的。其次，布置一个漂亮的操作界面，配上恰当的声音，这一点也非常重要，它能增加玩家的兴趣。第三步是编写代码，这也是最关键的一步，它涉及代码方面的知识和一些算法。另外，在动画的制作过程中可能需要经常测试动画，对动画中涉及的一些数据可能需要多次调整后才可能得到理想的效果。本项目学到的知识内容是 hitTest 方法，该方法可以测试两个实例对象的位置是否重叠，或某一实例是否处在某一区域位置，它经常放在 if 语句中作为条件使用。

项目实训　制作并改进任务中的托球游戏

实训背景

参照本任务中介绍的方法完成一个托球游戏的制作，界面的背景可以根据自己的喜好选择设计。与本任务不同的是：

① 小球开始要有一个较大的初速度。

② 小球落到地面上（围板的下边）时不会被弹起，游戏结束。小球撞到围板的左、右、上 3 个边框上弹回时要有减速。小球撞到静止的托板上时可以使其加速、减速或原速返回，但

如果设为加速不能大于撞到围板的左、右、上 3 个边框上弹回时的减小值，即小球只在围板和静止的托板上来回撞击时速度肯定越来越慢。

③ 在围板上部的一侧或两侧设置一个加速点，当小球撞到加速点上时弹回的速度明显增加。

④ 最后的成绩不是按分值计算，而是按托板的托球次数计算。

完成后的画面可参考图 9-3-1，该画面是正在进行中的游戏，第一个玩家是张三，托了 113 次；第二个玩家是李四，托了 98 次；王五正在玩，已经托了 77 次了。

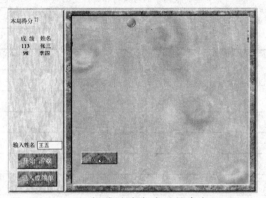

图 9-3-1　托球游戏完成后的参考画面

实训要求

小球的初速度值、托板的大小、加速点对象的大小和加速值、小球撞到围板上后的减速值都要合理恰当，要把握难度适中。当小球撞到托板上时的速度小于一定值时就不再反弹。玩得熟、用心玩能多托几次，但不能没有失败。玩得不好也能托几次，要给初级玩家一个自信心。

实训提示

参照本项目任务：

① "开始 游戏"按钮中有如下的代码：

```
xq.vx=random(10);    //小球的水平速度在 0~9 之间产生一个随机数值
xq.vy=0;             //小球的垂直速度为 0
```

将上面代码中的 random(10) 后面加上一个数；xq.vy=0 中的 0 改成一个较大且合适的值。

② 去掉围板上面的爆炸标记和爆炸元件，将围板左、右边的爆炸标记和爆炸元件向上移动到一个合适的位置。

③ 小球撞到围板的左、右、上边时不再加分，只有撞到托板上时加 1。

④ 小球撞到围板加速度点时不再加分，而是增加反弹速度。

实训评价

完成游戏类动画的制作难度较大，在编写代码时不能出现差错，一般要经过反复调试才能得到正确结果。

实训评价表

内容与评价 能力	内　　　　容		评　　价		
	学习目标	评价项目	3	2	1
职业能力	能正确布置游戏画面	能创建游戏中所需的各种元件			
		能在舞台上正确、合理地摆放对象			
		能正确地为舞台上的对象命名			
	能正确编写代码	能将代码中的对象名和舞台上的对象一一对应			
		能通过代码正确地控制舞台上的对象			
		代码中的数据合理、正确			
	综合职业能力	能合理使用声音和动画			
		动画流畅、有趣，对玩家有吸引力			
		难度适中			
通用能力	设计能力				
	审美能力				
	组织能力				
	协作能力				
	解决问题能力				
	自主学习能力				
	创新能力				
综　合　评　价					

项目十

精彩实例

　　本项目精选了 9 个有代表性的，在网络和一些教材中经常出现的实例。它们是 Flash 基本知识巧妙利用的精华，可对前面学习的动画类型、动画制作方法等知识和技巧进行巩固和复习。

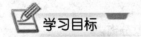 学习目标

通过本项目的学习，你将能够：

☑ 复习对帧的操作；
☑ 能利用遮罩动画原理制作特殊动画效果；
☑ 能用代码复制元件对象；
☑ 能用代码修改对象的属性。

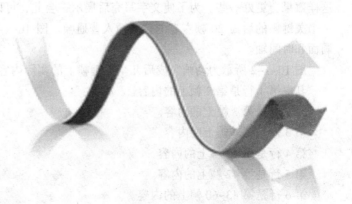

任务一　制作手写字效果动画

任务描述

当看电视剧或电影的时候，经常会在屏幕上看到剧名以书写的形式呈现在观众面前，这种形式能给观众留下很深的印象，很容易记住剧名。在网上也会经常看到这样的动画效果。本任务就以"手写字效果"5 个字为内容做一个一笔一笔写出的 Flash 动画。

任务分析

首先用文本工具在舞台上输入"手写字效果"5 个字。按【Ctrl+B】组合键两次，将其分离为矢量对象。在第 2 帧插入关键帧，用橡皮擦工具将最后一个字的最后一笔擦除。在第 3 帧插入关键帧，用橡皮擦工具将最后一个字的倒数第二笔擦除……依此类推，直到剩下第一个字的第一笔时再在下一帧插入一个空白关键帧。最后选择全部帧后，将所有帧翻转。

方法与步骤

① 选择工具箱中的文本工具。

② 按【Ctrl+F3】组合键打开属性面板，在属性面板中对字体、字号和文字颜色进行选择。

③ 在舞台的合适位置单击后，输入"手写字效果"文字内容。

④ 用任意变形工具调整好输入内容的大小和位置。

⑤ 连续执行两次"修改"→"分离"命令操作，将文字对象分离。

⑥ 右击时间轴的第 2 帧，在弹出的快捷菜单中选择"插入关键帧"命令，用橡皮擦工具将"果"字的最后一笔擦除。

⑦ 用同样的方法在第 3 帧插入一个关键帧，将"果"字的倒数第二笔擦除，依此类推，直到只剩"手"字的第一笔时，再在下一帧插入一个空白关键帧。

⑧ 选中时间轴面板中的所有帧后，右击，在弹出的快捷菜单中选择"翻转帧"命令，手写字效果动画完成。

为了使每写完一个字后有一个小的停顿，可以在每擦除完一个字后隔一帧再插入关键帧，这样效果会更好一些。为了使文字写完后展示一会儿，可以在"翻转帧"操作完成后，在最后一个关键帧的后面 20 帧左右的位置插入普通帧。图 10-1-1 所示为动画完成后第 29 帧处舞台画面和时间轴。

图 10-1-2 所示为动画完成后几个关键帧上的实际内容。

其中第 1 行是第 2 帧上的内容。

第 2 行是第 3 帧上的内容。

第 3 行是第 4 帧上的内容。

第 4 行是第 41 帧上的内容。

第 5 行是第 42 帧上的内容。

第 6 行是第 43~60 帧上的内容。

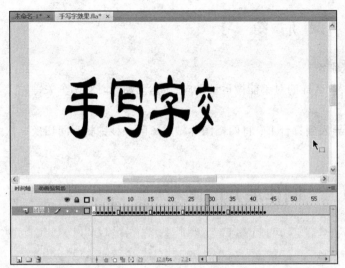

图 10-1-1 任务一完成后的画面   图 10-1-2 几个不同帧上的画面内容

任务完成

参照本任务介绍的制作手写字效果动画的方法，观看课件中的动画效果和制作方法，将你的名字制作成一个手写效果动画。

> **提示：** 在制作手写效果动画时可以根据文字的多少，特别是文字总笔的多少来确定每一关键帧擦除内容的多少。本任务中用了5个字，共33画，比较适合每一关键帧擦除一个笔画，也比较适合小笔画一次擦除，遇到大的笔画用两次擦除。如果文字较少，可以多次擦除一个笔画。如果文字较多，可以一次擦除多个笔画。

学习评价

学习评价表

内容与评价 能力	内　　　　　容		评　　　　　价		
	学 习 目 标	评 价 项 目	3	2	1
职业能力	能正确操作文字对象	能正确添加文字			
		能编辑文字			
	能将文字对象转换为矢量对象	能将文字对象转换为矢量对象			
	能正确使用橡皮工具	能用橡皮工具擦除矢量对象内容			
	能正确插入关键帧	能正确插入关键帧并翻转帧			
通用能力	知识和技能相结合能力				
	审美能力				
	解决问题能力				
	交流能力				
综 合 评 价					

课 后 练 习

1. 逐帧动画和补间动画有何区别？

2. 什么样的对象能做变形动画？什么样的对象能做运动动画？做运动动画时对两个关键帧上的对象有什么要求？

3. 找两幅你喜欢的图片，分别导入到舞台上，将两幅图片做成每隔一秒钟相互间切换一次的动画。

任务二 制作展开的画卷

任务描述

2008 年 8 月 8 日第二十九届奥运会在北京开幕。开幕式上当一幅具有中国特色的画卷在鸟巢体育馆中徐徐展开的时候，这一场景给全世界人民留下了深刻印象。本任务就来制作一个画卷徐徐展开，稍后又徐徐卷起的动画效果。图 10-2-1 所示为动画播放时画卷展开时的一个镜头。

任务分析

本任务需要用到多个被遮罩层："画""画纸"和"画布"，它们在画面上看起来虽然像是一个整体，但是为了操作方便，将其做在 3 个不同的图

图 10-2-1 任务二完成后的效果

层上。在画卷卷起来的时候，它们都不需要看到，用遮罩层同时把它们遮起来。任务中用到两个画轴，每一个画轴又用到了两种不同的填充颜色，直接在主场景上做动画操作不方便，我们将其做成元件。

方法与步骤

1. 布置层

打开属性面板，单击"舞台"选项后面的色块，打开选择颜色面板，在选择颜色面板中选择黑色，将舞台背景设置为黑色。

双击"图层 1"将其改名为"画布"。单击"新建图层"按钮□5 次，插入 5 个新图层，按从下到上的顺序依次命名为"画纸""画""遮罩""画轴 2"和"画轴 1"。完成后的效果如图 10-2-2 所示。

2. 导入图画

将"画"层切换为当前层。按【Ctrl+R】组合键弹出"导入"对话框，在对话框中选择"素材\项目十"文件夹下"国画 0"图片文件，单击"打开"按钮。将"国画 0"文件导入到舞台。用任意变形工具调整其大小，用选择工具调整其位置，将其调整成如图 10-2-3 所示的效果。

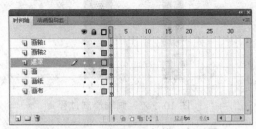

图 10-2-2　为动画准备好 6 个图层

图 10-2-3　将图片导入舞台并调整大小和位置

3. 绘制画纸

将"画纸"层切换为当前层。选择矩形工具，将填充色设置为白色，笔触颜色设置为"无"，在舞台上画一个四周略大于导入图画的矩形，如图 10-2-4 所示。

4. 绘制画布

将"画布"层切换为当前层。选择矩形工具，将笔触颜色设置为"无"，将填充色设置为自己喜欢的颜色，在舞台上画一个四周略大于画纸的矩形，如图 10-2-5 所示。

图 10-2-4　画纸层完成后的画面效果

图 10-2-5　画布层完成后的画面效果

> **技巧**：为了防止误操作图层，可以先将不需要操作的图层锁定后，再返回到需要操作的图层进行操作。

5. 绘制画轴元件

创建一个名为"画轴"的图形元件。选择矩形工具，将笔触颜色设置为"无"。用颜色面板将填充颜色设置为线性填充。将左边的颜色桶设置为自己喜欢的画轴的颜色，并将其向右移动一些。再在该颜色桶的左边空白位置单击两下，插入两个和其颜色相同的颜色桶。将最右面原来的颜色桶全部删除，将剩余的 3 个颜色桶调整成等距离位置，将两端的颜色桶的亮度适当调暗，中间颜色桶的亮度适当调亮，如图 10-2-6 所示。在靠近中心位置画一个细而高的画轴，如图 10-2-7（a）所示。用同样的方法选择与主场景"画布"层上的画布相近的颜色，对颜色面板中的 3 种线性渐变颜色进行调整（注意：调整颜色时，舞台上的矢量图对象不能处在选中状态，否则其颜色将会被改变。可以用选择工具单击舞台上没有任何内容的地方来取消对任何对象的选择）。在中心位置画一个和画轴中心对齐，比画轴宽而短的矩形，作为缠有画布的画轴，如图 10-2-7（b）所示。

图 10-2-6　设置画轴颜色　　　　　　　　　　　　图 10-2-7　画轴绘制过程

6. 布置场景

将"画轴 1"层设置为当前层，并使之处于解锁状态。打开库面板，将"画轴"元件从库面板中拖入该图层，使之和"画布"层上画布的左端对齐，如图 10-2-8 所示，如果元件的大小不合适，可以使用任意变形工具对其进行调整。使"画轴 2"层处在解锁情况下，按住【Alt】键将"画轴 1"层上的第 1 关键帧拖动到"画轴 2"层的第 1 个关键帧上，复制关键帧。用选择工具将"画轴 2"层上的画轴对象向右拖，使两个对象并排成如图 10-2-9 所示的效果。

图 10-2-8　画轴 1 层完成后的画面效果　　　　　图 10-2-9　画轴 2 层完成后的画面效果

7. 绘制遮罩层

将"遮罩"层切换为当前层，锁定其他图层。选择矩形工具，将笔触颜色设置为"无"，填充色随意，在舞台上画一个四周略大于画布的矩形。

8. 制作动画

用鼠标将第 130 帧的最上面一层拖动到最下面一层，选中所有层的第 130 帧，右击，在弹出的快捷菜单中选择"插入帧"命令，在第 130 帧为所有层插入帧。

分别在"画轴 2"层和遮罩层两个图层的第 15、70、80、130 帧的位置插入关键帧。

将"遮罩"层第 1 帧上的矩形用任意变形工具将其宽度缩小到右边界能让"画轴 2"对象遮住的大小，左边界位置不变。右击该帧，在弹出的快捷菜单中选择"复制帧"命令，将该帧复制到剪贴板。右击该图层的第 15 关键帧，在弹出的快捷菜单中选择"粘贴帧"命令，右击该图层的第 130 关键帧，在弹出的快捷菜单中选择"粘贴帧"命令，将第 1

图 10-2-10　第 70~80 帧的画面效果

关键帧上的内容分别复制到第 15 关键帧和第 130 关键帧。

选中"画轴 2"层的第 70 帧，将上面的画轴对象放到如图 10-2-10 右面的位置。选中"画轴 2"层的第 70 帧，按住【Alt】键用鼠标将其他拖动到第 80 帧，将第 70 关键帧上的内容复制到第 80 关键帧上。

分别对"画轴 2"层的第 15 关键帧和第 80 关键帧做"运动"动画；分别对"遮罩"层的第 15 关键帧和第 80 关键帧做"形状"动画。

9. 设置图层属性

双击"遮罩"层图标，弹出"图层属性"对话框，将该图层设置为遮罩层。

双击"画"层图标，弹出"图层属性"对话框，将该图层设置为被遮罩层。用同样的方法将"画纸"层和"画布"层也设置为被遮罩层。

图 10-2-11 所示为动画制作完成后的完整画面（为了看被遮罩层上的内容已将遮罩层隐藏）。

图 10-2-11　动画完成后的文档窗口界面

图 10-2-12 所示为动画制作完成后第 70 帧以后的时间轴面板。

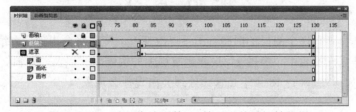

图 10-2-12　动画完成后第 70 帧以后的时间轴面板

任务完成

展开的画卷是 Flash 的又一个典型的动画类型，本任务中介绍了一个横向展开的画卷的制作方法。结合所学知识和方法，择合适的图画素材，做一个纵向展开的画卷。

> 提示：选择一幅窄而长的图画做素材。在"文档属性"对话框中将动画尺寸设置成高大于宽。画轴元件可以按照本实例中介绍的操作步骤制作，将引用后的实例旋转90°。

学习评价

学习评价表

内容与评价 能力	内　　容		评　　价		
	学 习 目 标	评 价 项 目	3	2	1
职业能力	能灵活使用绘图工具	能选择合适的工具画出画轴			
	能灵活的使用颜色面板	能正确地为画轴元件选择颜色			
	能熟练制作动画	能正确地为画轴制作动画			
		能正确地为本例中的遮罩层制作动画			
	能合理使用元件	会将画轴做成元件并进行引用			
	能正确使用图层	能正确地布置图层			
		能正确使用遮罩层和被遮罩层			
通用能力	知识和技能相结合能力				
	审美能力				
	组织能力				
	解决问题能力				
	交流能力				
综 合 评 价					

课 后 练 习

1. 画、画纸、画布 3 个图层的顺序可不可以改变？改变后将会出现什么情况？

2. 在本任务完成过程中"画轴 2"层和遮罩层上的关键帧，以及"画轴 2"的位置和遮罩对象的右边界是如何处理的？如果不是这样处理会出现什么现象？

任务三　制作放大镜效果

任务描述

在我们身边的一些老年人由于眼睛花，在读报的时候会用放大镜，这样放大后的文字能让他们看清楚。宝物鉴赏家在鉴别宝物的时候也会使用放大镜，这样能使他们看清宝物的细节特征，从而分出好坏和真假。本任务将完成具有这样效果的动画：一个由镜片、镜框和镜柄组成的放大镜在画面上来回运动，放大镜的下面有一幅图画或文字，在放大镜移动过的位置处，镜片下面的内容被放大，镜框外面的内容不被放大。由于用图画和文字作为被放大内容时，制作方法上稍有差异，本任务将分别进行描述。图 10-3-1 所示为动画播放到某一位置时的镜头。

（a）　　　　　　　　　　　　　　　　　　　（b）

图 10-3-1　任务三完成后的效果

任务分析

本任务完成的是一个简单的放大镜效果，要实现更真实的放大镜效果需要用到很复杂的代码，不是本任务的讨论范围。其主要原理是，将两个相同的画面分别放在上下相临的两个图层，将上面图层上的画面用任意变形工具放大一些，并且做成被遮罩层。在它下面是另一个有相同内容的正常图层。在遮罩层上放一个和放大镜镜片大小、形状、位置和运动规律相同的圆形对象。对遮罩层和放大镜所在的图层同时做动画。

方法与步骤

1. 画面放大镜效果的制作

（1）导入放大对象

制作画面放大镜效果需要 4 个图层。

单击 3 次"新建图层"按钮，建立 3 个新图层，从下到上依次命名为"放大前""放大后""遮罩"和"放大镜"。

将"放大前"层切换为当前层。将"素材\项目十"文件夹下的"小花"文件导入到该图层，用任意变形工具和选择工具将大小和位置进行调整。

按住【Alt】键将"放大前"层的第 1 帧拖往"放大后"的第 1 帧，复制该关键帧。将"放大后"层上的对象用任意变形工具进行一些放大。

（2）制作放大镜

新建一个名为"放大镜"的图形元件。选择椭圆工具，在颜色面板中将笔触颜色设置为"无"，为填充颜色选择径向渐变，并插入 4 个颜色桶，将 4 个颜色桶都拖往右端。从右向左按黑一白一黑一白的顺序排列，并将最左边的颜色桶的不透明度调整为 0，如图 10-3-2 所示。同时按住【Alt】键和【Shift】键从元件的中心点画一个圆，作为放大镜的镜片和镜框，如图 10-3-3 所示。将图层命名为"镜片镜框"。

新建一个名为"手柄"的图层，将"手柄"层切换为当前层。选择矩形工具，在颜色面板中将笔触颜色设置为"无"，为填充颜色选择线性渐变，设置 3 个颜色桶，将颜色桶的颜色调整为黑一白一黑。在工作区空白位置画一个矩形作为放大镜的手柄。用任意变形工具对手柄进行旋转和移动，放到和镜框对齐的位置，得到如图 10-3-4 所示的效果。

图 10-3-2　镜片、镜框的
颜色设置

图 10-3-3　镜片、镜框外观

图 10-3-4　放大镜元件 1
完成后的效果

（3）绘制遮罩层

将"放大镜"层切换为当前层。打开库面板，将"放大镜"元件从库面板中拖入该图层，使放大镜位置处在画面的左边，如图 10-3-5 所示。

将"遮罩"层切换成当前层。选择椭圆工具，同时按住【Alt】键和【Shift】键，在放大镜镜片的中心位置拖动画出一个和放大镜镜片大小相同的圆。

双击"遮罩"层的层图标，弹出"图层属性"对话框，将该图层设置为遮罩层。

双击"放大后"层的层图标，弹出"图层属性"对话框，将该图层设置为被遮罩层。

（4）制作动画

在所有层的第 60 帧插入帧。在"放大镜"层和"遮罩"层的第 60 帧插入关键帧。在"放大镜"层和"遮罩"层的第 30 帧插入关键帧。

选中"放大镜"层的第 30 帧，将其设置为当前帧，用选择工具将放大镜拖到画面的右端，使镜片和放大对象的右端对齐，如图 10-3-6 所示。

选中"遮罩"层的第 30 帧为当前帧，用选择工具将遮罩层上的内容拖动到画面的右端，使之和放大镜的镜片对齐。

图 10-3-5　第 1 帧处放大镜的位置

图 10-3-6　第 30 帧放大镜的位置

选择"放大镜"层的第 29、30 帧，在这两帧上右击，在弹出的快捷菜单中选择"创建传统补间"命令，为"放大镜"层的第 1、30 两个关键帧同时做运动动画。

选择"遮罩"层的第 29、30 帧，在这两帧上右击，在弹出的快捷菜单中选择"创建补间形状"命令，为"遮罩"层的第 1、30 两个关键帧同时做形状动画。

完成后的图层和时间轴面板如图 10-3-7 所示。

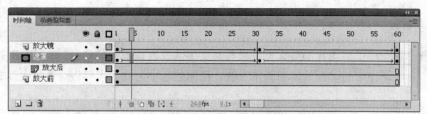

图 10-3-7　画面放大镜完成后的图层和时间轴面板

2. 文字放大镜效果的制作

制作文字放大镜效果的方法和画面放大镜效果的制作方法很相似。唯一不同的是，文字的背景是透明的。如果完全按照画面放大镜效果的制作方法制作，会出现在放大镜经过的位置，放大文字的空隙间可以看到未被放大的内容，如图 10-3-8 所示。

图 10-3-8　按照画面放大镜制作方法制作后的效果

这就需要做一个简单的处理，方法如下：

① 在"放大前"和"放大后"层间插入一个名为"遮挡"层的被遮罩层，并在"遮挡"层上用和背景色完全相同的颜色画出一个能将"放大前"层上的内容完全盖住的矩形，如图 10-3-9 所示。

图 10-3-9　麻点范围为"遮挡"层上的内容范围

② 用"放大镜效果动画"文字内容替代"放大前"层上的图片对象。

③ 用放大了的"放大镜效果动画"文字内容替代"放大后"层上放大的图片对象。

动画完成后的图层和时间轴如图 10-3-10 所示。

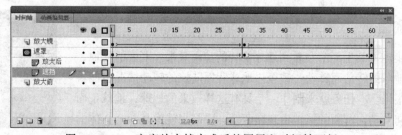

图 10-3-10　文字放大镜完成后的图层和时间轴面板

任务完成

　　本任务分别介绍了对图片的放大镜效果和对文字的放大镜效果的动画。参照本任务中介绍的操作方法，观看课件中的动画效果和制作方法，用你的名字为放大内容做一个放大镜效果动画。

学习评价

学习评价表

内容与评价　能力	内　　　容		评　　　价		
	学 习 目 标	评 价 项 目	3	2	1
职业能力	能灵活使用绘图工具	能选择合适的工具画出较真实的放大镜元件			
	能正确使用图层	能正确布置图层			
		能正确使用遮罩层和被遮罩层			
	能熟练制作动画	能正确地为放大镜制作运动动画			
		能正确地为遮罩区制作形状动画			
	能合理使用元件	会将放大镜做成元件并进行引用			
通用能力	知识和技能相结合能力				
	审美能力				
	组织能力				
	解决问题能力				
	交流能力				
综 合 评 价					

课 后 练 习

　1. 本任务中做出的放大镜效果和现实生活中的放大镜效果有什么不同？

　2. 在做文字放大镜效果时为什么要加一个"遮挡"层？

　3. 上机练习：用 Flash 的绘制工具画一个较真实的放大镜。

任务四　制作旋转的地球

任务描述

　　在电视上或网站上经常会看到地球旋转的动画效果。上面的陆地、海洋都随着地球的转动而转动，甚至连地球背面陆地的转动情况也能看见，立体感很强。本任务就来制作一个具有这样效果的地球，地球正面的陆地由西向东动，背面的陆地由东向西动，看起来就像是一个立体的球体在转动。图 10-4-1 所示为动画完成后播放时的一个画面。

图 10-4-1　任务四完成后播放时的一个画面

任务分析

找一张陆地地图，或者用 Flash 绘图工具绘制一张地球陆地图。用椭圆工具画一个圆作为地球，用一个和地球一样大小的圆作为遮罩。将地图做成被遮罩，一个自左向右运动，一个自右向左运动，这样转动的地球效果就出来了。

相关知识

1. 设置实例对象的属性

当引用了一个元件时，不但可以像其他对象一样修改其大小和位置，还可以在属性面板中修改其亮度、色彩和不透明度等，如图 10-4-2 所示。只有元件的引用实例才可以对其进行这方面的设置，位图、矢量图、文字等其他对象都不可以。

操作方法：选中实例对象后，打开属性面板，在"色彩效果"选项组的"样式"下拉列表中选择要修改的选项。也可以通过"高级"选项同时修改引用对象的亮度、色彩和不透明度中的两项或三项。

2. 翻转对象

当选中一个对象后可以通过选择"修改"→"变形"→"水平翻转"和"垂直翻转"命令来翻转对象。通过这种方法得到的对象是原对象的镜像效果，和对象旋转 180° 的效果不一样。图 10-4-3 中的（a）、（b）、（c）、（d）分别为小狗的原图、水平翻转、垂直翻转和旋转 180° 后的效果。

图 10-4-2　实例的属性面板

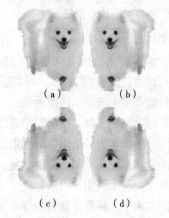

图 10-4-3　翻转和旋转的效果

方法与步骤

1. 设置背景

用选择工具，在舞台上没有内容的位置单击。打开属性面板，单击"舞台"后的颜色按钮，打开颜色选择面板，在颜色选择面板中选择深蓝色作为背景色。

2. 安排图层

双击当前层的图层名称，将其改名为"地球"。连续单击 3 次"新建图层"按钮，插入 3 个新图层。按从上到下的顺序依次命名为"遮罩""地图 1""地图 2"。双击"遮罩"层的层图标，弹出"图层属性"对话框，将该图层改为遮罩层。用同样的方法将"地图 1"层和"地图 2"层改为被遮罩层，如图 10-4-4 所示。

3. 绘制地球及遮罩

切换"地球"层为当前层。选择椭圆工具，将笔触颜色设置为"无"，通过颜色面板将填充色设置为中间为浅蓝、周围为深蓝的径向渐变色。按住【Shift】键在舞台的中心位置画一个大小合适的圆。按住【Alt】键用选择工具将"地球"层的第 1 关键帧拖动到"遮罩"层的第 1 关键帧上，复制该关键帧，完成后的窗口界面如图 10-4-5 所示。

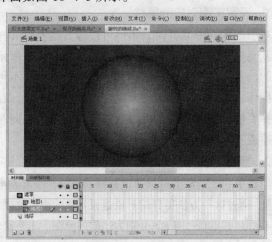

图 10-4-4　修改图层　　　　　　　　　图 10-4-5　地球及遮罩层完成

4. 导入地图

单击"地图 1"层的第 1 关键帧，将"地图 1"层切换为当前层。按【Ctrl+R】组合键，弹出"导入"对话框，将"素材\项目十"文件夹下的"地球大陆"文件导入到舞台。右击导入的位图对象，在弹出的快捷菜单中选择"转换为元件"命令，在弹出的对话框的"名称"文本框中输入"地图"，在"类型"选项组中选择"图形"单选按钮，将地图转换成名为"地图"的图形元件。该地图是 3 个完全相同画面的重复，将每一个重复叫一个周期。用任意变形工具调整地图的大小，将高度调整到略小于地球高度。水平位置调整到第一个周期的后半周期和地球重叠，如图 10-4-6 所示。

图 10-4-6　导入并调整地图的大小位置

5. 复制翻转地图

用选择工具，按住【Alt】键拖动"地图 1"层上的第 1 关键帧到"地图 2"层上的第 1 个关键帧，复制该关键帧。选中"地图 2"上的对象，选择"修改"→"变形"→"水平翻转"命令，将"地图 2"层上的地图水平翻转，并将位置调整到第二个周期的前半周期和地球重叠。

选中"地图 2"层上的地图对象，打开属性面板，在"色彩选择"选项组中的"样式"下拉列表框中选择"色调"，并按图 10-4-7 进行设置。效果如图 10-4-8 所示。

选中"地图 1"层上的地图对象，打开属性面板，在"色彩选择"选项组中的"样式"下拉列表框中选择"高级"选项，并按图 10-4-9 进行设置。

图 10-4-7 设置"地图 2"层上对象的颜色　　图 10-4-8 "地图 2"层完成后的舞台画面效果

图 10-4-9 设置"地图 1"层上对象的颜色

6. 制作动画

在所有层的第 39 帧插入帧。在"地图 1"层和"地图 2"层的第 39 帧插入关键帧。将"地图 1"层的第 39 关键帧上的内容向左移动一个周期。将"地图 2"层的第 39 关键帧上的内容向右移动一个周期。同时选中"地图 1"和"地图 2"层的第一关键帧右击，在弹出的快捷菜单中选择"创建传统补间"命令，对这两个图层的第 1 关键帧同时做运动动画。完成后的图层和时间轴面板如图 10-4-10 所示。

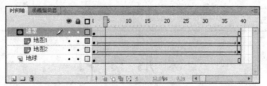

图 10-4-10 任务完成后的图层和时间轴面板

> **技巧**：在"地图 1"和"地图 2"两个图层上的对象内容，一定要保证"地图 1"层上的某一国家和地区在进入地球范围时，"地图 2"上的这一内容正好从地球范围内移出。第 1 关键帧和第 39 关键帧上两个图层的内容都应该保证这样。只有这样动画播放时的效果才显得真实。为了容易说明问题，在图 10-4-11 中，用黑色表示一个图层上的地图内容，用灰色表示另外一个图层上的地图内容。

图 10-4-11　两个地图图层上地图的位置

任务完成

　　本任务利用遮罩，完成了一个旋转的地球的动画的制作。参照本任务的制作过程，观看课件中的动画效果和制作方法，做一个旋转的地球。

学习评价

学习评价表

内容与评价 能力	内　　　　　容		评　　价		
	学 习 目 标	评 价 项 目	3	2	1
职业能力	能正确进行图层操作	能合理布置图层			
		能正确使用遮罩层和被遮罩层			
	会导入外部对象	能正确绘制或导入陆地地图			
	能熟练制作动画	能正确制作遮罩动画			
	能对齐对象	能选择合适的操作工具改变对象的位置			
通用能力	知识和技能相结合能力				
	审美能力				
	组织能力				
	解决问题能力				
	交流能力				
综合评价					

课 后 练 习

1. 有哪些类型的对象可以在舞台上修改它们的颜色？哪些类型的对象不可以？
2. 将一个对象旋转一定的角度是否可以代替对象的翻转？
3. 上机练习陆地地图的绘制。

任务五 制作水中倒影

任务描述

茂密的树丛或一些建筑物映在水中,微风吹来,使映在水中的景物倒影随着水波的运动微微飘动,给人以身临其境的真实感觉。本任务就来制作具有这样效果的水中倒影动画。图 10-5-1(a)所示利用本身就带有水景效果的图片制作水中倒影动画的一个镜头,而如图 10-5-1(b)所示为利用普通图片制作水中倒影动画的一个镜头。

（a）　　　　　　　　　　　　　　　（b）

图 10-5-1　任务五完成后的效果

任务分析

本任务讲述了两种制作水中倒影的方法:一是利用一幅本身带有水景的图片制作水中倒影效果。其主要技术是,将图片分离后,把水景部分选下来作为被遮罩层,并将其和正常画面稍微错开一点位置。将遮罩层放上水波纹,并对水波纹层做动画。二是利用一幅普通图片制作水中倒影效果。其主要技术是,将正常图片放在一层,将该图片垂直翻转后放在另外一层,并将垂直翻转后的图片的上端和原图片的底部对齐。再复制一个图片翻转后的图层作为被遮罩层,并将被遮罩层上的图片稍微移动一下位置。将遮罩层放上水波纹,并对水波纹层做动画。

相关知识

将线条转换为填充

一些规则的图形用线条绘制工具（铅笔、线条、椭圆、矩形）绘制更为方便,但是对线条的操作有时候会受到一些限制,比如对线条局部的粗细进行调整等是不能实现的,再有就是线条对象不可以作为遮罩使用。Flash 提供了将线条转换为填充的操作。操作方法是,将要转换为填充的线条选中后,选择“修改”→“形状”→“将线条转换为填充”命令。这时原来的线条对象就成了填充对象,它不再有线条对象的性质而是具有填充对象的性质,如可以用选择工具调整其粗细,可以作为遮罩对象使用等。

方法与步骤

1. 用带有水景的图片制作水中倒影

（1）导入背景图片

将当前层改名为“图片”。按【Ctrl+R】组合键,弹出“导入”对话框,选择“素材\项目十"文件夹下的"水中倒影 7"，将文件导入到舞台。用任意变形工具调整大小和位置，一般使其大小稍大于舞台为好。完成后的效果如图 10-5-2 所示。

（2）处理倒影层

单击"新建图层"按钮，插入一个新图层，并将其改名为"倒影"。按住【Alt】键用选择工具将"图片"第 1 关键帧拖到"倒影"层的第 1 关键帧上，复制关键帧。单击"倒影"层的舞台画面，选中该层上的画面内容，按【Ctrl+B】组合键将图片分离。用套索工具选取水以外的部分后按【Del】键将其删除（也可以用橡皮擦工具擦除水以外的画面内容）。选中该图层上剩余部分的内容后按键盘上的【↓】键，将该图层上的内容和图片层上的内容错开一点位置。该图层的画面如图 10-5-3 所示。

图 10-5-2　导入需要的图片

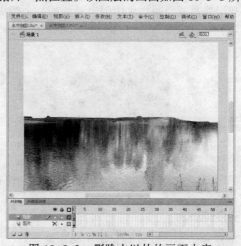

图 10-5-3　删除水以外的画面内容

（3）绘制水波纹

创建一个名为"水波纹"的图形元件。选择线条工具，在属性面板中将线宽设置为 7，按住【Shift】键在工作区画一条水平线。用选择工具，靠近刚画出的线条，当鼠标指针变为 时拖动一下鼠标，修改该直线为曲线。选择钢笔工具，在该曲线上的约等距离位置单击几下，插入几个锚点。选择部分选取工具移动锚点的位置将其调整到如图 10-5-4 所示的近似正弦曲线的形状。用选择工具，单击该曲线使其处于选中状态，选择"修改"→"形状"→"将线条转换为填充"命令，将线条转换为填充。在按住【Alt】键的同时用选择工具移动该图形，复制该图形。在复制过程中尽量使图形间的间距和图形的宽度相同。重复上面的操作，复制若干该图形，如图 10-5-5 所示。

图 10-5-4　绘制一条水波纹　　　　图 10-5-5　　复制出多条水波纹

（4）处理遮罩

单击编辑栏上的"返回场景"按钮 ，返回到主场景。单击"新建图层"按钮，在原有两个图层的上面新建一个图层，将其改名为"水纹"。将库面板中的"水波纹"元件拖入该图层的第 1

帧，并用任意变形工具调整其大小和位置，使其盖住"倒影"层的全部内容。双击层图标，弹出"图层属性"对话框，在"类型"选项组中选择"遮罩层"单选按钮，将"水纹"层改为遮罩层。用同样的操作方法将"倒影"层改为被遮罩层。"水纹"层完成后的效果如图 10-5-6 所示。

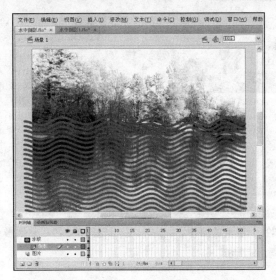

图 10-5-6 "水纹"层完成后的效果

（5）完成动画

在所有层的第 10 帧插入帧。右击"水纹"层的第 1 帧，在弹出的快捷菜单中选择"创建补间动画"命令。单击"水纹"层的第 10 帧，用选择工具将舞台上的水纹向下拖动一个水纹周期的距离。完成后的图层和时间轴面板如图 10-5-7 所示。

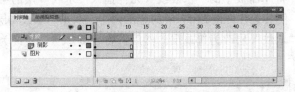

图 10-5-7 动画完成后的图层和时间轴面板

2. 用普通图片制作水中倒影

（1）导入背景图片

将当前层"图层 1"改名为"图片"。按【Ctrl+R】组合键，弹出"导入"对话框，选择"素材\项目十"文件夹下的"水中倒影 4"，将文件导入到舞台。用任意变形工具将其大小和位置调整到占满舞台上半部，如图 10-5-8 所示。

（2）处理倒影层

新建一个图层，将其命名为"倒影 2"。按住【Alt】键，用选择工具将"图片"层第 1 关键帧拖动到"倒影 2"层的第 1 关键帧上，复制关键帧。选择"倒影 2"层上的图片对象，选择"修改"→"变形"→"垂直翻转"命令，垂直翻转"倒影 2"层上的图片。用选择工具将其调整到如图 10-5-9 所示的位置，使两个图片对齐。

（3）复制倒影层

新建一个图层，将其命名为"倒影 1"。按住【Alt】键，用选择工具将"倒影 2"层第 1 关键帧拖动到"倒影 1"层的第 1 关键帧上，复制关键帧。用选择工具单击"倒影 1"层上的对象，选中该层对象，按键盘上的【↑】键，将该图层的内容向上移动一个像素的距离。

图 10-5-8　将"图片"层上的图片　　　　　　图 10-5-9　　"倒影 2"层完成后的效果
　　　　　调整到占满舞台上半部

（4）绘制水波纹

使用铅笔工具绘制水波纹并转换为"水波纹"影片剪辑元件。创建如图 10-5-5 所示的"水波纹"元件。

（5）处理遮罩

单击编辑栏上的"返回场景"按钮 ，返回到主场景。单击"新建图层"按钮，新建一个名为"水纹"的图层。将库面板中的"水波纹"元件拖入"水纹"层的第 1 帧，用任意变形工具调整其大小和位置，使其盖住"倒影 2"层的全部内容。双击"水纹"层的层图标，弹出"图层属性"对话框，将"水纹"层改为遮罩层。然后再将"倒影 1"层改为被遮罩层。完成后的效果如图 10-5-10 所示。

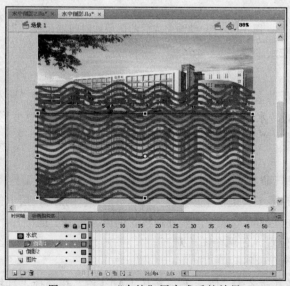

图 10-5-10　"水纹"层完成后的效果

（6）完成动画

在所有层的第 7 帧插入帧。右击"水纹"层的第 1 帧，在弹出的快捷菜单中选择"创建补间动画"命令，为该层创建动画。单击该层的第 7 帧，用选择工具将第 7 帧上的水纹向下拖动一条水纹周期的距离。动画完成后的图层和时间轴面板如图 10-5-11 所示。

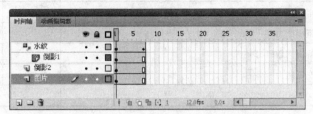

图 10-5-11　动画完成后的图层和时间轴面板

技巧：要使制作出的水中倒影真实形象，应注意以下几点：①选择水景画面中的"水"内容时要细心，尽量不要漏选和多选；对普通图片做倒影时，"倒影"图片和"正常"图片的底部一定要对齐；②水波纹的大小要合适，水纹的间隔大小和水纹的粗细尽量相等；③被遮罩层上的内容的移动位置要合适，一般移动一个像素大小即可。如果被遮罩层是用含水景的图片做成的，为了使效果更真实，也可以对被遮罩层上的内容进行一点点缩放，使远景和正常图片错开的位置小一些，近景和原图错开的位置稍大一些，这样近景的波动显得更明显；④做动画时遮罩层上最后一帧和第一帧上的水纹位置最好错开水纹的整数周期倍数，一般一个周期即可。

任务完成

本任务利用遮罩，分别介绍了用本身带有倒影的图片和普通的图片两种类型的图片制作水中倒影的方法。参照本任务介绍的方法，观看课件中的动画效果和制作方法，找一幅自己喜欢的图画，或找一张自己的生活照片，做一个水中倒影效果的动画。

学习评价

学习评价表

内容与评价 能力	内　　容		评　　价		
	学 习 目 标	评 价 项 目	3	2	1
职业能力	能正确进行图层操作	能合理布置图层			
		能正确使用遮罩层和被遮罩层			
	会翻转对象	能正确对对象进行反转			
	会分离对象	能将非矢量对象分离为矢量对			
	会将线条转换为填充	会将线条对象转换为填充对象			
	能熟练地选择和使用工具	能正确绘制出水波纹			
		能用橡皮工具擦除对象			
		能用选择工具和【Del】键擦除			
		能用移动工具正确地移动对象			
	能熟练的制作动画	能正确地制作遮罩动画			

续表

内容与评价 能力	内　　容	评　　价	
通用能力	知识和技能相结合能力		
	审美能力		
	组织能力		
	解决问题能力		
	交流能力		
综 合 评 价			

课 后 练 习

1. 怎样将笔触转换为填充？笔触和填充有何不同？

2. 利用本身就带有水景效果的图片制作水中倒影动画，和利用普通图片制作水中倒影动画，在制作步骤上有哪些不同？

3. 练习水波纹的绘制。

任务六　制作闪烁的星空

任务描述

当站在晴朗的夜空下，仰望天空时，会看到天空中布满了大小各异、亮度不同的星星，它们时亮、时暗、时隐、时现，一闪一闪地眨眼睛，很漂亮、很迷人。本任务就做一个群星闪烁的星空效果动画。图 10-6-1 所示为动画播放时的一个镜头（如果图中不是很清楚，最好能打开课件，观看实际的动画效果）。

图 10-6-1　任务六完成后的效果

任务分析

先做一个一闪一闪的"星"元件，再将"星"元件放在舞台上并取好名字，然后用 duplicate MovieClip 语句复制若干颗星，用 setProperty 语句或者直接修改新复制出来的星对象的大小、位置、不透明度等属性，使画面中不均匀地布满大小和亮度各不相同的星。

方法与步骤

新建一个 Flash（ActionScipt 2.0）类型的文件。

1. 场景布置

新建一个文件。打开属性面板，单击属性面板中"舞台"后面的背景颜色按钮，在打开的颜色选择面板中选择黑色作为动画背景。可以通过双击图层名称的方法修改图层的名称。

单击"新建图层"按钮,新建一个图层。

2. 制作"星"元件

新建一个名为"星"的影片剪辑元件。

单击两次"新建图层"按钮,插入两个新图层,图层名采用默认名字。"星"元件制作完成后的图层和时间轴如图 10-6-2 所示。

选中"图层 1",选择椭圆工具。打开颜色面板,将颜色面板参照图 10-6-3 进行设置后,按住【Shift】键,在工作区中间位置画一个圆,如图 10-6-4(a)所示。

按住【Alt】键,用选择工具,将"图层 1"的第一关键帧拖往"图层 2"的第一关键帧,即将"图层 1"上的第一关键帧复制到"图层 2"的第一关键帧上。

按住【Alt】键,用选择工具,将"图层 2"的第一关键帧拖往"图层 3"的第一关键帧,即将"图层 2"上的第一关键帧复制到"图层 3"的第一关键帧上。

将"图层 2"上的画面调整成如图 10-6-4(b)所示。

将"图层 3"上的画面调整成如图 10-6-4(c)所示。

3 个图层的综合叠加效果如图 10-6-4(d)所示。

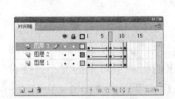

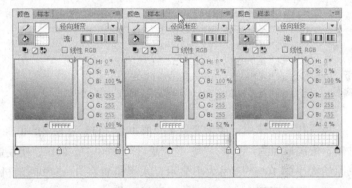

图 10-6-2 主场景的图层和时间轴   图 10-6-3 设置填充色

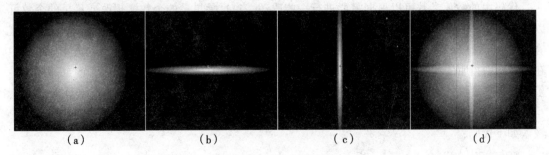

(a)   (b)   (c)   (d)

图 10-6-4 绘制"星"

用鼠标从"图层 3"的第 10 帧处拖到"图层 1"的第 10 帧处,选中所有层的第 10 帧。右击,在弹出的快捷菜单中选择"插入关键帧"命令,为所有层的第 10 帧插入关键帧。用鼠标拖动选中所有层的第 7 帧,右击,在弹出的快捷菜单中选择"插入关键帧"命令,为所有层的第 7 帧插入关键帧。依次选中各图层上第 7 关键帧上的绘制对象,用任意变形工具将其缩小。用鼠标从"图层 3"的第 1 帧拖动到"图层 1"的第 7 帧,选中 3 个图层上的前两个关键帧。右击,在弹出的快捷菜单中选择"创建补间形状",为这 6 个关键帧做形状动画。

3. 完成动画

单击编辑栏中的"返回场景"按钮 ，返回到主场景画面。

选中"对象层"。打开库面板，将库面板中的"星"元件拖动到"对象层"第 1 帧的舞台上。用任意变形工具将其调整到合适的大小。

选中星对象，打开属性面板，在属性面板的"实例名称"文本框中输入"星"，将对象命名为"星"。

右击"代码"层的第 1 帧，在弹出的快捷菜单中选择"动作"命令，在打开的动作面板中输入如下代码：

```
i=0;
```

右击"代码"层的第 2 帧，在弹出的快捷菜单中选择"动作"命令，在打开的动作面板中输入如下代码：

```
if(i<111)
{
    i++;
    duplicateMovieClip("星", "星"+i, i);
    sj=10+random(30);
    this["星"+i]._xscale=sj;
    this["星"+i]._yscale=sj;
    this["星"+i]._x=random(550);
    this["星"+i]._y=random(400);
    this["星"+i]._alpha=random(50)+50;
}
```

该段代码的作用：如果变量 i 的值小于 111，就使 i 的值加 1；照"星"对象复制一个新的对象，依次取名为"星 1""星 2""星 3"……"星 111"；使复制出的每一个对象的大小，按对象原始大小的 10%～39%大小显示；水平位置在 0～549 间随机出现；垂直位置在 0～399 间随机出现；不透明度在 50%～99%间随机取值。

代码中的数值参数可以根据需要进行一些改动。111 是星星的个数，想改变星星的个数可以修改此值。10+random(30);是星星的大小，10 是最小值，random(30)的值是 0～29，最大值应该是 39，想改变星星的大小可以修改这两个参数。550 和 400 两个值是舞台的大小，本书中在没有特别指明的情况下，认为舞台的大小就是默认值 550×400。最后一行的两个 50，表示星星的最大亮度可达 99%，最小亮度是 50%，想修改星星的亮度可以修改这两个值。

右击"代码"层的第 3 帧，在弹出的快捷菜单中选择"动作"命令，在打开的动作面板中输入如下代码：

```
gotoAndPlay(2);
```

任务完成

本任务中利用一个闪烁的星对象结合代码完成了一个"闪烁的星空"动画。参照本任务中介绍的方法，观看课件中的制作过程和动画效果，模仿制作"闪烁的星空"。

学习评价

学习评价表

内容与评价 能力	内 容		评 价		
	学 习 目 标	评 价 项 目	3	2	1
职业能力	能正确创建和使用元件	能正确制作"星"元件			
		会为实例命名			
	能正确使用代码	能在动作面板中正确地添加代码			
		会正确地改变代码中的各项参数			
	会正确使用 if 语句	会用 if 语句编写代码			
通用能力	知识和技能相结合能力				
	审美能力				
	交流能力				
	解决问题能力				
综 合 评 价					

课 后 练 习

1. 在主场景"代码"层第 2 帧上的代码"sj=10+ random(30);this["星"+i]._xscale=sj;this["星"+i]._yscale = sj;"中，为什么要先将产生的随机数赋给一个变量，而不是直接赋给星的_xscale 和_yscale 属性。

2. 用自己的名字做成一个影片剪辑元件，并将元件放在舞台上，同时在舞台上放置 8 个按钮，如图 10-6-5 所示。动画播放时当单击某一个按钮时，就对你的名字完成按钮标签上的操作，能使你的名字上移、下移等。

图 10-6-5　用按钮调整对象的大小和位置

任务七　制作下雨效果

任务描述

在天水相连的背景画面前，落下串串雨滴，雨落到水面上溅起了一圈圈的涟漪。本任务就来完成一个下雨的动画效果，完成后的效果如图 10-7-1 所示。

任务分析

先将一个下落雨滴的全部内容做成一个元件，再将

图 10-7-1　任务七完成后的效果

元件放在舞台上并取好名字，然后用 duplicateMovieClip 语句复制若干个下落的雨滴元件，用 setProperty 语句或者直接修改新复制出来的元件对象的大小、位置、不透明度等属性。在改变这些属性时，为了产生立体效果，使雨滴产生近大远小，近清晰远模糊的效果，在设置纵向位置、大小和不透明度时共用一个随机变量。

方法与步骤

新建一个 Flash（ActionScipt 2.0）类型的文件。

1. 场景布置

参照本项目任务六的方法，为场景创建 3 个图层，每层 3 个帧。将 3 个图层依次命名为"背景"、"雨层"和"代码"，完成后的图层和时间轴如图 10-7-2 所示。

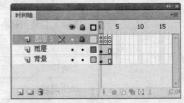

图 10-7-2　命名完成后的图层和时间轴

选中"背景"层的第 1 帧。选择矩形工具，将填充色参照图 10-7-3 进行设置后，在"背景"层上画一个四周稍大于舞台的矩形。选择颜料桶工具，按住【Shift】键，用鼠标从矩形的上边界拖到矩形的下边界，将矩形颜色按自上而下地渐变重新进行填充，如图 10-7-4 所示。

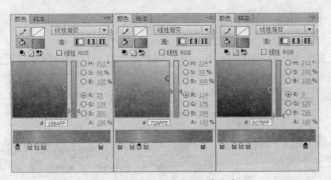

图 10-7-3　设置填充色

图 10-7-4　填充完成后的舞台画面

2. 制作"雨"元件

新建一个名为"雨"的影片剪辑元件。

为元件插入一个新图层，将两个图层分别命名为"下落的雨"和"水圈"。"雨"元件完成后的图层和时间轴如图 10-7-5 所示。

（1）雨线的制作

选择"下落的雨"层的第 1 帧。选择椭圆工具，将线条色设置为"无"，填充色选择白色，先画一个椭圆，如图 10-7-6（a）所示。将显示比例设置为 800%，用任意变形工具将椭圆调细，如图 7-7-6（b）所示。再将其旋转一个角度，如图 10-7-6（c）所示。

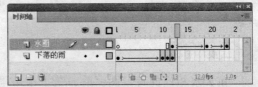

图 10-7-5　"雨"元件完成后的图层和时间轴

在第 10 帧插入关键帧，将第 10 帧的绘制对象向左下方移动，将它的下端移动到和元件的注册点对齐的位置，如图 10-7-7 所示。

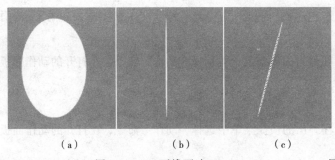

（a）　　　　　（b）　　　　　（c）

图 10-7-6　雨线画法　　　　　　图 10-7-7　第 10 帧的雨线位置

在第 11 帧处插入关键帧，将雨线下端三分之一的部分用橡皮擦工具擦掉后，将剩余雨线的最下端调整到和元件的注册点对齐的位置，如图 10-7-8（a）所示。

在第 12 帧处插入关键帧，将雨线下端二分之一的部分用橡皮擦工具擦掉后，再将剩余雨线的最下端调整到和元件的注册点对齐的位置，如图 10-7-8（b）所示。

返回到第 1 帧，将绘制的雨线沿雨线倾斜方向，向斜上方移动到适当的高度，如图 10-7-9 所示。右击第 1 帧，在弹出的快捷菜单中选择"创建补间形状"命令，对第 1 帧做形状动画。

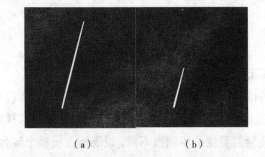

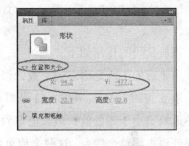

（a）　　　　　（b）

图 10-7-8　雨线第 11、12 帧的外观　　　图 10-7-9　第 1 帧的雨线坐标

（2）水圈的制作

选择"水圈"层为当前图层。在第 10 帧插入关键帧。选择椭圆工具，将线条色设置为白色，填充色设置为"无"，按住【Alt】键，在元件的注册点位置开始画一个小椭圆圈。

在第 23 帧插入关键帧，选择任意变形工具，按住【Shift+Alt】组合键，调整椭圆大小，将椭圆沿中心点等比例放大。

右击第 10 帧，在弹出的快捷菜单中选择"创建补间形状"命令，对第 10 帧做形状动画。

在第 19 帧处插入关键帧。

选中第 23 帧，选中第 23 帧上的绘制对象，打开属性面板，将线条颜色设置为透明，如图 10-7-10 所示。

图 10-7-10　将第 23 帧的线条不透明度调整为 0

3. 完成动画

单击编辑栏中的"返回场景"按钮 ⇦，返回到主场景画面。

选中"雨层"。打开库面板，将库面板中的"雨"元件拖动到"雨"层第 1 帧的舞台上。

选中雨对象，打开属性面板，在属性面板的"实例名称"文本框中输入"雨"，将雨对象命名为"雨"。

右击"代码"层的第 1 帧，在弹出的快捷菜单中选择"动作"命令，在打开的动作面板中输入如下代码：

```
i=0;
```

右击"代码"层的第 2 帧，在弹出的快捷菜单中选择"动作"命令，在打开的动作面板中输入如下代码：

```
if(i<133)
{
    i++;
    duplicateMovieClip("雨","雨"+i, i);
    this["雨"+i]._x=random(600)-33;
    sjy=random(300);
    this["雨"+i]._y=sjy+100;
    this["雨"+i]._xscale=sjy*.2+45;
    this["雨"+i]._yscale=sjy*.2+45;
    this["雨"+i]._alpha=sjy*.2+40;
}
```

该段代码的作用如下：

第 1 行的 133 是雨点的个数，修改该值可以改变雨点数的多少。

第 5 句的 random (600)–33 是雨水平出现的位置，最小值为–33，最大值为 566。之所以将最小值取到小于零的值，最大值取到大于舞台宽度 550 的值，是因为雨是倾斜的，只有这样才能保证雨占满整个舞台。这两个值可以根据雨线倾斜程度的不同而不同，以既能占满整个舞台，又不浪费过多的没有可能在前台表演的雨线。

第 6、7 行中的参数确定了雨在垂直方向的位置和范围。300 决定范围，100 是为画面最上面"天"的位置留出的，就是说雨不会在"天"的位置落地。

第 8～10 句用上了第 6 行产生的随机数，这样可以使雨产生一种近大远小、近清晰远模糊的感觉。

右击"代码"层的第 3 帧，在弹出的快捷菜单中选择"动作"命令，在打开的动作面板中输入如下代码：

```
gotoAndPlay(2);
```

任务完成

本任务利用一个"雨"元件结合代码完成了一个"下雨效果"动画。参照本任务中介绍的方法，观看课件中的制作过程和动画效果，设计制作一个具有特色的下雨效果的动画。

学习评价

学习评价表

内容与评价 能力	内 容		评 价		
	学 习 目 标	评 价 项 目	3	2	1
职业能力	能正确创建和使用元件	能正确制作"雨"元件			
		会为实例命名			
	能正确使用代码	能在动作面板中正确地添加代码			
		能用代码控制"雨"的大小、位置和不透明度			
	会正确使用 if 语句	会用 if 语句编写代码			
通用能力	知识和技能相结合能力				
	审美能力				
	交流能力				
	解决问题能力				
	自主学习能力				
综 合 评 价					

课 后 练 习

1. 在本任务中"代码"层第 2 帧上的代码中，控制雨位置的代码为什么不是直接用"this["雨"+i]._x = random(550);"（舞台的宽度为 550），而是用"this["雨"+i]._x = random(600)−33;"？

2. 本任务中雨的透视效果是如何实现的?

任务八 制作下雪效果

任务描述

对于我国北方的冬天来说，下雪是很正常的一种天气。下雪总是给人浪漫的感觉。本任务就来完成一个这样效果的动画：在一幅美丽的雪景画面中，纷纷扬扬飘落着鹅毛大雪，当雪花飘落到地下时就和地融为一体。图 10-8-1 所示为动画完成后的一个静止画面。

任务分析

先选择一幅漂亮的雪景图片作为背景，剩下的主要工作是制作出一个逼真的下雪元件。在完成下雪元件时，要考虑到雪花在下落过程中的飘忽不定和由于角度的变化而产生的外形的变化。由一个下雪元件产生下雪场景的工作由代码来完成，代码的写法和前面任务七中的相似，但不完全相同。

图 10-8-1　任务八完成后的效果

方法与步骤

新建一个 Flash（ActionScipt 2.0）类型的文件。

1. 场景布置

参照本项目任务六的方法，为场景创建 3 个图层，
每层 3 个帧。将 3 个图层依次命名为"背景""雪"
和"代码"。完成后的图层和时间轴如图 10-8-2 所示。

图 10-8-2　图层命名完成后的图层和时间轴

选中"背景"层的第 1 帧。按【Ctrl+R】组合
键，弹出"导入"对话框，将"素材\项目十"文件夹中的"浪漫雪景"文件导入到"背景"层
的第 1 帧。用任意变形工具将其大小调整到四周稍大于舞台。

2. 制作"下雪"元件

（1）"雪花"元件的制作

新建一个名为"雪花"的影片剪辑元件。

选择椭圆工具，将笔触颜色设置为"无"，填充色参照图 10-8-3 进行设置。在元件的注册
点处画一个大小合适的圆，如图 10-8-4（a）所示。

分别在第 14、25、32、40 帧插入关键帧。将第 14 帧上的雪花用任意变形工具调整成如图 10-8-4
（b）所示的效果，将第 32 帧上的雪花用任意变形工具调整成如图 10-8-4（c）所示的效果。

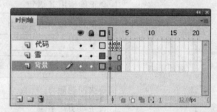

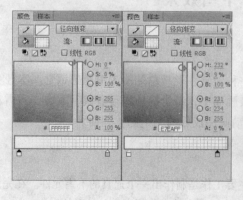

（a）　　　　　　（b）　　　　　　（c）

图 10-8-3　设置填充色　　　　　　图 10-8-4　调整第 14、32 帧上的雪花效果

选中 32 帧以前的所有关键帧，右击，在弹出的快捷菜单中选择"创建补间形状"命令，为
第 1、14、25、32　4 个关键帧同时做形状动画。

"雪花"元件完成后的图层和时间轴如图 10-8-5 所示。

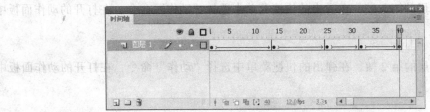

图 10-8-5 "雪花"元件的图层的时间轴

（2）"下雪"元件的制作

新建一个名为"下雪"的影片剪辑元件。

将图层命名为"雪"。右击"雪"层的层图标，在弹出的快捷菜单中选择"添加传统运动引导层"命令，在"雪"层上面添加一个引导层，"雪"层自动变为被引导层。将引导层命名为"引导层"。选择铅笔工具，在引导层的第一帧画一条下端和元件注册点对齐的波浪形斜线，如图 10-8-6 所示。

单击"雪"层的第 1 帧，将"雪"层切换为当前图层。打开库面板，用选择工具将库面板中的"雪花"元件拖动到舞台上。按下工具箱中的"贴紧至对象"工具，用鼠标将"雪花"元件调整到和引导线上端对齐的位置，如图 10-8-6 所示。

在"引导层"的第 30 帧插入帧，在"雪"层的第 30 帧插入关键帧。将 30 帧上的雪花对象拖动到和引导线下端对齐的位置。图 10-8-7 所示为下雪元件完成后第 30 帧的画面。

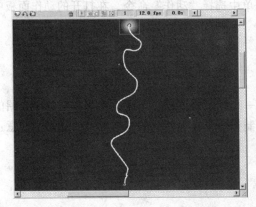 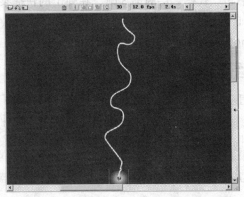

图 10-8-6 "下雪"元件完成后第 1 帧画面　　图 10-8-7 "下雪"元件完成后第 30 帧画面

在"雪"层的第 34 帧插入关键帧。选中雪花对象，打开属性面板，在"色彩效果"选项组的"样式"下拉列表框中选择 Alpha，将 Alpha 值设置为 0%，如图 10-8-8 所示。

3. 完成动画

单击编辑栏中的"返回场景"按钮，返回到主场景画面。

选中"雪"层。打开库面板，将库面板中的"下雪"元件拖动到"雪"层的第 1 帧上。

选中下雪对象，打开属性面板，在属性面板的"实例名称"

图 10-8-8 将"雪花"元件的不透明度设置为 0%

文本框中输入"雪"，将下雪对象命名为"雪"。

右击"代码"层的第 1 帧，在弹出的快捷菜单中选择"动作"命令，在打开的动作面板中输入如下代码：

```
i=0;
```

右击"代码"层的第 2 帧，在弹出的快捷菜单中选择"动作"命令，在打开的动作面板中输入如下代码：

```
if(i<111)
{
    i++;
    duplicateMovieClip("雪","雪"+I,i);
    this["雪"+i]._y=random(105)+295;
    this["雪"+i]._x=random(600)-25;
    随机大小 = random(50)+50;
    this["雪"+i]._xscale=随机大小;
    this["雪"+i]._yscale=随机大小;
    this["雪"+i]._alpha=random(40)+60;
}
```

该段代码的含义可参见本项目前面任务中的代码说明部分。

> **说明：** 由于在制作"下雪"元件时，元件的大小和倾斜角度不同，在代码中使用相同的参数可能会出现不一样的效果。为了达到最理想的效果，可以对上面代码中的数值部分进行修改，以得到最满意的效果。

右击"代码"层的第 3 帧，在弹出的快捷菜单中选择"动作"命令，在打开的动作面板中输入如下代码：

```
gotoAndPlay(2);
```

任务完成

任务中利用一个"雪"元件结合代码完成了一个"下雪效果"动画。参照本任务中介绍的方法，观看课件中的制作过程和动画效果。设计制作一个具有特色的下雪效果的动画（注意：代码中的数值，可以根据需要进行调整）。

学习评价

学习评价表

内容与评价 能力	内 容		评 价		
	学 习 目 标	评 价 项 目	3	2	1
职业能力	能正确地创建和使用元件	能正确地制作"雪"元件			
		会为实例命名			
	能正确地使用代码	能在动作面板中正确的添加代码			
		能用代码控制"雪"的大小、位置和不透明度			
	会正确使用 if 语句	会用 if 语句编写代码			

续表

内容与评价 能力	内　　　容		评　　价		
	学 习 目 标	评 价 项 目	3	2	1
通用能力	知识和技能相结合的能力				
	审美能力				
	交流能力				
	解决问题能力				
	自主学习能力				
	综 合 评 价				

课 后 练 习

1. 本任务中的雪花元件是如何绘制的，为什么没有把雪花绘制得更真实一点（6 个瓣的雪花结晶形状）？

2. 上机练习用工具箱中的工具绘制一朵雪花。

任务九　制作鼠标跟随效果动画

任务描述

鼠标跟随类动画是 Flash 中一个典型的动画类型，其效果是：当鼠标指针在动画画面上移动时对象 1 跟随着鼠标运动，而对象 2 跟随着对象 1 运动，依此类推。利用相同的手法，选择不同的对象可以得到不同的效果。本任务以"跑步的小孩"为跟随对象来完成这种效果的动画。图 10-9-1 所示为动画播放时的一个画面。

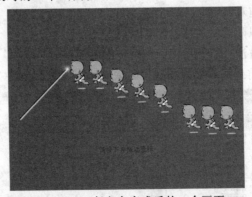

图 10-9-1　任务九完成后的一个画面

任务分析

完成本任务的主要工作是书写代码。先将跟随对象做成元件后放在舞台上并取好名字，在第 1 关键帧用循环语句，产生若干个相同的对象；第 2 关键帧上用代码实现跟随效果；第 3 关键帧加一句转到第二帧的代码。为了配合动画效果，用一个发光的魔棒代替鼠标。为了使动画欣赏者清楚操作方法，在动画中加上提示文字。

相关知识

1. 鼠标的显示和隐藏

（1）隐藏鼠标指针

格式：Mouse.hide()

功能：当鼠标执行上面代码后，鼠标指针在动画窗口内不可见。

在标准模式下的添方法：打开动作面板后依次展开"ActionScript 2.0 类"→"影片"→"Mouse"→"方法"后双击 hide 选项，即可将代码直接添加到代码编辑区，如图 10-9-2 所示。

图 10-9-2　在标准模式下添加控制鼠标指针代码的方法

> 说明：Mouse 为鼠标对象；hide()为鼠标对象的方法。在书写 Flash 的动作脚本时，对象和对象的方法间用圆点隔开。对象和子对象、对象和对象的属性间也用圆点隔开。

（2）显示鼠标指针

格式：Mouse.show ()

功能：当鼠标执行上面代码后，鼠标指针在动画窗口内可见。

在标准模式下添加方法：打开动作面板后依次展开"ActionScript 2.0 类"→"影片"→"Mouse"→"方法"后双击 show 选项，即可将代码直接添加到代码编辑区，参见图 10-9-2。

2. 对象的拖放

（1）拖动对象

格式：startDrag(被拖对象[,固定,左,上,右,下]);

功能：使某对象可以随鼠标的移动而移动。

在标准模式下添加方法：打开动作面板后依次展开"全局函数"→"影片剪辑控制"后双击 startDrag 选项，即可将代码直接添加到代码编辑区，如图 10-9-3 所示。

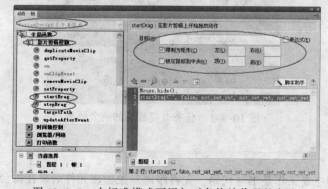

图 10-9-3　在标准模式下添加对象拖放代码的方法

参数说明：该动作最多有 6 个参数，第一个参数"被拖对象"是必选参数，其余 5 个参数为可选参数。

被拖对象：实例的名字，指出哪一个对象可以被鼠标拖动。

固定：逻辑值，在标准模式下输入时只需选中"锁定鼠标到中央"复选框即可表示"真"。在专家模式下输入时，用 true 或数值 1 表示"真"；用 false 或数值 0 表示"假"。该值为"真"时，当鼠标指针移动时，对象的注册点总是处在鼠标指针的所在位置；为"假"或不指定时，对象虽和鼠标指针同步移动，但位置不重叠。

锁定参数：后面 4 个参数需要同时指定，为数值型参数。如果不指定，对象可以随鼠标指针在动画窗口中任意移动；如果指出这些参数，对象只能在指定的矩形区域内移动。在标准模式下，需要选中"限制为矩形"复选框后才可以输入数据。

例如：

```
startDrag("蝴蝶");                     //使名为"蝴蝶"的实例跟随鼠标移动
startDrag("蝴蝶",1,50,30,200,100);     /*使名为"蝴蝶"的实例对象随鼠标指针移动，且移
                                          动时"蝴蝶"的注册点和鼠标指针重叠，只能在坐
                                          标为（50,30）～（200,100）的矩形范围内移动*/
```

（2）停止拖动

格式：stopDrag();

功能：停止对象被鼠标拖动。

在标准模式下的添加方法：打开动作面板后依次展开"全局函数"→"影片剪辑控制"后双击 stopDrag 选项，即可将代码直接添加到代码编辑区，参见图 10-9-3。

3. for 循环语句

格式：

```
for(循环变量=初始值；循环条件；改变循环变量的值)
{
    循环体
}
```

功能：可以使循环体中的代码重复多次被执行。

在标准模式下添加方法：打开动作面板后依次展开"语句"→"条件/循环"后双击 for 选项，即可将代码直接添加到代码编辑区，如图 10-9-4 所示。

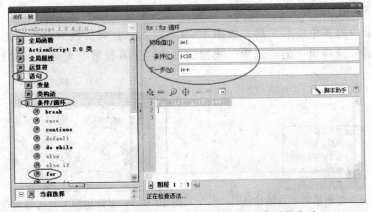

图 10-9-4　在标准模式下添加 for 循环代码的方法

说明：for 后面圆括号中有 3 个参数，参数间用分号隔开。第 1 个参数为循环变量先赋一个初始值。第 2 个参数是一个关系表达式或者逻辑表达式，用来判断是否符合循环的条件，如果条件成立就循环，条件不成立就结束循环。第 3 个参数是一个语句，用来改变循环变量的值。

例如：

```
for(i=1; i<10; i++)
{
    duplicateMovieClip("q","q"+i,i);
    setProperty("q"+i,_x,i*q._width);
    setProperty("q"+i,_y,0);
}
```

开始时第 1 个参数中将 i 赋初始值为 1，第 2 个参数条件成立执行一次循环体，第 3 个参数中变量 i 的值加 1 变成 2；当 i=2 时，第 2 个参数条件仍然成立，再执行一次循环体，第 3 个参数中变量 i 的值再加 1 变成 3；……；当 i=9 时，第 2 个参数条件还成立，再执行一次循环体，第 3 个参数中变量 i 的值再加 1 变成 10；当 i=10 时，第 2 个参数条件不再成立，循环结束。共执行 9 次循环。

方法与步骤

新建一个 Flash（ActionScipt 2.0）类型的文件。

1. 场景布置

打开属性面板，单击属性面板中"属性"选项组下"舞台"后面的背景颜色色块，在打开的颜色选择面板中选择一种颜色作为动画背景。

单击"新建图层"按钮，新建一个图层。将下面的图层命名为"对象"，上面的图层命名为"代码"。在"对象"层的第 3 帧插入帧。在"代码"层的第 2 帧和第 3 帧插入关键帧。动画完成后的图层和时间轴如图 10-9-5 所示。

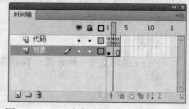

图 10-9-5　主场景的图层和时间轴

2. 制作"星光"元件

新建一个名为"星光"的影片剪辑元件。

在元件的第 1 帧绘制星光。方法如下：

选择工具箱中的多角星形工具，如图 10-9-6 所示。打开属性面板，如图 10-9-7 所示，单击"工具设置"选项组下的"选项"按钮，弹出"工具设置"对话框，参照图 10-9-8 进行设置。

图 10-9-6　多角星形工具的切换

图 10-9-7　多角星形工具属性面板

打开颜色面板，将颜色面板参照图 10-9-9 进行设置后，在工作区中间位置拖动，画出一个星，如图 10-9-10 所示。

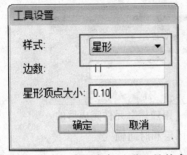

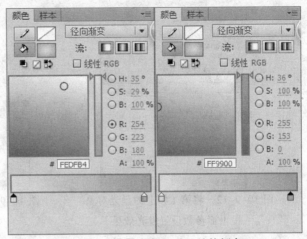

图 10-9-8 设置多角星形工具的参数　　　图 10-9-9 设置多角星形工具的颜色

分别在"星光"元件的第 4、7、11 帧插入关键帧，用任意变形工具将第 4 帧和第 7 帧上星对象的大小进行缩放。将颜色面板中的颜色做些调整后，用颜料桶工具重新对这两帧上的对象进行填充。

选中第 7 帧前的所有帧，右击，在弹出的快捷菜单中选择"创建补间形状"命令，对第 1、4、7 这 3 个关键帧做形状动画。"星光"元件完成后的时间轴如图 10-9-11 所示。

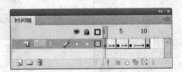

图 10-9-10 星光效果　　　图 10-9-11 "星光"元件完成后的时间轴

3. 制作"跟随棒"元件

新建一个名为"跟随棒"的影片剪辑元件。

单击"新建图层"按钮，新建一个图层。将下面的图层命名为"棒"，上面的图层命名为"星光"，并在两个图层的第 15 帧插入帧。

切换"星光"层为当前图层。打开库面板，将"星光"元件拖往工作区的注册点位置。选中该对象，打开属性面板，单击面板中的"添加滤镜"按钮 ，在打开的菜单中选择"发光"命令。发光效果的参数参照图 10-9-12 进行设置。

右击第 1 关键帧，在弹出的快捷菜单中选择"创建补间动画"命令，分别单击第 7、11、15 帧，选中各帧上的"星光"对象后在属性面板中将各帧上的发光参数进行不同的设置。"跟随棒"元件完成后的图层和时间轴如图 10-9-13 所示。

选择"棒"层为当前图层。选择矩形工具。打开颜色面板，将颜色面板参照图 10-9-14 进行设置后，在"棒"层的第 1 帧上画一个细高的矩形。用任意变形工具调整矩形的大小、位置和角度，使右上端和"星光"对象对齐。

图 10-9-12　将第 1 帧上的星光对象
按上面参数设置发光效果

图 10-9-13　"跟随棒"元件完成后的
图层和时间轴

"跟随棒"元件完成后的画面如图 10-9-15 所示。

图 10-9-14　设置填充色

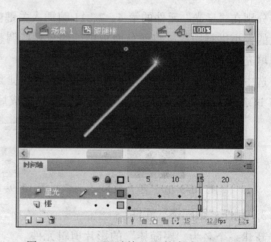

图 10-9-15　"跟随棒"元件完成后的画面

4. 制作"小孩子"元件

新建一个名为"小孩子"的影片剪辑元件。打开"导入"对话框，将"素材\项目十"文件夹中的"跑步的小孩"文件导入到"小孩子"元件中。

5. 完成动画

单击编辑栏中的"返回场景"按钮，返回到主场景画面。

选中"对象"层。打开库面板，将库面板中的"跟随棒"元件拖动到"对象"层第 1 帧的舞台上。打开属性面板，在"实例名称"文本框中将该实例命名为"小孩 0"。将库面板中的"小孩子"元件也拖动到"对象"层第 1 帧上。打开属性面板，在"实例名称"文本框中将该实例命名为"小孩 1"。选择文本工具，选择合适的字体和文字颜色，在场景的合适位置输入"请按下并拖动鼠标"字样，以提示动画欣赏者如何对动画进行操作。主场景布置完成后的画面如图 10-9-16 所示。

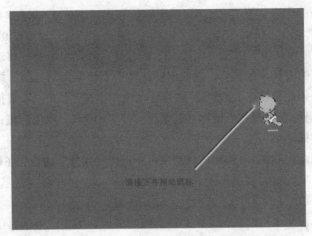

图 10-9-16　主场景布置完成后的画面

右击"代码"层的第 1 帧，在弹出的快捷菜单中选择"动作"命令，在打开的动作面板中输入如下代码：

```
for(i=2; i<9; i++)
{
    duplicateMovieClip("小孩1", "小孩"+i, i);
}
```

该段代码的作用是复制出 7 个和"小孩 1"实例相同的，名字分别为"小孩 2"～"小孩 8"的新对象。

右击"代码"层的第 2 帧，在弹出的快捷菜单中选择"动作"命令，在打开的动作面板中输入如下代码：

```
this.onMouseDown=function()
{
    Mouse.hide();
    小孩0._visible=1;
    startDrag("小孩0", true);
};
for(i=9; i>0;i-- )
{
    this["小孩"+i]._x = this["小孩"+(i-1)]._x+44;
    this["小孩"+i]._y=this["小孩"+(i-1)]._y;
}
this.onMouseUp=function()
{
    小孩0._visible=0;
    Mouse.show();
    stopDrag();
};
```

前 6 行代码的作用：当鼠标按下时，隐藏鼠标指针；使"小孩 0"对象显示；且使"小孩 0"跟随鼠标移动。

第 7～16 行代码的作用：使"小孩 8"横坐标位置比"小孩 7"靠右 44 像素，"小孩 8"纵坐标位置和"小孩 7"相同，依此类推，使"小孩 1"横坐标位置比"小孩 0"靠右 44 像素，"小孩 1"纵坐标位置和"小孩 0"相同。"小孩 0"的位置是跟随鼠标指针移动的，上面的代码又是只有播放到第 2 帧的时候才被执行。这就出现这样一个结果，"小孩 1"总是处在比"小孩 0"晚一个节拍的位置，依此类推，"小孩 8"总是处在比"小孩 7"晚一个节拍的位置。

第 12～17 行代码的作用是：当鼠标抬起来时，使"小孩 0"对象隐藏；显示鼠标指针；不再有任何对象被鼠标拖动。

右击"代码"层的第 3 帧，在弹出的快捷菜单中选择"动作"命令，在打开的动作面板中输入如下代码：

```
gotoAndPlay(2);
```

该代码的作用是让动画始终在第 2 帧和第 3 帧间播放，第 1 关键帧只在开始播放时执行一次，以后不再被执行。

任务完成

本任务中用"跑步的小孩"为跟随对象，完成了一个鼠标跟随效果动画的制作。参照本任务中介绍的方法，观看课件中的制作过程和动画效果，选择自己喜爱的跟随对象，做一个有特色的鼠标跟随效果动画。

学习评价

学习评价表

内容与评价 能力	内　　　　　容		评　　价		
	学　习　目　标	评　价　项　目	3	2	1
职业能力	能正确创建和使用元件	能正确导入对象并做成元件			
		会为实例命名			
	能正确的使用代码	能在动作面板中正确地添加代码			
		能用代码隐藏鼠标对象			
		能用代码控制对象跟随			
	会正确使用 for 语句	会用 for 语句复制对象			
	能正确地使用层和帧	能正确地安排图层和帧位置			
通用能力	知识和技能相结合能力				
	审美能力				
	交流能力				
	解决问题能力				
	自主学习能力				
综　合　评　价					

课 后 练 习

1. for 语句的书写格式是怎样的？有几个参数？各个参数的作用是什么？
2. startDrag 有几个参数？几个必选参数？几个可选参数？各个参数的作用是什么？
3. 在舞台上随便画一个对象，将其转换成影片剪辑元件，在该对象的 onClipEvent (mouseUp) {}和 onClipEvent (mouseDown) {}中添加代码，使之可以实现，当鼠标按下时隐藏鼠标指针，鼠标抬起时显示鼠标指针的功能。

项 目 小 结

本项目以手写字效果、展开的画卷、放大镜、旋转的地球和水中倒影共 5 个典型且精彩的 Flash 实例的制作过程为任务复习了逐帧动画、补间动画、遮罩动画等动画制作方面的知识和操作方法；复习了添加帧、选取帧、移动帧、复制帧、删除帧，修改帧的类型等帧的操作方法；其中使用最多的是遮罩效果。本项目还通过对闪烁的星空、下雨效果、下雪效果、鼠标跟随几个典型的代码类动画实例的制作，介绍了对象复制——duplicateMovieClip()、属性设置——setProperty()、对象拖放——startDrag()和 stopDrag()、鼠标指针的显示和隐藏——Mouse.show()和 Mouse.hide()几个 Flash 常用的命令。还介绍了 Flash 中对象的常用属性，以及它们的设置修改方法。闪烁的星空、下雨效果、下雪效果这 3 个实例主要是用复制对象命令 duplicateMovieClip()，结合修改对象的属性来实现的。鼠标跟随主要是用对象的拖放命令 startDrag()、stopDrag()和鼠标的显隐 Mouse.show()、Mouse.hide()结合一些算法技巧实现的。要完成这两类动画的制作除了熟悉这几条命令外，还应该明白代码的添加位置和书写顺序。希望大家参照本项目介绍的方法，能用更简便、更巧妙地方法制作出更精彩、效果更好的动画。

项目实训　制作火箭发射动画

实训背景

我国自行研制的嫦娥 1 号月球探测卫星嫦娥 1 号绕月卫星，承载着中国人的登月梦想，于 2007 年 10 月 24 日 18 点 05 分，在西昌发射站成功发射，充分展现了我们国家的航天实力，提高了我的国际声望。下面就用 Flash 做一个火箭升天的动画。图 10-10-1 所示为一个静止画面，详细的动画效果请观看课件中的效果演示。

图 10-10-1　项目实训完成后的一个画面

实训要求

① 用星空背景衬托火箭的上升效果。
② 火箭体的绘制要形象逼真。

③ 喷射的火焰颜色和大小要变化多样，栩栩如生。

实训提示

① 参照蜡烛火焰的制作方法，将火箭喷射的火焰做成"火焰"的影片剪辑元件。

② 火箭体也做成"火箭体"元件。火箭体主要是用矩形工具使用线性渐变填充色绘制出一些矩形，然后用选择工具和任意变形工具巧妙地对其调整、移动组合而成。头部的圆端部分采用椭圆工具，使用放射状填充画一个大小合适的椭圆，用选择工具选取一部分将其对齐到火箭的顶端。

③ 用"火焰"元件和"火箭体"元件做出"火箭"元件。

④ 星空背景也做成多级元件。先用刷子工具画出一片星，将其做成"星1"元件，星的大小最好不要完全相同。

⑤ 用"星1"元件制作"星2"元件。在"星2"元件中放置两个左右对齐，一上一下的两个"星1"元件的实例，称其为两个周期。

⑥ 用"星2"元件制作影片剪辑元件"星3"。在"星3"元件的第1帧放入一个"星2"元件的实例，在第300帧左右，将"星2"元件的实例对象向下移动刚好一个周期。对第1帧做运动动画。

⑦ 将"星3"元件放入主场景舞台下面一层的合适位置作为背景。将"火箭"元件放在主场景舞台的上面一层，参照课件的播放效果，多次对"火箭"对象做动画。

实训评价

实训评价表

内容与评价 能力	内　　　　容		评　　价		
	学　习　目　标	评　价　项　目	3	2	1
职业能力	能灵活利用绘图工具	能根据需要选择最合适的绘制工具			
		能灵活地改变笔触和填充颜色			
		能巧妙地将图片组合出需要的对象			
	能把握好形状动画的制作技巧	能灵活地设置放射状渐变的颜色			
		能灵活地用填充变形工具改变放射状渐变的颜色			
	能熟练制作动画	能正确区分动画类型			
		会根据动画的需要在合适的位置插入帧			
		能处理循环播放的动画结束到开始时的平滑过渡			
	能合理使用元件	能正确地将需要的内容做成元件			
		会正确地使用元件			
		能合理地使用元件的嵌套			

续表

能力 内容与评价	内　　容	评　　价		
		3	2	1
通用能力	知识和技能相结合能力			
	审美能力			
	组织能力			
	解决问题能力			
	交流能力			
	自主学习能力			
	创新能力			
综　合　评　价				